地质勘查与水文水资源建设

师永霞　李　剑　李超云　主编

吉林科学技术出版社

图书在版编目（CIP）数据

地质勘查与水文水资源建设 / 师永霞，李剑，李超云主编．-- 长春：吉林科学技术出版社，2023.5
ISBN 978-7-5744-0399-4

Ⅰ．①地… Ⅱ．①师… ②李… ③李… Ⅲ．①地质勘探②水资源管理 Ⅳ．① P624 ② TV213.4

中国国家版本馆 CIP 数据核字 (2023) 第 092817 号

地质勘查与水文水资源建设

主　　编　师永霞　李　剑　李超云
出 版 人　宛　霞
责任编辑　程　程
封面设计　刘梦杳
制　　版　刘梦杳
幅面尺寸　185mm×260mm
开　　本　16
字　　数　455 千字
印　　张　16.625
印　　数　1–1500 册
版　　次　2023年5月第1版
印　　次　2024年1月第1次印刷

出　　版　吉林科学技术出版社
发　　行　吉林科学技术出版社
地　　址　长春市福祉大路5788号
邮　　编　130118
发行部电话/传真　0431-81629529 81629530 81629531
81629532 81629533 81629534
储运部电话　0431-86059116
编辑部电话　0431-81629518
印　　刷　廊坊市印艺阁数字科技有限公司

书　　号　ISBN 978-7-5744-0399-4
定　　价　100.00元

前言 PREFACE

我国是世界上产煤量最多的国家之一，原煤总产量的90%以上属于井工开采。然而，我国煤矿地质、水文地质条件总体来讲十分复杂，受水害威胁的煤炭储量约占探明储量的27%，不少矿井面临着水害威胁，煤矿水害事故逐年上升。

煤矿水害事故是仅次于瓦斯突出与爆炸的重大灾害事故，其造成的人员伤亡、经济损失一直居各类矿难之首，且在煤矿重特大事故中所占比重较大。煤矿水害主要是指在煤矿建设和生产过程中，不同形式、不同水源的水体通过某种导水途径进入矿坑，如孔隙水、煤系砂岩裂隙水、灰岩岩溶裂隙水、老窖(空)水、地表水体等通过断层、陷落柱、采动裂隙和封闭不良钻孔等导水通道溃入井下，并给矿山建设与生产带来不利影响和灾害的过程及结果。

油气储运系统是连接油气生产、加工、分配、销售诸环节的纽带，主要包括油气田集输、长距离输送管道、储存与装卸及城市输配系统等，在保障国家能源供应、维护能源安全中具有重要作用。随着“西气东输”等大型油气储运工程的开工建设，我国油气储运业进入了一个新的大发展时期。油气储运工程不仅与相关技术领域的联系越来越紧密，而且从来没有像今天这样与普通百姓的生活息息相关。

本书突出了基本概念与基本原理，在写作时尝试多方面知识的融会贯通，注重知识层次递进，同时注重理论与实践的结合。希望可以为广大读者提供借鉴或帮助。

由于作者水平有限，书中难免存在缺点错误，恳请读者批评指正。

目录 CONTENTS

第一章
煤矿地质勘查

第一节　煤矿地质勘查手段

煤矿地质勘查的技术手段主要有钻探工程、坑探工程、巷探工程、地球物理勘探等。

一、钻探工程

使用专门的机械传动钻机，从地面向地下钻直径小而深的圆孔，从而从孔内得到地质信息的方法称为钻探工程，圆孔称为钻孔。一般在煤田勘探中采用的钻机有300、500、650及1000m等规格。

钻探过程中一边钻进，一边选择层位提取岩心，对岩心进行测量和描述，获得地质信息，然后绘制原始钻孔柱状图。钻孔到达目标深度并提取岩心后，按规定必须对钻孔进行地球物理测井。最后对钻孔进行封闭，以免给以后的煤矿生产带来突水等隐患。

钻探工程由地表往地下钻进一系列钻孔，这些钻孔都是呈网状布置的。在网络中垂直岩层走向方向由若干钻孔连成的线称为勘探线。用勘探线上的钻孔柱状绘制勘探线剖面图，然后据此再编制其他地质平面图，以了解和掌握煤层在地下的赋存状态。

二、坑探工程

坑探工程简称坑探，是为揭露岩层、煤层及地质构造等地质现象，或为了采集煤样在地表或地下挖掘不同类型的坑道所进行的工程。

（一）探槽

在表土较薄（一般小于3m）、岩层倾角较陡或较平缓、地形切割比较强烈、表土稳定坚实且含水不多的地段，沿垂直岩层走向或构造线方向挖掘的一条槽沟，称为探槽。利用探槽可以直接测量和描述所揭露的地质现象，可以绘制剖面图及其他图件。

（二）探井

当表土厚度在3～20m时，不适合挖掘探槽，就采用从地面垂直挖掘探井的方法，来揭露一般地层倾角比较平缓地区的岩层、煤层及其他地质现象。探井工程一般沿岩层走向布置，配合探槽和地质填图使用。

（三）探巷（硐）

为了揭露煤系，了解煤层厚度和结构，确定煤层风氧化带的深度，并在风氧化带下采集煤样，直接从地面挖掘的井硐，称为探巷（硐）。探巷根据需要可垂直或平行煤层走向掘进，可为立井、斜井、平巷或石门。

三、巷探工程

运用矿井中的巷道来探测地质现象，称之为巷探。通常无钻探条件或钻探达不到预期效果，而且生产又需要时，采用巷探。巷探工程有专门布置的巷道，专门延长运输巷和布置几个短探巷，其目的就是探测断层的位置，以便顺断煤交线布置开切眼；也有采用一巷多用的方法，每隔一定距离布置阶段石门，这些石门的挖掘既提前获得了所需的地质资料，又是以后生产上必需的巷道。

巷探工程可以直接观测地质现象、量取地质数据、采集样品，而且可以一巷多用。

四、地球物理勘探

地球物理勘探简称物探，是利用具有不同物理性质（如密度、磁性、电性、弹性波传播速度、放射性等）的岩层和矿床所产生的地球物理场异常，来寻找煤矿床、圈定含煤地层、推断地质构造及解决其他地质问题的一种技术手段。

（一）煤矿地质勘查地球物理勘探技术

1.重力勘探

重力勘探是以地壳中岩石与煤层之间的密度差异为基础，通过观测与分析重力场的变化规律，查明地质构造和寻找煤炭资源的一种地球物理勘探方法。测定方法有绝对值测量和相对值测量两种，相对值测量是重力勘探的主要方法。

重力勘探的使用条件：首先，被探测的岩体与周围岩体之间应有明显的密度差异，最好差值在0.2～0.3g/cm³以上，含煤地层与上覆地层、基底岩层或结晶基底之间应有这样的密度差异；其次，要求密度分界面的倾角大于50°，埋藏深度小于3000m，上覆松散沉积物比较均匀，而且地形平坦等。

重力勘探主要用于识别盆地、圈定盆地边界、进行构造分区和研究基岩起伏变化，也可用于确定煤田的边界、含煤沉积的厚度和基底起伏情况等。

2.磁法勘探

磁法勘探是以地壳中岩石与煤层之间的磁性差异为基础，通过观测和分析地磁场的变化特征，查明地质特征和性质的一种地球物理方法。

磁法勘探要求含煤地层与其上覆及下伏地层有明显的磁性差异，同一地层的磁性相对稳定，岩层倾角越大越好。通常含煤地层与其上覆、下伏岩层在磁性上差别不大，因此在煤炭地质勘查中主要用来区分含煤地层和基底古老变质岩系，了解结晶基底的起伏情况，或用来圈定侵入含煤地层中的火成岩和高磁性的火成岩盖层，也可用于确定煤层燃烧带。

3.电法勘探

电法勘探是根据岩石或矿石电学性质（如导电性、介电性、极化性、导磁性等）的差异来找矿和研究地质构造的一组地球物理勘探方法。它通过仪器观测天然的、人工的电场或交变电磁场的空间和时间分布规律，来分析、解释研究对象的形态和性质，达到找矿勘探目的。按照电磁场的时间特征，可把电法勘探分为直流电法勘探、交流电法勘探和瞬变或脉冲电法勘探。

直流电法勘探是通过研究与地质体有关的直流电场分布特征来达到勘探的目的。其利用的场源有人工场源和天然场源。人工场源的直流电法勘探包括电阻率剖面法、电阻率测深法、充电法、直流激发极化法等；天然场源的直流电法勘探有自然电场法等。

交流电法勘探是通过研究与地质体有关的场源交变电磁场的建立、分布、传播特点和规律来达到勘探的目的。其场源有人工场源和天然场源。人工场源的交流电法勘探通过研究电磁感应或电磁波传播特性引起的幅度衰减、相位变化等，来获得介质的导电性、导磁性和介电性的分布规律；天然场源的交流电法勘探包括大地电流法勘探、磁大地电流法勘探和天然音频大地电流法等。

瞬变或脉冲电法勘探也称过渡场法，是利用脉冲式电流作为场源，在断电时测量地下导体感应产生的瞬变二次场随时间的变化。

煤田电法勘探主要用于确定含煤岩系分布、研究煤田地质构造和解决水文工程地质问题。

4.地震勘探

地震勘探是利用地震学的方法研究人工激发的弹性波在不同地层中的传播规律（如波的速度、波的衰减和波的形状）及在界面的反射、折射等，来研究地下地质体的岩性、埋深、构造形态等的一种地球物理勘探方法。

地震勘探中的人工震源有两种，即炸药震源和非炸药震源（如机械震源、气爆震源、电能震源等）。在陆地表面进行地震勘探时，主要使用炸药震源和机械震源。

近十余年来发展起来的三维地震勘探技术是在二维地震勘探基础上逐步发展起来的，是一项集物理学、数学、计算机学于一体的综合性应用技术。

三维地震勘探主要由野外地震数据资料采集、室内地震数据处理、地震资料解释三个步骤组成。野外地震数据资料采集包括测量、钻浅井孔埋炸药（在使用炸药震源时）、埋检波器、布置电缆线至仪器车等工序。室内地震数据处理是把采集到的地震信息磁带上的大量数据输入专用电子计算机，按不同要求用一系列功能不同的程序进行处理运算，把数据进行归类编排，突出有效的，除去无效和干扰的，最后把经过各种处理的数据进行叠加和偏移，最终得到一系列地震剖面或三维数据体文件。地震资料解释是把经过处理的地震信息变成地质成果的过程，包括运用波动理论和地质知识，综合地质、钻井、测井等各项资料，进行构造解释、地层解释、岩性及综合解释，绘出有关成果图件。

煤田地震勘探技术主要用于探测地质构造，确定含煤岩系分布范围，解决水文地质与工程地质问题。

5.地球物理测井

地球物理测井简称测井，是钻孔中使用的地球物理勘探方法的通称。根据所利用的岩石物理性质不同，可分为电测井、放射性测井、磁测井、声波测井、热测井和重力测井等。

（二）矿井地球物理勘探技术

1.坑道无线电波透视法

坑道无线电波透视法是一种地下电磁波法。电磁波在地下岩（煤）层中传播时，由于岩层的电性（电阻率ρ、介电常数ε等）不同，它们对电磁波能量的吸收有一定差异。另外，伴随断裂构造所出现的界面能对电磁波产生折射、反射等作用，也会使电磁波能量衰减和损耗。因此如果在电磁波穿越煤层的途径中存在与煤层电性不同的地质体，电磁波能量就会被其吸收或完全屏蔽，信号显著减弱，甚至接收不到，形成透视异常（或称“阴影区”），变换发射机与接收机的位置，测得同一异常的“阴影区”，这些“阴影区”交汇的地方，就是“异常”的位置。坑道无线电波透视法研究煤层、各种岩石及地质构造对电磁波传播的影响（包括吸收、反射、二次辐射等作用）所造成的各种异常，从而进行地质推断解释。

无线电波透视法适用于探测高、中电阻率煤层中的地质异常体。它可较准确地圈定工作面中陷落柱的位置、形状和大小；圈定工作面内断层的分布范围及煤层变薄区、尖灭点的位置；探测工作面内煤层厚度变化范围及某些岩浆岩体、瓦斯富集区及储水构造等。

2.瑞利波探测法

瑞利波探测技术是通过对振动波传播速度的测量来确定地质构造情况的地震勘探方法。在弹性介质中激发机械振动时，由于介质中各质点间存在弹性联系，一点振动时，相邻的质点将被带动而依次振动起来，在介质中振动逐渐向各方向扩展，形成波的传播。

在探测面上施加一个垂直的冲击，在被测介质中将会产生体波和面波。体波包括纵波和横波，以半球面方式向地质体深处传播；而面波主要是瑞利波，只是在地质体表面附近一定深度范围内按圆柱形波方式传播。在介质表面附近，瑞利波比体波能量大，衰减慢，因而很适合用作勘探手段。

瑞利波能探测采掘前方30m以内的地质界面，对判别断层、节理、煤层顶底界面、煤层内地质异常体界面等具有迅速便捷的优势。

3.槽波地震法

槽波地震法是利用槽波来探测地下低速夹层情况的地震勘探方法。

煤层与围岩相比是一种低速介质，可视为波导层。在煤层中激发地震波，由于顶底板的波速大于煤层，以及在顶底板界面上不断产生全反射，从而导致地震波不能大量逸出煤层，而汇集于煤层中，形成沿煤层传播的特殊弹性波，即槽波或煤层波。槽波在传播过程中如遇地质异常，便会使槽波速度和强度发生变化。记录并研究槽波的这类运动学和动力学特征，便可反演出探测范围内的各种地质现象。

槽波地震法主要用于探查采煤工作面内或煤巷两侧的小断层、陷落柱、煤层变薄带及岩浆侵入体等。

4.矿井地质雷达法

地质雷达法是利用高频电磁波的反射来探测地质目标的勘探方法。

地质构造界面常是不同介质的接触面，也是电磁波的反射界面。若用雷达仪发射天线向岩层或煤层内发射定向电磁波，接收天线接收反射回来的电磁波，并测出发射波与反射波之间的时间间隔和电磁波在介质中的传播速度，即可算出反射界面的位置。

地质雷达仪适宜在高电阻率层状介质中应用。

第二节 建井地质勘探

在新井开凿之前，为正确地掌握井筒剖面，编制施工设计方案，一般必须打井筒检查钻孔。在开凿井底车场和主要运输巷道时，为了确保主要井巷工程的质量，正确确定主要运输巷道的位置和方向，有时需要打层位控制钻孔。

一、井筒检查钻孔

（一）井筒检查钻孔的布置原则

1.立井井筒检查钻孔的布置原则

（1）水文地质条件简单时，一般在主、副井井筒中心连线的中点布置一个检查钻孔。其偏离范围不得超10m。

（2）水文地质条件中等复杂时，除在主、副井井筒中心连线的中点布置一个检查钻孔外，还应在其延长线的任意一端布置一个检查钻孔。该钻孔位置以距离邻近井筒中心10～25m为宜。

（3）水文地质条件复杂时，一般井筒两侧都应布置检查钻孔，其数目视具体情况而定。钻孔应尽量布置在井筒中心连线的延长线上，以便于整理资料及分析对比。

（4）单个井筒施工时，检查钻孔布置在井筒周围，以距离井筒中心25m左右为宜。

（5）除探测岩溶或特殊施工需要外，检查钻孔不得布置在井筒圆圈以内或井底车场的上方，在终孔深度以内，最大偏斜位置距离井壁不得小于5m，以免日后井巷淋水。

（6）检查钻孔的终孔深度应达到井筒落底标高以下，在可能条件下应打到未来延深水平。

如果在设计井筒周围25m左右已有钻孔资料，或已掌握了地质及水文地质情况，能提出满足施工要求的地质预想剖面图时，可以不打检查钻孔。

2.斜井井筒检查钻孔的布置原则

（1）斜井井筒检查钻孔的布置应以能编制一张平行于井筒中心线的完整地质剖面图为原则，该剖面位置距井筒中心线不大于25m。

（2）斜井检查钻孔数目不少于3个，其中第一个钻孔应布置在煤层或基岩露头附近，最后一个钻孔应布置在斜井落底与平巷连接处附近。

3.平硐检查钻孔的布置原则

平硐检查钻孔的布置原则与斜井基本相同，但应根据岩层倾角的陡缓，布置有足够的钻孔穿过平硐所通过的各个层位，并严格控制平硐的见煤位置。

（二）井筒检查钻孔应取得的资料

检查钻孔所获得的资料作为建井施工的依据，要求准确可靠，一般应取得以下资料。

（1）沿井筒中心线的完整地质剖面图。

（2）井筒穿过的表土层、岩层和煤层的物理力学性质、厚度、埋藏深度，断层破碎带及老空区等资料。

（3）水文地质资料，包括含水层的层数、岩性、厚度、埋藏深度、裂隙和岩溶的发育程度，以及各含水层的水量、水位、水质和地下水动态等资料。

（4）松散层、底砾层和基岩风氧化带的深度及特征。

（5）采用特殊凿井法时，应根据需要补充地下水的流向、流速和水温的资料。

二、层位控制钻孔

随着采掘机械化程度的提高，井巷工程对地质条件的要求也越来越高。主要运输巷道既要保持平直，又要与各主采煤层联络方便。为了满足主要运输巷道及硐室的设计要求，在开拓设计之前，须在设计拟订的运输大巷及主要硐室位置上打超前导向钻孔或层位控制钻孔，以查明巷道所在水平的煤、岩层分布及构造情况，编制水平地质切面图和沿巷道轴线的剖面图。

对于地质构造简单、勘探资料可靠的矿井，一般可以不布置层位控制钻孔。这类钻孔要严格按照施工要求进行封孔，以防止地表水或巷道上部含水层的水通过钻孔涌入通道。

第三节　生产地质勘探

生产地质勘探是为直接解决采区开拓、巷道掘进、工作面回采各个环节中所出现的影响生产的地质问题而组织的临时性勘探工作。它贯穿于矿井开采的整个过程，是矿井地质工作的一项经常性任务。

生产地质勘探工作主要是查明采掘区域内的煤层赋存状态、不稳定薄煤层的可采范围、地质构造变化、断失煤层位置、岩浆侵入体和岩溶陷落柱的分布、含水层位置及瓦斯聚集区等地质情况。

一、采区准备过程中的生产勘探

生产地质勘探配合采区准备工作，主要是为了弄清采区构造形态及煤层赋存状态，以提高储量级别和资料的精确程度，使采区布置合理，施工安全方便。

（1）新采区设计时，往往由于煤层赋存状况不清，需要布置一定的生产探钻孔，进一步控制煤层的厚度、产状和构造变化。

（2）对煤层群中构造复杂、煤层厚度变化大的薄煤层，通过钻孔不能确定可采价值时，尽量使用风巷超前的方法来圈定可采块段。

二、巷道掘进过程中的生产地质勘探

进入巷道掘进阶段的生产勘探，是为了圈定不稳定薄煤层的可采范围，查明断层要素，寻找断失翼煤层，以指导巷道掘进的正确方向。

（1）煤层薄、变化大、受地质构造破坏的地段可采边界的确定，只靠邻近巷道打钻，往往不能解决问题，这就需要运用巷探进行追索。

（2）在巷道掘进中遇到断层，当断失方向、水平断距及延展情况不好确定时，一般在迎头布置放射状钻孔加以探测。

三、工作面回采过程中的生产地质勘探

回采过程中的生产地质勘探包括分层采煤工作面探煤厚，查明不稳定煤层的变薄带和工作面的中小型构造，以保证采煤工作的顺利推进和煤炭资源的充分回收。

在薄煤层和中厚煤层的采煤工作面，当遇到落差超过1/2采高的断层时，工作面就不易通过。而且有些断层的产状在风巷和运输巷中往往不一致，这给确定开掘过断层工作面的位置和方向造成了困难。

第四节 矿井延深、扩建地质勘探

在矿井勘查地质报告中，探明储量主要集中在井田中央和上部水平，只能满足初建矿井的生产需要。随着采掘工程向深度和广度发展，为了保证矿井正常接续，实现煤炭生产持续跃进，必须对深部水平、井田外围或勘探程度不足的煤层组织补充勘探工作，以查明地质构造及煤层赋存情况，提高储量级别，为矿井延深、扩建工程提供地质依据。

一、延深、扩建地质勘探的原则

（1）掌握矿井煤炭产量动态，适时安排。矿井延深、扩建地质勘探工作应开始于上一生产水平或原设计开拓区的产量出现递减趋势之前，并能满足组织勘探施工、进行新区设计、完成开拓工程所需全部时间的要求。过早安排延深、扩建勘探不仅造成资金积压，而且增加维修成本；过迟安排延深、扩建勘探则影响生产接续和稳产高产。

（2）充分利用井巷揭露的已有地质资料，合理布置勘探工程。在进行延深、扩建勘探设计时，必须先分析研究已开采地区的地质资料，根据上部或邻区地质变化规律来布置勘探工程。

（3）延深、扩建勘探线的间距和方向，应考虑构造复杂程序、煤层稳定情况及开拓设计要求，尽量与原勘探线和石门方向一致，以便充分利用上水平资料，获得更为完整的地质剖面。

（4）延深、扩建地质勘探工程应尽量利用生产矿井的有利条件，尽可能采用井下钻探、巷探及井下物探。

二、延深、扩建地质勘探设计的编制

生产矿井根据采掘生产接替情况，提出深部水平延深或外围扩建地质勘探设计，报请有关部门审批后，由矿区勘探队与矿井地质部门协商组织施工。

延深、扩建勘探设计包括图纸和文字说明两部分。

（一）图纸部分

图纸部分应有地质剖面图、延深水平地质切面图、主要可采煤层底板等高线图（或立面投影图）、储量计算图、勘探工程布置图及钻孔预想柱状图等。

（二）文字说明部分

文字说明部分包括序言、井田地质情况、工作方法、生产技术要素及结束语。其中序言的主要内容包括：

（1）简述本井田勘探或开发经过所取得的主要地质成果。

（2）最后一次报告提出和批准的时间及批准机关，以及所做结论。

（3）指出各级储量已达到的比例和存在的主要问题。

井田地质情况的主要内容包括：

（1）井田内煤系地层层序、主要地质构造特征。

（2）各煤层厚度、结构、煤质、稳定性、层间距及顶底板岩性等。

（3）水文地质特征及对矿井开采的影响。

工作方法的主要内容包括：

（1）本次确定的井田勘探类型及其主要依据。

（2）工程布置原则及预计工作量。

（3）提高勘探程度的措施。

编好延深、扩建地质勘探设计，应注意以下五个问题。

（1）由于各矿井的地质条件不同，影响生产的地质因素也不同，故编制设计时，要因地制宜，重点突出。

（2）明确勘探任务，确定合理的勘探程度和深度，全面规划，合理布孔。

（3）明确质量要求，包括对煤（岩）心采取率、孔深（斜）测定、采样化验、物探测井、水文观测及封孔等质量标准。

（4）采用多种手段，综合运用地面（井下）钻探、物探及巷探。

（5）注意安全节约，加强安全生产措施。

延深、扩建勘探结束后，根据新获得的资料，修改原地质勘探报告，提交《开拓区域（水平延深）地质说明书》，作为生产矿井新区开拓或新水平延深的地质依据。

第二章
水文地质环境分析

第一节　地下水的概念及类型

一、地下水的形成以及水循环的过程

（一）地下水的概念以及应用

地下水是存在于地表以下岩（土）层空隙中各种不同形式的水的统称。地下水是地表水资源的重要补充。虽然地下水资源量在我国各大流域基本小于地表水资源量，但由于地下水对维持水平衡具有重大作用，同时地下水具有难以再生性的特点，因此人们对地下水资源量的勘查极为重要。

我们要根据地下水的补给、径流与排泄形式及其资源总量来确定其可以利用的量，从而保证水资源的可持续发展。地下水的基本规律是根据地下水水文学这一学科进行研究的，地下水水文学的发展经历了以下过程。

1.萌芽时期

由先民逐水而居到逐渐凿井取水，人们才开始认识并积累地下水知识。同时我们也可以认为，正是由于正确掌握了地下水的有关知识，人们才可以成功地凿井取水，从而不必过分依赖河流，使人类的居住范围不断拓展。

2.奠基时期

从1856年开始，法国水力工程师达西通过试验及计算分析后，提出了著名的“达西定律”，这也为地下水从定性到半定量计算提供了理论依据，使得人类对地下水的利用可以达到一种可控状态。

从20世纪90年代开始，泰斯非稳定流理论的提出是该阶段的主要标志，同时计算机技术的应用也为求解这些较复杂的公式提供了快捷的方式。

20世纪90年代以后，人们主要致力于地下水与环境可持续发展，数值模拟的方法与软件的出现使这种大范围复杂的定量计算成为可能。

3.可持续发展时期

2018年3月31日上午，《地下水科学》专著首发式暨水文地质学科发展战略研究项目启动会在长春举办。会议由中国地质大学校长王焰新主持。会上，李元元强调以地下水为主要研究对象的水文地质学科的重要性与日俱增，在支持党的十九大提出的生态文明建设发展战略和满足国家需求中具有不可或缺的战略地位，水文地质学科迎来了重要的发展机遇。学校应高度重视此学科的建设和发展，并为新一轮项目的顺利实施提供支持。侯增谦在致辞中说，2017年，国家自然科学基金委和中科院联合资助了包括水文地质学科在内的10项学科发展战略研究项目，其主要宗旨就是在面向世界科学前沿，结合国家战略需求，分析各学科领域的发展阶段、历史和特色，从而评估我国相关学科发展态势，提炼重大科学问题，并且提出优先领域和前沿方向，形成优化我国科技布局、保持学科均衡协调可持续发展、促进人才培养等方面的对策建议。

（二）自然界中的水循环与地下水的形成过程

1.水循环的形成过程与理解

水在地球的状态包括固态、液态和气态，而地球上的水多数存在于大气层、地面、地底、湖泊、河流及海洋中。水会通过一些物理作用（如蒸发、降水、渗透、表面的流动和地底流动等），由一个地方移动到另一个地方，水由河川流动至海洋。水循环是指自然界的水在水圈、大气圈、岩石圈、生物圈四大圈层中通过各个环节连续运动的过程，它也是自然环境中主要的物质运动和能量交换的基本过程之一。也可以说，水循环是指地球上不同地方的水，通过吸收太阳的能量，改变状态到地球上另外一个地方。例如，地面的水分被太阳蒸发成为空气中的水蒸气，水蒸气又在一定的地方形成降雨落在地上。

地下水是自然界水的一个组成部分，并参与自然界水的总循环。地下水循环从水文地质角度而言，是指地下水一个完整的补给、径流、排泄的过程。其中，补给是指地下水形成，地下水形成是由地表水或大降水渗入地下形成地下水的过程；径流则是指地下水形成后在地下含水层系统中的运移；排泄则是指地下水通过各种方式又转化为地表水或大气水的一个过程。

2.自然界中水循环的概念及其分类

自然界中各部分水都是处于动态平衡的状态，它们在各种自然因素和人为因素的综合影响下，不断地进行着循环和变化。也就是说，自然界中的大气水、地表水和地下水并不是彼此孤立存在的，而是一个互相联系的整体。即大气水、地表水和地下水三者之间实际处于不断运动以及相互转换的过程中，这一过程被称为自然界的水循环。自然界中的水循环按其循环范围与途径的不同，可以分为大循环和小循环两大类。

（1）自然界中水的大循环。在太阳辐射热的作用下，水从海洋面蒸发变成水汽上升进入大气圈中，并随气流运动移至陆地上空。在适宜的条件下，水重新凝结成液态或固态水，以雨、雪、雹、露、霜等形式降落到地面。降落到地面上的水，一部分就地再度蒸发返回大气中；一部分则沿着地面流动，最后汇集成为河流、湖泊等地表水；一部分渗入地下成为地下水，其余部分最终流入海洋。大循环的具体过程：海洋水→蒸发→水汽输送→降水至陆地→径流（包括地表径流与地下径流）→大海。

（2）自然界中水的小循环。自然界中水的小循环是指陆地或海洋本身的内部水循环。其中有两种情形：一种是从海洋面蒸发的水分重新降落回到海洋面；另一种是陆地表面的河、湖、岩土表面、植物叶面蒸发的水分又复降落到陆地表面上来。这就是自然界水的小循环，又名内循环，也称为局部性的水循环。小循环的具体过程：一是陆地循环——陆地→蒸发（蒸腾）→降水至陆地；二是海上循环——海洋→蒸发→降水至海洋。

3.地下水的形成与地下水循环的特点

地下水的形成必须具备两个条件：一是有水分来源；二是要有贮存水的空间。它们均直接或间接受气象、水文、地质、地貌和人类活动的影响。其中，水分的来源与前述的自然界中的水循环有关，而贮存水的空间对地下水而言，如砂岩、石灰岩、砂卵石层等在条件合适时，就可以成为良好的贮水空间，这部分岩土体也就被称为含水层。在野外进行找水钻探工作时，人们要特别注意条件合适的问题，条件不同时，哪怕是类似的附近岩层，其水质与水量也可能差别很大。所以在钻探时，“差之毫厘，谬以千里”的问题经常出现，因此研究人员不要随意移动钻孔位置，更不要减少水文试验与观察，切忌想当然推论孔内水位情况。

地下水循环指地下水一个完整的补、径、排过程。地下水循环分成浅循环、深循环及不循环。浅循环一般是指一个水文地质单元中流速快、百年内就可将含水层中（通常指浅层地下水含水层）地下水更新一次的地下水循环；深循环则是指成百上千年或更长时间才会更新一次的地下水循环；不循环则是指不具有稳定补给源的地下水含水层的地下水循环。

（三）影响地下水形成及地下水循环的重要因素

1.自然地理条件因素

自然地理条件中，气象、水文、地貌等对地下水的影响最为明显。大气降水是地下水的主要补给来源，降水的多少与过程直接影响到一个地区地下水的丰富程度。例如，在湿润地区，降雨量大，地表水丰富，它对地下水的补给量也大，一般地下水也比较丰富；在干旱地区，降雨量小，地表水贫乏，它对地下水的补给有限，地下水量一般也较小。另外，干旱地区蒸发强烈，浅层地下水浓缩，再加上补给少、循环差，多形成高矿化度的地下水。而在其他条件尤其是总的降水量相同的情况下，在山区，特大暴雨由于降水太快，水落入地表来不及渗入，就形成地表径流排到地表水中了，它对地下水的贡献有时还不如中雨的贡献大。

地表水与地下水同处于自然界的水循环中，它们相互转化，两者之间有着密切的联系。在地表水补给地下水的地区，除了降水对地下水的补给外，地表水对地下水也能起到补给作用。但这主要集中在地表水分布区，如河流沿岸、湖泊的周边。所以有地表水的地区，地下水既可得到降水补给，又可得到地表水补给，水量比较丰富，水质一般也较好。在不同的地形地貌条件下，形成的地下水也存在很大差异。

第一，在地形平坦的平原和盆地区。这一类型地区松散沉积物厚，地面坡度小，降水形成的地表径流流速慢。它易于渗入地下补给地下水，特别是降水多的沿海地带和南方。所以，平原和盆地中地下水分布广而且非常丰富。

第二，在沙漠地区。尽管该地区地面物质粗糙，水分易于下渗到地下。但因为气候干旱、降水少，地下水很难得到补给，同时蒸发又强烈。因此，许多岩层都是能透水而不含水的干岩层。

第三，在黄土高原。由于该地区组成物质较细，且地面切割剧烈，不利于地下水的形成；再加上黄土高原位于干旱半干旱气候区，地下水极其贫乏，因此也是中国有名的贫水区。

另外，水的流动是从水位高的地方流向水位低的地方。地形的不同也就导致地下水渗透路径的不同。

2.地质条件因素

影响地下水形成及循环的地质条件主要是岩石性质和地质构造。岩石性质决定了地下水的贮存空间，它也是地下水形成的主要条件。

除了一些结晶致密的岩石外，绝大部分岩石具有一定的空隙。坚硬的岩石中，地下水存在于各种内、外动力地质作用形成的裂隙之中，它们的分布极不均匀；松散的岩层中，地下水存在于松散岩土颗粒形成的孔隙之中，它们的分布则相对较为均匀。在一些构造发育、断层分布集中的地区，岩层破碎，各种裂隙密布，地下水大多以脉状、带状集中分布在大断层及其附近。地质条件的影响主要包括以下几个方面。

（1）岩土体的空隙特性。人们通常把岩土空隙的大小、多少、形状、连通程度以及分布状况等性质统称为岩土体的空隙特性。岩土体空隙特性决定着地下水在其中存在的形式、分布规律和运动性质等。

（2）岩土体地质构造。地下水的水量、水质、埋藏条件、补给、径流和排泄，以及地下水的类型都受到地质构造的直接控制。如大的向斜盆地构造和大断裂形成的地堑中，在岩性合理展布的情况下，它可以形成大的贮水盆地，其往往分布在范围广、厚度大的含水层中，地下水资源非常丰富。

（3）地貌条件。地貌的形成是内外地质营力相互作用的结果。地形形态直接影响降水的渗入量，在补给面积和岩性相同的条件下，平缓地形比陡倾地形更容易接受降水的渗入，这样非常有利于地下水的形成。

3.人为因素的影响

对于地下水的形成和变化，我们不能只注意研究自然界条件下地下水的形成和变化，还要研究人为因素的影响。例如开采地下水、兴修水利、矿井排水、农业灌溉或人工回灌等造成的影响。例如坎儿井引水工程，该工程是干旱地区利用地下渠道截引砾石层中的地下水，然后引至地面的水利工程。施工人员在开挖时，先打一眼竖井，称之为定位井。施工人员在发现地下水后，沿拟定渠线向上、下游分别开挖竖井，以此作为水平暗渠定位、出渣、通风和日后维修孔道。暗渠首段是集水部分，中间是输水部分，出地面后有一段明渠和一些附属工程。这种工程可以减小引水过程的蒸发损失，避免风沙，减少危害。

上述这些与地下水形成有密切联系的自然因素和人为因素统称为地下水的形成条件或地下水循环影响因素。由地下水形成条件决定的地下水的补给、径流、排泄、埋藏、分布、运动、水动力特性、物理性质、化学成分以及动态变化等规律总称为水文地质条件。

二、地下水的主要类型

（一）不同岩土空隙的地下水类型

在地壳浅部有较多的空隙，空隙是地下水的储存空间和运移通道，其大小、多少、连通程度对地下水的分布规律都有影响。

1.岩土的主要空隙类型

岩土的空隙类型分为三种：一是松散岩土中的孔隙、坚硬岩石中的裂隙和可溶岩石中的溶穴。松散岩土体主要指未固结体，如崩坍、滑坡体、岩石风化脱落体等。二是坚硬岩石，主要指岩浆岩、变质岩和沉积岩，几乎不存在颗粒孔隙，但常见面状的开裂空间（裂隙），裂隙按成因分为成岩裂隙、构造裂隙和风化裂隙。三是可溶性岩石，主要指石灰岩、白云岩等。

2.不同岩土空隙中地下水的含义

“地下水”这一名词有广义与狭义之分。广义的地下水是指赋存于地面以下岩土空隙中的水，其中包括气态水、固体水与液态水；狭义的地下水仅指赋存于地下能自由移动或具有自由水面的地下水体。根据地质体中含水介质类型的不同，即不同岩土空隙对应着不同空隙的水。例如，松散岩土中的孔隙水、坚硬岩石中的裂隙水和可溶岩石中的溶穴水（可溶岩水）。

（二）不同运动形式的地下水类型

地下水的运动是指地下水在岩土空隙中的渗流特征和规律。地下水在岩土空隙中运动时，由于受到岩土颗粒的阻挡，其水流的运动形态是不同的。具体可以分为三种基本形态：层流、紊流和混合流。

1.层流

层流就是当岩土空隙较小且均匀，并且水运动速度比较缓慢时，地下水流动相对有序的一种状态。

2.紊流

紊流就是当岩土空隙较大、不均匀，并且水运动速度比较快时，地下水流动相对杂乱的一种漩涡状态。

3.混合流

混合流就是当岩土空隙极不均匀，空隙大小和形状极为复杂时，地下水流动所呈现的水流状态。一般情况下，在大空隙中，它呈紊流运动，而在小空隙中，则呈层流运动。

（三）不同埋藏条件的地下水类型

地下水的埋藏条件是指含水层在地下所处的部位及受隔水层（弱透水层）限制的情况。根据地下水的埋藏条件，人们将地下水分为三类：上层滞水、潜水及承压水。

1.上层滞水

上层滞水是指存在于包气带中局部隔水层之上的具有自由水面的重力水。上层滞水的成因：上层滞水是由大气降水或地表水的下渗水流受包气带中的局部隔水透镜体或弱透水层的阻隔而形成的。

上层滞水的特点：上层滞水一般分布范围不广，最接近地表，具有季节性，它在雨季水量较大，在干旱季节水量则会减少，甚至会枯竭。

2.潜水

潜水是埋藏在地表以下第一个稳定隔水层以上且具有自由水面的重力水。潜水的成因：潜水是由大气降水、凝结水或地表水在包气带下渗中受局部地表下第一个稳定隔水层或弱透水层的阻隔而形成的。

潜水的特点：一是潜水通过包气带与地面连通，它可接受通过包气带的大气降水、凝结水、地表水的直接补给；潜水面是自由水面，因而潜水一般是无压的。二是潜水在重力作用下，从高水位向低水位流动。山区沟谷底部和平原区的河床常是潜水流出地面的排泄口。潜水天然露头为下降泉。三是潜水与大气圈、地表水圈联系密切，并且积极参与水循环。它易受气象、水文因素的影响，因而潜水水位、水量、水温、水质动态具有明显的季节性变化。

潜水相关的概念：潜水面指的是潜水的自由水面；潜水水位埋深指的是潜水面至地面的距离，人们把这段距离称为潜水的水位埋藏深度，简称潜水水位埋深；潜水含水层厚度是指潜水面至隔水底板的距离；潜水位是指潜水面任意一点至基准面的绝对标高。注意：潜水含水层厚度与潜水位埋深随潜水面的升降而发生相应的变化。

3.承压水

承压水是指充满两个隔水层之间的含水层中的地下水。承压水由于顶部有隔水层，因此它一般具有三区，即补给区、承压区与排泄区（特殊情况下，补给区与排泄区可出现在同一处）。它的补给区小于分布区，动态变化不大，因此不容易受到污染。它承受静水压力。在适宜的地形条件下，当钻孔打到含水层时，水便喷出地表，形成自喷水流，因此它又被称为自流水。人们利用这种自流水作为供水水源和灌溉农田。承压水的成因：承压水是因为地下水处于隔水顶层与底层的阻挡，进而产生的具有压力的水体。

承压水的特点：一是承压水具有承压性，并不存在自由水面。二是承压含水层埋藏于上下隔水层之间，承压水的分布区与补给区不一致。其原因是承压水具有稳定的隔水顶板，使承压含水层不能从其上部直接接受大气降水和地表水的补给所致。三是承压水的动态受水文、气象因素的影响不及潜水显著。四是承压含水层的厚度不受降水与地表水季节变化的支配。五是承压水的水质不易受地表污染。其原因是承压水的埋藏区、分布区与补给区并不一致。

承压水相关的概念：承压水的静止水位是指当承压含水层的顶板被打穿时，地下水在静水压力作用下，水位上升到顶板以上某一高度静止时水面的高程，也称为承压含水层的稳定水位；承压水头是指承压水的静止水位高出含水层顶板的距离，也被称为水头高度；正水头指的是承压水静止水位高出地表的承压水头；负水头指的是承压水静止水位低于地表的承压水头；承压水初见水位指的是当钻孔打至承压含水层时所见水位。一般来说，承压含水层的静止水位高于初见水位，承压水从高水位涌向低水位，具有初见水位和稳定水位是承压水的主要特征之一，也是鉴别承压水的一种方法；自流水指的是承压含水层经钻孔等打穿顶板，使得地下水涌出地表而露出地表的水。在地表某一具有自流现象的区域，称为自溢区。

第二节 环境水文地质分析

一、环境的理解与类型

环境与人类有着密切的关系，人类有能力改变环境。当人们对环境及其发展规律认识不足时，人类对环境的影响就带有极大的盲目性，这就会导致环境污染、破坏环境等问题。这些环境问题反过来又会影响人们的生产和生活环境。对环境利用与保护的研究已引起人们的高度重视。

（一）环境理解的主要内容

环境是指影响人类生存和发展的各种天然和经过人工改造的自然因素的总体。其中包括大气、水、土地、矿藏、森林、草原、野生生物、自然遗迹、自然保护区、风景名胜区、城市和乡村等。人们通常把这些构成自然环境的因素划分为大气圈、水圈、生物圈、土圈、岩石圈五部分，这些都是人类赖以生存的物质基础。

生物在自然界中并不是孤立生存，而是结合生物群落而生存的。生物群落和非生物环境之间互相作用，它们之间进行着物质和能量的交换，这种群落和环境的综合体简称为生态系统。在一定条件下，每个小的生态系统内，各种生物之间都保持着自然的平衡关系，人们把这种关系称为生态平衡。各个生态系统对于进入其中的有害物质都有一定的净化能力，当进入的有害物质数量较少时，生态系统能通过物理、化学和生物净化作用降低其浓度或使之完全消除而不致造成危害，这就是生态系统的自净能力。但当有害物质进入生态系统的数量超过生态系统能够降解它们的能力时，就会打破生态平衡，使人类赖以生存的环境发生恶化，这就是环境污染。

环境中的大多数污染物含量极微，但它们通过食物链，可以成千上万倍地在生物体中富集，然后进入处于食物链顶端的人体中，进而使危害加剧。人类的生产和生活活动对环境产生的不良影响继而引发了环境问题。人们为了解决环境问题，便产生了一门正在蓬勃发展的新学科——环境科学。环境科学就是在保持和维护自然资源及干净环境，与污染环境作斗争中发展起来的。环境科学包括若干个分支：环境化学、环境地学、环境生物学、环境医学、环境物理学、环境工程学等。

（二）环境的主要类型

依据要素、性质、功能以及人类对环境的利用情况不同，可将环境分为若干类型。人们依据环境要素，把环境分为自然环境与社会环境两大类。

1.自然环境类型

自然环境是指人类赖以生存的、围绕人类周围的生态环境，也就是环绕人类社会的自然界。它包括大气环境、水环境、土壤环境、生物环境、地质环境以及宇宙环境等。

2.社会环境类型

社会环境是人类诞生以后才逐渐形成的。它包括聚落环境（院落、村落、乡镇、城市等）、生产环境（工厂、农场、矿山等）、交通环境（机场、车站、码头等）、文化环境（学校、文物古迹、风景游览区、自然保护区等）。

（三）我国的主要环境问题及原因

随着国民经济总量不断攀升，目前我国经济总量已位居世界第二，但生态环境也遭受了污染与破坏。不利于人类生产和生活的问题突出表现在以下几个方面：一是自然资源遭到严重破坏并在延续，如水土流失、土壤盐碱化和沙漠化等。二是水资源短缺，水污染普遍，缺水成为我国城市面临的普遍问题。三是煤烟型大气污染严重，我国以煤为主的能源结构，加之技术、管理水平还相对落后，这也就导致我国煤烟型大气污染严重。四是工业废物问题严重，我国工业废弃物堆放占地近100万亩，且逐年增加，每年有1000多万吨城市垃圾产生，无害处理仅占5%。五是农业环境污染由点到面遍及全国。六是噪声与汽车尾气污染也日益严重。

我国环境问题产生的主要原因：一是在处理经济建设与环境建设关系时，人们只偏重经济效益。二是在工业生产布局时，人们未能全面考虑环境容量及不同环境的要求。三是相关生产技术和装备落后，能源、资源浪费大。四是环境意识淡薄。

二、水体与水体污染的具体分析

地球上约有1.36×10^9 m^3的水。人类各种用水基本上都是淡水，而淡水量仅占地球总水量的0.63%。由于工、农业生产的发展，人类用水量剧增，加之水的污染使可用水量日益减少。因此，人类必须合理使用地球上的这一宝贵资源。

（一）水体的具体概念

在环境科学中，水与水体是两个不同的概念。水是指水的聚集体，即江、河、湖、海及地下水等。水体不仅指这些聚集体中的水，还包括水中的悬浮物、溶解物质、底泥和水生生物等，它们是一个完整的生态系统。许多污染物例如重金属易从水中转移到底泥中，水中的重金属含量一般不会太高。从水来看，它似乎未受到污染，但这样的水对人体来说却是有害的。

（二）水体污染的种类

天然水的化学成分极为复杂，在不同地区、不同条件下，水体的化学成分和含量差别很大。水体污染是指排入水体的污染物超过水体的自净作用而引起水质恶化，破坏了水体原有的用途。水的污染源分为自然污染和人为污染两大类，且后者是主要的。污染物的种类也很多，可分为无机污染物和有机污染物两大类，也可分为不溶性污染物和可溶性污染物等。

1.酸、碱、盐等无机污染物的来源

污染水体的酸主要来自矿山排水及许多工业废水，例如酸洗废水、人造纤维工业废水、酸法造纸工业废水，以及雨水淋洗含二氧化碳、二氧化硫的空气后汇入等。碱法造纸、制碱、制革、石油炼制等工业废水则是水体碱污染的主要来源。水体经酸碱污染后，会改变水的pH值。当水的

pH值小于6.5或大于8.5时，就会腐蚀水下设备及船舶，抑制水中微生物的生长，影响水体的自净能力。它还会增加水的无机盐含量，加大水的硬度，继而导致对生态系统的破坏，使水生生物种群变化、鱼类减产等。

2.氰化物污染和重金属污染的来源

水体中的氰化物污染主要来自工业排放的电镀废水、焦炉和高炉的煤气洗涤冷却水、化工厂的含氰废水及选矿废水等。含氰废水对鱼类和水生生物都具有很大的毒性，但大多数氰化物在水中极不稳定，能够较快分解。水对氰化物有较强的自净能力。污染水体的重金属主要有汞、镉、铅、铬、钒、钴、铜、镍、钼等。其中以汞毒性最大，镉次之，铅、铬也有相当的毒性。此外，砷虽不是重金属，但其毒性与重金属相似。重金属不能被微生物降解，当重金属流入水体后，它就具有化学稳定性和能在生物体内积累的特点。重金属主要通过食物和饮水进入人体，且人体代谢不易排出，致使在人体的一定部位积累，如此一来就会使人慢性中毒。

铬虽是人体必需的微量元素，但来自电镀、金属酸洗、化工、皮革等工业的含铬废水将对人体产生严重的危害。Cr（I）毒性较大，Cr（Ⅳ）化合物如铬酸钾、铬酸钠、重铬酸钠、重铬酸钾等都能溶于水，其毒性更大。铬盐进入人体后，积蓄于肝、肺及红细胞内，继而造成肺泡充血或坏死。铬进入血液后，可夺取血液中的部分氧形成氧化铬，从而使血液缺氧，导致脑窒息、脑缺氧、脑出血等。低浓度的Cr（V）也有致敏、致癌等作用。

3.有机污染物的分类

（1）耗氧有机物的污染。城市生活污水和食品、造纸工业废水中含有大量的碳氢化合物、蛋白质、脂肪、纤维素等有机物。这些有机物在经微生物和化学作用分解过程中，都要消耗大量的氧，故称这些有机物为耗氧有机物。其污染程度可用溶解氧、生化需氧量、化学耗氧量、总有机碳、总需氧量等指标来表示。溶解氧反映水体中存在氧的数量，其他四种指标反映水体中有机物所消耗的氧量。如果水中溶解氧耗尽，有机物就会被厌氧微生物分解，从而产生甲烷、硫化氢、氨等恶臭物质，使水发臭、腐败变质。

（2）含氮有机物的污染。含氮有机物污染主要与生物的生命活动有关，故也称生物生成物。一些有机氮化合物在微生物作用下，转变成无机态的硝酸盐。在这个过程中，它也可能伴随水体大量耗氧而出现脱氧过程和氨态氮、硝态氮的累积。硝态氮生成的亚硝酸盐和硝酸盐对人类毒害更大。通常人们可以用氨氮、亚硝酸盐氮、硝酸盐氮含量的多少来评价水质是否受到污染及判定污染变化的趋势。

（3）植物的营养物。流入水体的城市生活污水和食品工业废水之中常含有磷、氮等水生植物生长、繁殖所必需的营养元素。若排入过多，水体中的营养物质会促使藻类大量繁殖，耗去水中大量的溶解氧，从而影响鱼类的生存。甚至还可能出现由几种高度繁殖密集在一起的藻类，使水体出现粉红色或红褐色的“赤潮”现象。严重时，湖泊可被某些繁殖植物及其残骸淤塞，从而使湖泊成为沼泽。这类污染称为水体营养污染或水体富营养化。

（4）难降解有机物的污染。有机氯农药如DDT、六六六、多氯联苯，有机磷农药如甲拌磷、马拉硫磷、合成洗涤剂、多环芳烃等，这些物质难被微生物分解，它们甚至可以通过食物链，逐步浓缩至水中含量的几十至数百万倍，从而对人类及动物造成危害。DDT、六六六等农药早已被禁用。

（5）热的污染。发电厂及其他工厂中排出的冷却水是主要的热污染源。大量有一定热量的冷却水排入水体，就会引起水体水温升高，使水中的溶解氧含量降低，从而使鱼类和水生生物的生存条件恶化。

（三）水体污染的类型及其主要来源

1.地下水污染的意义

在人类活动的影响下，地下水水质朝着恶化方向发展的现象，称为地下水污染。不管此种现象是否使水质恶化达到影响使用的程度，只要这种现象一发生，我们就应视其为污染。天然水文地质环境中出现不宜使用的水质现象，我们则不应视为污染，而应称为天然异常。实际工作中，对于污染的判断，我们一般应使用背景值或者对照值。背景值（或本底值）：地下水各种组分的天然含量范围。不是单值，而是区间值。对照值：某历史时期地下水中有关组分的含量范围，或者地表环境污染相对较轻地区地下水有关组分的含量范围。

2.地下水污染物的主要类型

地下水污染物可分为化学污染物、放射性污染物、生物污染物三类。第一，化学污染物是这三类污染物中污染物种类最多、污染最为普遍的一类，我们可以进一步将其细分为无机污染物和有机污染物。而无机污染物又包括各种无机盐类的污染及微量金属和非金属污染。目前，最常见的是NO_3^-–N污染，其次是Cl^-、硬度、SO_4^{2-}、TDS等。它们的特点是大面积的污染多，局部的污染少，常见于城市地区地下水中。微量金属污染物和非金属污染相对比较少，多见于金属、非金属矿床的开采、冶炼和加工过程。第二，放射性污染物。第三，生物污染物。地下水中的生物污染物主要包括细菌、病毒等，主要由于人类和牲畜的粪便等排泄物以及死亡尸体等引起，大多出现在农村卫生条件比较差的地区。

3.地下水污染的主要来源

地下水污染按成因，可分为人为污染源、天然污染源。

（1）人为污染源。人为污染源是指人在生产、生活过程中产生的各种污染物，其中包括液体废弃物，如生活污水、工业废水、地表径流等；固体废弃物，如生活垃圾、工业垃圾；农业生产过程中的化肥农药的使用等。

（2）天然污染源。天然污染源是指那些天然存在的，但它只是在人类活动的影响下才进入地下水环境。例如，地下水过量开采，继而引起的海水入侵或含水层中的咸水进入淡水含水层而污染地下水；采矿活动的矿坑疏干，使某些矿物氧化形成更易溶解的化合物而成为地下水的污染源。

（四）地下水污染的相关途径与主要特点

1.地下水的污染途径

（1）间歇入渗型。这种类型大多是污染源在降水的间歇淋滤下，非连续地入渗到地下水中。例如，在农田、垃圾填埋场、矿山等。

（2）连续入渗型。这种类型大多是遭受污染的地表水体长期连续渗入，从而造成地下水污染。例如，在排污渠、污水渗坑等。

（3）越流型。越流型是指已污染的浅层地下水经过弱透水层、岩性“天窗”及井管等向邻近的含水层越流，从而造成邻近含水层污染。

（4）径流型。径流型是指在地下水水力梯度的影响下，污染的地下水从某一地点流到未遭受污染的地下水中。例如，海水入侵、污水通过岩溶管道的渗流。

2.地下水的污染特点

（1）隐蔽性。污染浓度低，往往无色无味，很难发现。还有些不具有污染源特征的间接污染则更加难以发现。

（2）长期性。地下水流动缓慢，污染物的迁移则更加缓慢，有的时候几十年才会迁移几千米。

（3）难恢复性。由于含水层的水交替缓慢，即使截断污染源，污染的地下水也很难依靠自身的能力更新或净化。因此，地下水深埋地下，很难治理。

（五）水体污染的防治方法

工业废水种类繁杂，水量很大，人们应尽可能回收利用。对必须排放的污水，人们要进行适当处理，直到达到规定标准，才能实施排放。污水处理的方法有以下几种。

1.最常用的物理方法

对水中的悬浮物质主要采用物理的方法进行处理。最常用的物理法有重力分离法、过滤法、吸附法、萃取法及反渗透法等。

2.最常用的化学方法

（1）中和法。中和法是利用石灰、电石渣等中和酸性废水。碱性废水可通入烟道气（含二氧化碳、二氧化硫等酸性氧化物的气体）进行中和，使之生成难溶的氢氧化物或难溶盐，从而中和酸碱性。

（2）氧化还原法。氧化还原法是利用氧化还原反应，使溶解于水的有毒物质转化为无毒或毒性小的物质。

（3）沉淀法。沉淀法是利用生成难溶物沉淀的化学反应，从而降低水中有害物质的含量。

（4）化学凝聚法（混凝法）。化学凝聚法常用的有硫酸铝、聚氯化铝、硫酸铁等无机凝聚剂或有机高分子凝聚剂。

（5）离子交换法。离子交换法是利用离子交换树脂的离子交换作用交换出有害离子，可用于给水处理及回收有价值的金属。

3.最常用的生物方法

生物法是利用微生物的生物化学作用，将复杂的有机物分解为简单的物质，再将有毒物质转化为无毒物质。生物法可分为需氧处理法和厌氧处理法两大类。

（1）需氧处理法。需氧处理法，又称好气处理法，此法是在空气存在、充分供氧和适宜温度及营养的条件下，使需氧微生物大量繁殖，并利用其特有的生命过程，将废水中的有机物氧化分解为二氧化碳、水、硝酸盐、磷酸盐、硫酸盐等，使废水净化。需氧处理法常用的方法有活性污泥法、生物滤池法和氧化塘等。

（2）厌氧处理法。厌氧处理法，又称嫌气处理法、消化法、甲烷发酵法。此法是在水中没有空气、缺乏溶解氧的情况下，利用厌氧微生物的生命活动分解处理废水中有机物的方法。它分解的最终产物是甲烷、二氧化碳、氮气、硫化氢和氨等。其中甲烷含量较高时，它分解出来的产物可以收集利用作为燃料。若废水中有机物含量很高，生化耗氧量在5000～10000 mg・dm^{-3}时，人们可用这种方法进行处理。

人类在改造自然的过程中，长期以来都是以高投入、高消耗为其发展手段，人类对自然资源重开发、轻保护，重产品质量和产品效应，轻社会效应和长远利益，违背了自然规律，忽视对污染的治理，从而造成了生态危机。因此人类也遭到了自然界的频繁报复，例如臭氧空洞的出现、厄尔尼诺现象的加剧、全球性气候反常、土地沙漠化、水资源的污染、生物物种锐减等。事实迫使我们做出选择，就必须摒弃传统的发展思想，人们应使资源与人口、环境与发展相协调，并且实行可持续发展战略，以建立更为安全与繁荣的、良性循环的美好未来。可持续发展就是指社会、经济、人口、资源和环境的协调发展。它的核心思想是在经济发展的同时，注意保护资源和改善环境，使经济发展持续进行下去。这样的发展不能以损害后代人的发展能力为代价，也不能以损害别的地区和国家的发展能力为代价。这样的发展既可达到发展目的，又保证了发展的可持续性。

我国的环境保护绝不能走其他工业发达国家走过的“先污染，后治理”的老路，也不能选择当前发达国家高投入、高技术控制环境问题的方法，更不能照搬发达国家环境保护的模式。我国已确定了“城乡建设、经济建设、环境建设同步规划、同步实施、同步发展，实现经济效益和环境效益相统一”的环境保护战略方针，从而达到向科学协调、稳定、持续发展的模式转化。加强环境保护，实行可持续发展战略已成为越来越多人的共识。人类只有一个地球，保护我们人类共同的家园是每个人义不容辞的神圣职责。

随着时代的发展，化学同样也取得了显著的进展。但化学工业实践的主要原理基本上没有发生变化。大批量的反应是依赖调节化学反应的温度、压力及加入一种催化剂。这一方法的效率往往很低，人们除了生产出有用的产品外，也会生产出大量无用的副产品和大量的污染物。加强对工业污染物的无害化处理曾经是人们防治污染、保护环境的主要措施。但这种方针不符合可持续发展的方向。一方面是生产过程中对资源和能源的浪费；另一方面是为了使这种生产产生的废弃物无害化而消耗更多的资源和能源。从废弃物的末端治理改变为对生产全过程的控制，才是符合可持续发展方向的一个战略性转变。具体分为以下几点：一是要从资源消耗型变为资源节约型；二是要从损害环境型变为协调环境型；三是要从技术落后型变为技术先进型；四是从经营粗放型变为科学管理型。绿色化学、清洁生产和绿色制造就是在这种形势下产生的先进技术。

三、环境地质与水文地质的相关介绍

环境地质学是最近才发展起来的一门环境科学与地质学相互渗透的边缘学科，是研究人类活动与地质环境相互作用的一门科学。

（一）环境地质研究的相关内容

1.自然因素引起的环境地质问题

自然因素引起的环境地质问题主要是指火山爆发、地震、山崩、泥石流等地质灾害问题。另外，地球表面化学元素的迁移和分配不均可以使某些地区、某些元素严重不足或过剩引起地方病等，这也属于自然因素引起的环境问题。

2.人为因素引起的环境问题

人为因素引起的环境问题同人类生产、生活活动直接相关。例如工业、农业与城市发展，它们会导致大量废弃物的排放而形成环境污染；大型工程和资源的开发还会导致地形地貌的改变，以及水系的变化等。

（二）环境地质探究的具体方法

野外调查组在充分搜集前人成果资料的基础上，进行野外环境地质调查、试验、采样分析和综合研究等工作。

地质环境监测是环境地质评价的基础。所以在环境地质调查的同时，调查组应建立健全地质环境监测工作机制，并且根据不同的环境地质问题制定监测项目和监测方法。

由于环境地质问题所处的环境条件及其形成因素比较复杂，在研究环境地质问题时，调查组应综合利用其他学科的研究方法，例如综合法、类比分析法等。在获得大量资料的基础上，调查组还可采用编图法来编制各种环境地质图件。

第三节 人类活动影响下的地下水环境分析

一、人类活动对地下水环境的影响

人类活动对地下水环境的影响主要表现在三个方面：过量开采或排泄地下水、过量补充地下水和污染地下水。

过量开采或排泄地下水是目前比较普遍的一个现象，尤其在干旱、半干旱地区，以开发利用地下水为主，地下水长期处于开采状态，诱发了一系列生态环境地质问题。此外，该现象还常见于各类矿区。由于矿山开发过程中，为避免发生矿坑涌水等生产灾害，需要进行矿坑排水。这部分地下水只有很小的一部分得到了利用，大部分被浪费掉了。并且矿坑水水质一般较差，不加处理地排泄矿坑水极有可能导致淡水含水层遭到污染破坏。

过量补充地下水现象主要发生在北方各大灌区。这些灌区引用大量的地表水作为灌溉用水，如银川平原、河套平原等毗邻黄河的灌区平原，每年要用掉几十亿立方米甚至上百亿立方米的地表水用于农业灌溉。如此大的地表水引用量，除一部分蒸发散失掉外，很大一部分渗入了含水层，补给地下水。

人类污染地下水现象在全国各地均很普遍，在干旱半干旱地区，地下水污染问题尤其严重。这主要是由于干旱、半干旱地区地表水资源少、地下水开发利用程度高以及国家发展战略的导向。国家西部大开发战略使得西北干旱、半干旱地区经济发展迅速，同时也使得该地区资源开发和污染加剧，如矿山开发导致的地下水水质污染、工业废水排放和工业废渣堆放造成的地下水污染、污水灌溉造成的地下水污染。地下水高度的开发也促使地下水污染形势越来越严重，如地下水开采导致不同含水层之间交叉污染。人类生活污水和垃圾、农用肥料和农药也是地下水的重要污染源之一。人类的这些活动改变了原来地下水的成分、地下水的循环条件和应力状态，进而造成一系列地下水环境问题。

从总体上看，上述三个方面的人类活动对地下水环境的影响可分为两种类型：直接影响和间接影响。直接影响就是指那些对地下水环境直接产生作用的因素，如灌溉导致水位上升、废水排放导致地下水污染等。间接影响是指那些对地下水环境不直接产生作用，但是会通过其他途径或机制对地下水环境产生影响的因素，如地下水管理政策的制定、工矿企业发展规划等。直接影响与间接影响交织在一起，进一步加大了人类活动影响下地下水环境研究的复杂性。

二、人类活动导致的地下水环境问题

近年来，在自然环境变化与人类活动的共同影响下，地下水环境出现了一系列问题。这些问题的发生严重限制着区域经济的可持续发展，也给人类生存带来了巨大的风险。尤其在我国西北干旱、半干旱地区，由于生态环境本身十分脆弱，近年来，人类活动的加剧使得地下水环境问题更加突出。这些地下水环境问题主要有地下水污染、地下水污染引起的地表水污染、土壤次生盐渍化、地下水超采，以及由于地下水超采引起的地下水位持续下降、地面沉降、地面塌陷、地裂缝、咸水入侵、植被退化、土地荒漠化等地质生态环境问题。

（一）地下水污染

由于地下水埋藏于地下，不易污染，因此过去地下水污染问题并没有引起人们的重视。但是地下水一旦污染，后果将会非常严重，而且地下水污染具有隐蔽性，不如地表水污染容易被人察觉。因此，一旦发现地下水污染，实际上就已经到了难以修复的地步。近年来，西部大开发战略的实施，给西北干旱、半干旱地区脆弱的地下水带来了巨大的生态环境和资源压力，地下水污染问题的严重性引起了人们的关注。造成地下水水质污染的直接或间接原因有工业废污水及生活污水的大量排放、农业用水的大量开采和化肥农药的施用。此外，近年来逐渐兴起的污水灌溉更是造成了大面积的浅层地下水污染。特别是在地下水超采区，由于大量开采地下水，地下水动力条件发生了改变，加速了污染河流、污水渗漏及污水灌溉对地下水的污染。地下水污染不仅会导致水质性水资源短缺，破坏正常的工农业生产，还会破坏生态环境，使淡水生物和生态系统的多样性迅速减退。生态环境的破坏会进一步破坏干旱、半干旱地区人类生存的适宜性，给人类健康带来严重的影响。

（二）地下水污染引起的地表水污染

一般认为，水质较差的地表水是地下水的污染源之一。然而，当地下水作为地表水的补给源时，水质差的地下水也会引起地表水体的污染。近年来，由于城市化与工业化的迅速发展，使得工业化逐渐向山前地带发展。山前地下水位埋藏相对较深，包气带厚度相对较大，有些工厂企业地下水保护意识不够，直接将废水排放到未采取高效防渗措施的水塘等集水场地。由于山前地区地层颗粒较粗，透水性很强，这些工业废水很容易穿过很厚的包气带进入含水层，引起山前地下水的污染。山前污染的地下水不断向下游径流，不仅引起下游地下水的污染，在下游地下水出露区，地下水还以泉或其他形式排到地表水体中，这样，水质差的地下水就引起了地表水体的污染。地下水污染地表水体的现象非常普遍，无论长江流域，还是黄河流域，抑或其他流域，都有发生。这种现象应当引起人们的足够重视。

（三）土壤次生盐渍化

土壤次生盐渍化是指由于人类对土地资源和水资源不合理利用（如不合理灌溉制度和耕作制度）所引起的区域水盐失调，土壤表层不断积盐，导致土壤物理和化学性质发生改变的过程。盐渍化土壤在我国分布很广，除滨海半湿润地区的盐渍土外，大部分分布在干旱、半干旱地区。据现有资料，在全国多个省区分布有盐渍土，总面积约3.47×10^7 hm^2，占全国总面积的3.61%。土壤盐渍化比较集中的地区有柴达木盆地、塔里木盆地以及天山北麓山前冲积平原地带、河套平原、银川平原、华北平原及黄河三角洲。严重的土壤次生盐渍化不仅破坏了当地的生态环境，而且减少了良田的面积，使粮食减产，威胁到人类生存。

（四）地下水超采引起的地下水位持续下降

地下水超采首先引起的水环境问题是地下水位持续下降。地下水位持续下降会形成大面积的降落漏斗，这在全国很多城市和地区是一个非常普遍的现象。尤其是在我国的北方城市，由于这些城市以地下水作为主要的供水来源，为了满足生活、生产和生态用水等，地下水的开采量长期处于超负荷状态，形成了很多大面积的降落漏斗。地下水位持续下降在其他一些省市也很常见，例如在上海、太原、南京、江苏、北京、天津、河北等省市均出现了地下水位持续下降，形成大面积降落漏斗的现象。这样的后果就是不仅会引起许多环境问题，还会造成机泵井工作环境恶化，使机泵井报废，随之而来的就是重新打井、更换抽水泵，无形中增加了生产费用。

（五）地下水超采引起的其他生态地质环境问题

地下水超采还会引起咸水入侵、地面沉降、地裂缝、土地荒漠化等生态地质环境问题。当由于地下水长期过量开采，水动力平衡遭到破坏，使淡水体水位低于咸水体水位时，咸水体则会通过越流进入淡水含水层中，从而导致淡水咸化。在内陆干旱区，随着水环境的变迁，河湖干涸断绝或减少对地下水的补给，地下水的超采又加剧了地下水位的下降，从而使得自然植被衰败以至死亡，形成土地的沙化与沙漠的扩大。在我国西北干旱、半干旱地区的塔里木河流域、玛纳斯河流域、黑河流域、石羊河流域都出现了天然绿洲退缩、林木草场严重退化、土地荒漠化的面积不断增大的现象。地下水超采还会改变地下水压力、开采含水层和含水层上下滞水层中的应力状况，使黏性土释水，引起含水层、滞水层的压缩效应，从而导致地面沉降。北京、天津、河北、山东、上海、江苏、浙江、西安等省市都出现了严重的地面沉降现象。西安、上海等城市近年来出现的多条地裂缝也与地下水的开采有密切关系。

三、人类活动影响下地下水环境研究的理论与方法体系

人类活动是地下水环境发生变化的主要驱动力之一。在人类活动的影响下，地下水环境研究比传统的水文地质研究内容更加广泛，不仅涉及地下水的自然属性，也与其社会属性密切相关。人

类活动影响下的地下水环境研究应基于调查—评价—试验—预测—监测—管理框架，建立一套完整的充分考虑人类活动对地下水环境的影响并且综合运用多学科理论与方法的研究体系。该体系主要包括地下水环境调查评价、地下水环境试验、地下水环境预测、地下水环境监测、地下水环境保护与管理五个子系统。

（一）人类活动影响下的地下水环境调查与评价方法体系

随着人类的活动强度越来越大，对地下水的影响程度也越来越大，传统意义上的地下水环境调查评价不能全面反映地下水环境的内容，地下水环境调查评价还应包括地下水环境的演化机制、自然变化和人类活动对地下水环境作用机制等方面的内容。人类活动影响下的地下水环境调查与评价方法体系包括调查方法、调查项目、评价指标、评价方法、评价时期、演化分析、反馈机制分析等。调查方法除传统的地面调查、水位统测、钻探、物探等方法技术外，还应积极采用遥感解译、卫星云图等先进方法。调查项目除与地下水环境相关的自然要素，如地形地貌、水文地质条件、地表水体状态等以外，还应充分对与地下水环境相关的社会要素进行调查，如经济发展规划、污染源分布、社会人口分布、水资源管理政策等。对于地下水环境评价，除要进行现状评价外，还应进行地下水环境预测评价、地下水环境演化及其影响因素分析。评价指标既应包括自然要素主导的指标，也应包括人为活动主导的指标。评价方法的选择应在遵循国家标准的基础上，充分借鉴其他已有的评价方法，尤其是国际上应用范围较广、应用效果较好的评价方法。在进行调查评价时，应首先采用水文地球化学、同位素和多元统计等方法，确定人类活动是否对地下水环境有影响，然后采用选定方法对该影响进行评价。

（二）应对人类活动的地下水环境试验方法体系

地下水环境试验是确定人类活动对地下水环境的影响程度，对地下水环境进行预测和管理的基础。在进行实验时，应注重室内实验与野外现场试验相结合，并对试验的尺度效应给予重视。对于目前常用的抽水试验、弥散试验、吸附解析实验、渗水试验、降解实验，应根据具体研究目的有效选用。在进行试验时，应避免人为对地下水环境造成污染。此外，试验场地或实验样品的采集也应充分考虑区域背景值和人类活动的影响。

（三）应对人类活动影响的地下水环境预测方法体系

人类活动影响下的地下水环境预测是进行地下水环境保护和科学管理的主要技术支撑之一。准确的预测有赖预测理论和计算机技术的发展。就地下水水质预测而言，预测方法一般可以分为三类：第一类是基于渗流理论和弥散理论的数值模型预测方法。该方法大多只考虑污染物在含水层中的物理过程，或只考虑简单的化学反应过程，通过对水文地质条件的概化，建立相应的模型，给定初始条件和边界条件，采用模拟软件进行模型计算与预测。第二类是基于水文地球化学的预测方法。这类方法通过研究地下水与含水层介质之间的水岩作用，对地下水水质的演化进行预测。第三类是基于数理统计的水质预测方法。该方法主要通过对已有资料进行统计分析，从而建立预测模型，对未来短期内的变化和宏观演变趋势进行预测分析。对于人类活动影响下的地下水环境预测，应充分考虑人类活动的多样性及其对地下水环境影响的多变性。考虑到基于数理统计的预测方法对监测数据要求较高，在现有地下水监测数据缺乏的状况下，极有可能难以利用；而基于水文地球化学的预测方法要求一般难以定量区分人类活动对地下水环境的影响和自然条件对地下水环境的影响，因此应用范围受到了极大的限制。基于渗流和弥散理论的预测方法是预测人类活动影响下地下水环境变化的有效方法。

（四）人类活动影响下的地下水环境监测方法体系

为预测在人类活动影响下地下水环境的变化趋势，以便能够及时做出相应的决策，应建立人类活动影响下的地下水环境监测体系，并且应重视人类活动强烈区的地下水环境监测，使其既满足区域地下水环境监测的需要，也符合重点人类活动区地下水环境监测的要求。地下水环境监测体系的建设应包括监测项目的确定、监测频率的确定、监测井的布设、监测设施的安装与完善、监测水平的升级等方面。

（五）人类活动影响下的地下水环境保护与管理方法体系

人类活动影响下的地下水环境保护与管理涉及自然、社会、政治、经济、技术等多方面的因素，是一项集技术性、社会性、政策性于一体，内涵丰富、复杂的系统工程。它实际包括信息支持系统、法律政策支持系统、管理体系支持系统、动态监控体系支持系统、地下水环境保护工程支持系统和经济支持系统。信息支持系统将获得的地下水环境信息在不同群体、不同部门和不同机构之间进行传递，承担着沟通和协调的职能，保证了分散的地下水环境信息得到有机组合，从而实现地下水环境的保护和科学管理。法律政策支持系统从国际和政府法律层面保障地下水环境保护和管理的有序进行。科学的地下水管理体系是地下水可持续管理的先决条件和技术保障。

地下水环境监测不仅是进行地下水环境预测的基础，也是地下水环境保护和科学管理的基础。目前，我国地下水环境监测体系还不完善，因此应加强地下水环境监测体系的建设，实现地下水监测资料共享。地下水环境保护工程是减少人类活动对地下水造成破坏的重要手段，可大大减少人类活动对地下水环境的不利影响。地下水保护工程应科学规划，根据不同的人类活动类型、活动强度、地下水环境响应机制进行建设。经济是支撑地下水环境保护的重要物质基础，采取各种措施保护地下水环境，治理地下水环境问题，必须建立完善的资金投入保障体制，保证所需资金的正常投入。

四、人类活动影响下的地下水环境研究

人类活动影响下的地下水环境研究是一项复杂的系统工程，需要运用多种理论方法和技术手段才能够取得比较满意的效果。随着人类活动不断加剧，地下水环境保护以及地下水资源管理等面临着前所未有的挑战，强烈的人类活动与巨大的自然环境变化不可分割地交织在一起，更增加了地下水环境研究的复杂性与挑战性。它不仅要求建立一个高效全面的地下水环境研究的理论体系，而且要求水文地质工作者拥有更合理的知识结构和更丰富的研究经验。人类活动影响下的地下水环境研究所面临的前所未有的挑战也给水文地质学科及其相关学科的发展带来了新的机遇。只有充分认识所要面对的挑战，才能做好面对挑战的准备，只有充分了解挑战中所蕴含的机遇，才能充满信心地去迎接这些挑战。

（一）面临的挑战

1.复杂性

地下水系统本身是一个十分复杂的系统。人类的活动方式多种多样，使得其对地下水环境的影响表现方式也多种多样，这无疑增加了地下水环境研究的复杂性。此外，人类活动与自然环境变化的紧密联系也进一步增大了地下水环境研究的复杂性。

人类活动与自然环境紧密结合在一起，不可分割，使地下水环境研究必须将二者综合考虑，增大了研究的困难。此外，地下水环境与人类社会密切相关，具有社会属性，这就要求在进行地下水环境研究时，需要充分考虑其社会属性，这进一步增加了研究的复杂性。人类活动影响下的地下水环境研究是一个涉及地质学、水文学、生态学、环境科学、地球化学等自然科学，还涉及了哲学、社会学和人类学等人文科学的综合性的、多学科的、复杂的研究领域。这些学科错综复杂的知识结构与庞大的理论体系导致了人类活动影响下的地下水环境研究的复杂性。

人类活动影响下的地下水环境研究的复杂性还体现在研究地区的复杂性上。我国民族众多，尤其在西北干旱、半干旱地区，不但生态环境恶劣，地下水环境脆弱，而且民族复杂，少数民族人口占到西北地区人口总数的1/5。这就导致某些研究在少数民族地区不易开展。而且与东部地区相比，西北地区相关研究程度相对较低，许多基础信息和研究内容掌握得不够充分，使得研究难以顺利进行。

2.长期性

地下水环境的社会属性要求地下水环境研究是一个与社会发展紧密相连、有机结合的整体。而社会发展是一个长期的、曲折向前发展的漫长过程，这就使得地下水环境研究不是一蹴而就的。实际上，自从人类出现在这个星球上，就在不断地影响着星球上的一草一木，包括地下水环境，人类活动必将成为影响地下水环境的主要因素。

地下水环境的自然属性也决定了解决地下水环境问题是一个长期的过程。地下水不同于地表水之处就在于它不易受到人类活动的污染，但是，一旦受到污染，将很难治理。这就使得地下水污染治理是一个长期的、漫长的过程。

地下水环境研究的发展有赖先进科学技术的发展。当前，地下水环境研究中还存在许许多多未得到合理解决的问题，许多方法和技术还不成熟，如地下水环境自动监测等。目前，地下水自动监测已成为地下水环境研究中不可缺少的工具之一。自动水位、水质监测仪的发展和普及直接关系到地下水环境监测工作的顺利进行。但目前地下水监测工作还不完善，包括监测网、监测频率与监测指标都没有一定的规范或标准去加以确定，且对人类活动对地下水环境的影响不够重视；地下水自动监测仪高昂的成本使其普及程度不高。而且，很多探头的使用会受到种种条件的限制。有些探头在生物堆积的影响下产生测量误差和漂移，其中受影响尤为严重的是溶解氧探头。

3.不确定性

在社会发展进程中存在各种各样的不确定性，这就使得与人类社会发展密切相关的地下水环境研究具有高度的不确定性。如不同地区，人类活动强度不同，影响强度也不同，那么在人类活动量化时必然存在一定的随机性和主观判断，使得最终的研究结果也具有一定的不确定性。实际上，地下水环境研究的不确定性广泛存在于整个研究当中。如监测数据的不确定性、预测模型的不确定性、模型概化的不确定性等。人类活动影响下的地下水环境研究具有高度的不确定性，不仅表现在具体的研究内容上，也体现在与研究内容有关的国家相关政策制定上或相关研究项目的支持程度上。地下水环境研究受到国家有关政策和法规的制约，一旦国家政策发生变化，则会导致相关研究也随之发生相应的变化。如近年来，国家自然科学基金委对变化环境下的地下水或水文地质研究给予较大的重视，若干相关的研究得到了支持，也取得了一系列成果。但是，如果国家的支持力度有所减小，对相关研究的资助失去连续性，那么相关的研究能否顺利继续下去便很难下定论。

4.对专业技术人员能力的挑战

近年来，人类活动对地下水环境的影响越来越大，相关研究也得到了国家及有关部门的重视，众多学者也都聚焦于此。然而，由于人类活动影响下地下水环境研究具有复杂性、长期性和不确定性，因此对相关研究人员提出了更高的要求。与传统的水文地质研究不同，变化条件下的地下水环境研究涉及的方面更加宽泛，所需的专业知识更加丰富，需要投入大量时间和精力。这就要求专业技术人员要有扎实的专业基础知识和广阔的国际视野，能够站到更高的层面去思考问题，尤其要具有较多学科相关知识。但是，目前大多数技术人员并不具备研究所需要的广阔的多学科相关知识，尤其是年轻一代，研究经验还不丰富，视野还不够广阔。例如，对于建立并运行地下水环境预测模型，只有少数科研院所及高校研究人员能够胜任，而大多数水文地质工作者并不具备这方面的能力，这就使得这些人员在进行更深入的研究时显得有些吃力。

人类活动影响下的地下水环境研究是在传统水文地质研究的基础上，运用新技术、新方法和新理论进行的有关地下水和地下水环境的专业性研究。但有一部分老专家虽然具有相当丰富的实践经验，但是对于新技术和新方法明显缺乏了解和应用，也不能给予后辈充分的指导。人类活动影响下的地下水环境研究所涉及的研究内容很多，所需要解决的问题也很多，需要众多专业人员的共同努力，才能够有所斩获。这就要求专业技术人员能够与时俱进，抓紧时间学习，努力搞好本专业的同时，能够尽可能多地涉猎其他相关学科。

5.对合作及数据共享机制的挑战

近些年，地下水研究成果越来越多，但对于建模所需要的各种参数和用于验证模型的实验和监测数据仍很缺乏。此外，地下水研究最大的障碍是缺乏合理有效的数据共享机制，地下水监测数据共享程度不够。某一场地或区域的基础数据可能分散于某些组织甚至个人手中，难以实现数据的一致性和标准化；有些监测数据质量较差，不能用于科学研究，这大大制约了科学研究的进展。同时，科学研究合作机制也面临着极大的挑战，尤其是国际合作。目前大多数研究局限于某个研究所、大学或某个学术组织部分人，没有得到全方位的分配。人类活动涉及社会发展的各个方面，所有的人类活动都会直接或者间接地对地下水环境产生影响。因此，人类活动影响下的地下水环境研究不是某个组织、某个地区或某个国家的事情，它是全人类都应予以关注并参与其中的具有国际性和全球性的研究。因此，加强合作、促进数据共享是人类活动影响下的地下水环境研究积极向前发展的有效保障。

6.对先进技术手段的挑战

人类活动影响下的地下水环境研究是近些年发展起来并得到广泛关注的研究领域，与传统的水文地质研究有密切的关系，但又与其有着截然不同的研究侧重点，因此研究所用到的手段是在原有技术手段上的升华与发展。目前在研究中广泛应用到的较先进的技术手段主要有遥感解译、同位素技术、数值模拟等。这些方法和技术在解决人类活动影响下的地下水资源评价、地下水环境预测、地下水形成及演化、地下水与生态环境等方面的问题时发挥了重要作用。但是，随着人类活动的不断加剧，人类活动的形式也逐渐变得多种多样，人类活动对地下水环境的影响也在不断朝着多元化的方向发展。随着人类活动的加剧和多元化，目前已有的这些手段和方法在解决地下水环境问题时将会逐渐显得力不从心。因此有必要在利用现有技术手段的同时，发展更为强大或更为有效的技术手段，或多种手段并用。只有这样，才能对人类活动影响下的地下水环境的形成和演化进行充分的研究。

（二）带来的机遇

人类活动影响下的地下水环境研究所面对的一系列挑战也给水文地质发展和地下水环境研究带来了诸多的机遇。主要表现在以下几个方面：促进多学科交叉发展，促进地下水环境基础理论的研究，促进地下水监测与数据共享，促进新技术、新方法和新技术手段的发展，促进地下水科学基础教育的发展等。

1.促进多学科交叉发展

在人类活动影响下，地下水环境研究的进行必将促进水文地质和地下水环境相关学科的发展，促进各学科理论与方法的交叉，甚至产生一些边缘学科。如人类活动会对地下水位产生强烈的影响，而地下水位是与地表植被生长和生存密切相关的因素。地下水位的变化会在极大程度上影响地表植被的分布与演化，也会对植被的生长、发芽、开花和结果产生一定的影响。此时，水文地质学便与植物学和生态学联系在一起，产生了水文生态学和水文植物学。粮食作物的生长和生产与粮食安全密切相关，因此水文地质学又可与社会科学联系在一起，产生社会水文学。又如，人类大量开采地下水，使得地下水资源量濒临枯竭时，则会相应地促使一系列政治和行政措施的出台，比如水价政策、水权政策，这样，水文地质学又与社会经济学联系在一起，产生水文经济学。总而言之，人类活动影响下的地下水环境研究是一门多学科交叉的学问，该研究的进行必定会促进与之相关的学科的发展。

2.促进地下水环境基础理论的研究

水文地质学是一门比较古老的学科。人类活动下的地下水环境研究与传统水文地质研究相关，但又与传统的水文地质学的研究内容有所区别。它涉及的研究层面更广，研究内容更加深刻，与人类生存和发展的关系更加紧密，具有更加广泛的社会属性。人类活动下的地下水环境研究是近十几年，在人类活动不断加剧、地下水环境不断恶化的背景下，才逐渐得到人们重视的。因此，已有的水文地质学理论和方法并不能很好地解决每一个涉及人类活动的地下水环境问题。而且，由于人类活动的多种多样以及其对地下水环境影响的多元化，使得人类活动影响下的地下水环境研究是一个庞大的综合性研究领域，需要的不仅仅是水文地质学的理论与方法，还需要其他相关学科的理论与方法。这些方法只有经过提炼、整理和进一步发展，才能真正成为适用于研究人类活动影响下地下水环境的理论与方法。

3.促进地下水监测与数据共享

人类活动影响下的地下水环境研究要求有高效的、广泛的和及时的地下水信息共享。而目前的地下水信息监测和共享体系不能满足研究的需要，如地下水监测体系不完善，监测网布设局限于城市周边，不能覆盖整个区域，农村覆盖面积小；监测数据的精确度不够，不能用于科学研究；不同区域地下水监测数据难以实现一致性和标准化；地下水基础数据掌握在个别组织或个人手中，难以实现共享。研究的不断进行必将促进这些问题的不断解决。

4.促进新技术、新方法和新技术手段的发展

如前所述，人类活动影响下的地下水环境研究是一个综合性的、多学科的、复杂的研究领域，它的发展有赖许多新技术和新方法的发明和使用。近年来，遥感解译、同位素技术、数值模拟等诸多手段被应用到水文地质相关研究当中，取得了良好的效果。随着研究的日益深入，许多新方法将被引进并应用到研究的各个方面。例如，传感器网络技术使得在时间和空间上进行密集监测成为可能；水文地球物理探测技术在研究地下水环境非均质性中发挥了巨大的作用；现场多参数水质监测技术可以大量获取现场水质数据，逐渐为水文地质学者所熟悉。此外，还有遥感、GIS、GNSS等技术也在地下水环境研究中发挥了巨大的作用。相信随着这些新技术、新方法的不断发展，其在地下水环境研究中将发挥越来越大的作用，反过来，地下水环境研究也会促进这些新技术、新方法的发展和进一步突破。

5.促进地下水科学基础教育的发展

人类活动影响下的地下水环境研究还可以促进地下水科学基础教育的发展。我国现阶段社会发展过程中，地下水不但是水资源中的重要组成部分，也是影响人类生存环境的重要组成部分。在人类活动的影响下，经济发展对水资源需求不断增加，地下水超采不断加剧，地下水资源和环境问题越加突出。这些问题的解决需要开展深入的研究和咨询服务，迫切需求该领域的人才。此外，解决人类活动影响下的地下水环境问题需要多学科的理论和方法，这将促使专业人才培养模式和教育理念的改变，大大促进地下水科学基础教育的发展。

地下水是宝贵的淡水资源，在保障居民生活、工业生产和农业灌溉等方面发挥着重要的作用。地下水还是最活跃的环境因子，在保证生态环境的可持续性方面也发挥着极其重要的作用。然而，随着人类活动的不断加剧，人类活动对地下水环境的影响越来越强烈。尤其在干旱、半干旱地区，人类活动使得本身十分脆弱的地下水环境承受了更大的压力。对人类活动影响下的地下水环境进行研究，对于保障地下水环境安全、维护地下水环境系统的稳定性、促进地下水资源的合理利用与科学管理具有重要的理论意义。

第三章 水文地质勘查技术

第一节 遥感技术在水文地质勘查中的应用

一、遥感技术概述

遥感顾名思义就是遥远的感知，即借助于专门的探测仪器，把遥远的物体所辐射（或反射）的电磁波信号接收记录下来，再经加工处理，变成人眼可以直接识别的图像，从而揭示出所探测物体的性质及变化规律。遥感属于空间科学的范畴，是物理、计算数学、电子、光学、航空（天）、地学等密切结合的新兴学科，对工农业、国防、自然科学研究具有重大的意义。

遥感技术可以根据不同的依据进行划分，如表3-1所示。

表3-1　遥感技术分类

分类依据	分类	说明
按遥感平台的高度分类	航天遥感（太空遥感）	指利用各种太空飞行器为平台的遥感技术系统，在大气层之外飞行，高度为几百至几万千米。以人造地球卫星为主体，包括载人宇宙飞船，探控火箭、航天飞机和太空站，有时也把各种行星探测器包括在内
	航空遥感	泛指从飞机、飞艇、气球等空中平台对地观测的遥感技术系统，在大气层内飞行，高度为100m～30km
	地面遥感	指以高塔、车、船为平台的遥感技术系统，将地物波仪或传感器安装在这些地面平台上，可进行各种地物波谱测量
按所利用的电磁波的光谱分类	可见光/反射红外遥感	主要指利用可见光（0.4～0.7μm）和近红外（0.7～2.5μm）波段的遥感技术
	热红外遥感	指利用波长1～1000mm电磁波遥感
	微波遥感	以地球资源作为调查研究对象的遥感方法和实践，调查自然资源状况和监测再生资源的动态变化，是遥感技术应用的主要领域之一

续表

分类依据	分类	说明
按研究对象分类	资源遥感	对自然与社会环境的动态变化进行监测或做出评价与预报
	环境遥感	传感器不向目标发射电磁波，仅被动接收目标物的自身发射和对自然辐射源的反射能量，就可以测量、记录远距离目标物的性质和特征
按遥感的工作方式分类	被动式遥感	利用探测仪器发射信号（如雷达或激光雷达波和声呐等），并通过接收其反射回来的信号而了解被研究对象或现象的性质和特征
	主动式遥感	可分为可见光摄影、红外摄影和扫描、多光谱扫描、微波雷达和成像光谱图像等

按国际上的习惯，可以把遥感遥测理解为摄影测量、电视测量、多光谱测量、红外测量、雷达测量、激光测量和全息摄影测量等，而不包括使用航空物探方法。陆地资源卫星照片属于多光谱测量的资料，又称遥感影像。

二、水文地质勘查中遥感技术的应用

遥感技术依靠传感器技术、图像处理技术及计算机技术的提高，在水、工、环领域的应用取得了长足的发展。迄今它已走过了从定性评价到半定量、定量评价，从指示要素分析到计算机模型模拟、从单一解译到综合方法互补等阶段，已充分显示了其信息量大、宏观、快速、节省经费且具有多时相动态监测等优势。

遥感水文地质开始逐步发展成一门独立的学科。传统的遥感水文地质着重于水文地质测绘系统中对定性特征的解释和对特殊标志的识别；近期的研究则扩展到应用热红外和多光谱影像进行地下水流系统内的地下水分析和管理；目前的研究重点则集中到了地下水空间的补给模式、污染评价中植被、区域测图单元参数的确定和空间地下水模型中地表水文地质特征的监测。

国土资源部在各种比例尺的水文地质调查中都广泛采用了遥感技术。遥感方法作为先导，密切配合常规调查方法，有效地减少了野外调查工作量，减轻了水文地质工作者的劳动强度，加快了调查速度，提高了成果质量。尤其在一些人迹罕至或难以抵达的高山、密林、沼泽、滩涂、盐湖等地区，遥感方法更加体现出了它在技术上的先进性和优越性。

在地下水勘查中，利用遥感图像上的色调、形态、纹理、结构等影像特征，运用遥感技术对勘查区各类地质要素进行解译和提取，并结合多学科、多信息的综合分析，可以对区域的水文地质条件和地下水的分布特征得出系统、客观的结论；可以圈定相对富水地段、判断含水层的层位和各种边界条件；通过编制水文地质下垫面图，并结合多年降水量及入渗系数等水文地质参数分析，可估算出地下水天然补给量；可用以揭示地表水与地下水之间的空间关系，推测地下暗河的分布，为进行岩溶发育规律的研究和寻找地下富水地段提供直观依据等。

三、不同水文地质单元区遥感技术的应用

遥感技术在水文地质勘查中应用的一般步骤为：确定数据源→选取合适的数据时相及光谱的

波段→图像处理→提取地下水信息。由于我国地域辽阔，东西部地区气候差异较大，故对不同水文地质区进行遥感解译时，要有针对性地选择遥感数据源。通过获得的卫星图像，可以推断出岩石类型、结构、地层以及地层中岩石的组成。总体来说，对航空相片或卫星图像的分析应在实地调查之前进行，这样可以排除含水较少的地层，确定需要进一步调查的区域。地下水遥感信息提取的基本流程一般包括图像处理、地下水提取方法、富水区圈定、专题图制作等内容。

从遥感数据中能够获取地下水信息量的多少，取决于区域地质、气候条件和地表覆盖类型等因素。在干旱、半干旱地区，地表覆盖物较少，很容易从遥感图像上解译出地质特征；在有植被覆盖的地区，航空和卫星图像的解译结果需要结合实地调查进行。合成孔径雷达数据在干旱、半干旱地区地下水的监测中有很大的潜力，由于长波雷达的穿透能力和雷达具有探测土壤含水量的能力，使得合成孔径雷达在干旱地区地下水探测中成为一个比较重要的工具。下面对主要的水文地质单元区遥感技术的应用进行简单介绍。

（一）基岩山区遥感技术的应用

基岩山区地貌地质单元种类较多，既有山间盆地、河川谷地，又有构造盆地、熔岩台地。地下水类型较多，补、径、排关系复杂，应用水文地质遥感信息分析与环境遥感信息分析相结合，可以解译不同地貌、不同地质单元的分布范围，建立不同地下水类型的解译标志。

1.数据源的选择方法

对于基岩山区地下水勘查，主要数据源应选择TM（Thematic Mapper）/ETM（Enhanced Thematic Mapper），而寻找基岩裂隙水，构造裂隙水以红外波段及微波图像为主。为解译河谷川地地下水溢出带、泉水出露点等，应以TM6/ETM6图像为主。数据时相选择应为受干扰因素较少的冬、春季节，热红外图像选择春初、秋末季节较好。

2.图像处理与地下水信息提取

基岩山区覆盖物较少，多为基岩裸露图像处理，应侧重区分不同的地层岩性，增强断裂构造特征信息，以提高图像的可读性，利于地下水信息的提取。采用多光谱图像波段组合或波段比值组合，能起到增强、突出构造形态和地层岩性特征信息的作用，以TM图像为主。

3.应用效果

以辽西丘陵山区为例。在辽宁西部丘陵山区地下水勘查中应用遥感技术应根据遥感技术的特点，结合勘查区的水文地质条件，以寻找基岩裂隙水和松散层孔隙水。在松散层中提取地下水遥感信息效果较好，提取时宜选用ETM图像。基岩断层在影像上的特征明显，水信息异常在主断裂层反映较好，而小断层反映异常较差。

（二）红层地区遥感技术的应用

红层地区地形起伏不大，水文地质单元分区不明显，植被发育，基岩较少裸露，利用环境遥感信息分析技术建立地层岩性、微地貌解译标志，能达到勘查浅层风化裂隙水和构造裂隙水的目的。

1.数据源选择方法

红层地区碎屑岩孔隙裂隙水量小而分布广泛，可作为居民分散供水水源，浅层孔隙裂隙水遥感数据源的选择应以春季ETM图像为主，勘查深部基岩裂隙水、构造裂隙水应选用TM、ETM及SAR（Synthetic Aperture Radar）图像。

2.图像处理与地下水信息的提取

由于红层地区主要分布在四川盆地及云南、贵州的少部分地区，气候湿润，植被发育，对该区遥感图像的处理主要以TM/ETM可见光波段图像色彩合成，或采用TM/ETM与SAR图像融合进行图像增强处理。在图像经过增强处理的基础上，采用主成分分析方法，提取与地下水信息有关的因子进行专题图分析解译。

3.应用效果

以红层丘陵区为例，利用遥感技术寻找红层丘陵区浅层风化裂隙水，除解译地层岩性、地质构造外，微地貌条件的解译是圈定富水靶区的主要目的。实践表明，在红层地区，利用地下水遥感技术对调查浅层风化裂隙水效果较好；构造裂隙水也可通过遥感技术来解译出岩性和断层的位置，再与其他方面的信息进行综合分析即可确定找出富水靶区。

第二节 水文地质测绘

一、水文地质测绘的目的与任务

（一）水文地质测绘的目的

水文地质测绘的目的在于通过对地质、地貌、新构造运动，地下水点的调查和填绘水文地质图等，查明勘查区内地下水形成与分布的基本规律，在此基础上进行初步的开发利用远景规划，并对区内存在的环境水文地质问题等提出防治措施的论证。水文地质测绘还将进一步为水文地质钻探、试验和观测工作提供设计依据。

（二）水文地质测绘的任务

水文地质测绘的主要任务如下。

（1）调查与地下水形成有关的区域地质、区域水文、气象因素、地貌及第四纪地质特征。

（2）调查研究测区内的主要含水层、含水带及其埋藏条件；隔水层的特征与分布。

（3）查明测区内地下水的基本类型及各类型地下水的分布状态、相互联系情况。

（4）查明地下水的补给、径流、排泄条件。

（5）概略评价各含水层的富水性，区域地下水资源量和水化学特征及其动态变化规律。

（6）调查研究各种地质构造的水文地质特征。

（7）了解区内现有地下水供水、排水设施以及地下水开采情况。

（8）论证与地下水有关的环境地质问题。

二、水文地质测绘的精度要求

水文地质测绘所取得的成果主要反映在各种图件上，因此，测绘的精度要求主要是通过图幅的比例尺大小来反映的。不同比例尺填图的精度，取决于地层划分的详细程度和地质界线描绘的精度以及对地区的水文地质现象的研究和阐明的详细、准确程度。

（1）测绘填图时所划分单元的最小尺寸，一般规定为2mm或5mm，即大于2mm的相应比例尺的闭合地质体和长度大于5mm的构造线等均应标示在图上。根据这一要求，各种单元地质体标示在图上的允许尺寸为2mm乘以图幅比例尺的分母。但在实际填图时还应结合具体情况灵活掌握，对于具有特别重要意义的地质体，即使小于2mm宽度者，也应该用放大比例尺的方法标示在图上；相反，对于与水文地质条件关系不大且相近似的几种单元，可合并表示。

（2）填图单位的地层厚度。以1∶5万比例尺为例，其褶皱岩层不大于500m，缓倾斜岩层不大于100m。岩性单一时可适当放宽精度。厚度小于3m的第四纪残积物应按基岩填图。

（3）根据不同比例尺的精度要求，规定在单位面积内必须有一定数量的观测点及观测路线，一般在1∶5万地形图上每隔1～2cm布置一条观测线，每隔0.5～1.0cm即应有一个观测点。条件简单者可以放宽一倍。观测点的布置应尽量利用天然露头，当天然露头不足时，可布置少量的勘探（坑探、钻探）点，并选取少量的试样进行实验。

（4）为了达到所规定的精度要求，一般在野外测绘填图中，采用比例尺较提交成果图件比例尺大一级的地形图作为填图底图。例如，当进行1∶5万比例尺测绘时，常采用1∶2.5万比例尺的地形图作为外业填图底图。外业填图完成后，再缩制成1∶5万比例尺图件作为正式资料提交。

三、水文地质测绘的内容

水文地质测绘的主要内容有：基岩地质调查、地貌及第四纪地质调查、地表水体的调查、地下水露头的调查、与地下水有关的环境地质状况的调查。

（一）基岩地质调查

地下水的形成、类型、埋藏条件、含富水性等都严格受到当地地质条件的制约，因此基岩地质调查是水文地质测绘中最基本的内容。但水文地质测绘中对地质的研究与地质测绘中对地质的研究是不同的：水文地质中对地质的研究目的在于阐明地下水的形成和分布，也就是要从水文地质观点出发来研究地质现象。因此，在水文地质测绘中进行地质填图时，不仅要遵照一般的地层划分原则，还必须考虑决定含水条件的岩性特征，允许不同时代地层合并或将同一时代的地层分开。

1.岩性调查

岩性特征往往决定地下水的含水类型、影响地下水的水质和水量。如第四纪松散层往往分布着丰富的孔隙水，岩浆岩、碎屑岩地区往往分布着裂隙水，而碳酸岩地区则主要分布着岩溶水。对于岩石而言，影响地下水水量的关键在于岩石的空隙性，而岩石的化学成分和矿物成分则在一定程度上影响着地下水的水质。因此，在水文地质测绘中要求观测研究岩石对地下水的形成、赋存条件、水量、水质等诸多影响因素，具体观察的内容如下。

（1）松散地层。要着重观察土的粒径大小、排列方式、颗粒级配、组成矿物及其化学成分、包含物等。

（2）非可溶性坚硬岩石。岩石的裂隙发育情况影响地下水赋存，因此要重点调查和研究裂隙的成因、分布、张开程度和充填情况等。

（3）可溶性坚硬岩石。要重点调查、研究岩石的化学和矿物成分、溶隙的发育程度及影响岩溶发育的因素。

2.地层调查

地层是构成地质图的最基本要素，也是识别地质构造的基础。在水文地质测绘中，研究地层的方法如下。

（1）如测区已有地质图，在进行水文地质测绘时，首先要到现场校核和充实标准剖面，再根据其岩性和含水层进行补充分层（把地层归纳为含水岩组和隔水岩组）。

（2）如测区还没有地质图，就需要进行综合性水文地质测绘。在进行测绘时，首先要测制出调查区的标准剖面。

（3）在测制或校核好标准地层剖面的基础上，确定出水文地质测绘时所采用的地层填图单位，即要确定必须填绘的地层界线。

（4）野外测绘时，应实地测绘所确定地层的界线，并对其进行描述。

（5）根据测区内地层的分布及其岩性，判断区内地下水的形成、赋存等水文地质条件。

3.地质构造调查

地质构造不仅对地层的分布产生影响，对地下水的赋存、运移等也起到很大的作用。在基岩地区，构造裂隙和断层带是最主要的贮水空间，一些断层还能起到阻隔或富集、引导地下水的作用。在水文地质测绘中，对地质构造的调查和研究的重点如下。

（1）褶皱构造。

①应查明其形态、规模及其在平面上和剖面上的展布特征与地形之间的关系，尤其注意两翼的对称性和倾角大小变化及其变化特点。

②查明主要含水层在褶皱构造中的部位和在轴部中的埋藏深度。

③研究张应力集中部位裂隙的发育程度。

④研究褶皱构造和断裂、岩脉、岩体之间的关系及其对地下水运动和富集的影响。

（2）断裂构造。

①对裂隙的调查。裂隙是基岩地下水的主要贮水空间运移通道，在水文地质测绘中应详细测量各种地层岩性的裂隙长度、宽度、产状、密度和充填情况。

②对断层的调查。具体包括的内容如下。

A.要仔细观察断层本身（断层面、构造岩）及影响带的特征和两盘错动的方向，并据此判断断层的性质（正断层、逆断层、平移断层）、分析断裂的力学性质。

B.调查各种断层的分布范围、空间展布及彼此之间的接触关系，以确定有利于地下水贮存的构造部位。

C.规模较大的断裂，要详细地调查其成因、规模、产状、张开程度，构造岩的岩性结构、厚度，断裂的填充情况及断裂后期的活动特征。

D.查明断层各个部位的含水性以及断层带两侧地下水的水力联系程度。

E.调查、研究各种构造及其组合形式对地下水的赋存、补给、运移和富集的影响。

（二）地貌调查

地貌与地下水的形成和分布有着密切的关系，通常地形的起伏控制着补给、径流和排泄。地貌调查在水文地质测绘中占有重要位置，对调查区的地貌条件认识不清，对该区水文地质条件的分析也必定会出现问题。

在基岩区，地貌单元常可反映出当地可能存在的含水层类型、埋深和补、径、排条件。如在侵蚀构造山区，地形陡，切割剧烈，第四系地层薄；降水易流失，入渗条件差，地下水径流条件好，且多被沟谷排泄；孔隙水不发育，地下水贮存条件不好。在基岩中，除局部分布有大面积层状含水层外，多有脉（带）状地下水存在，但贮存量一般不大、埋藏较深。在剥蚀堆积的丘陵区，第四纪盖层虽不太厚，但风化壳较厚，故风化裂隙水较发育。在构造盆地或单面山地貌区，常有丰富的承压水分布。

地貌调查一般是与地质调查同时进行的，故在布置观测路线时要考虑穿越不同的地貌单元，并将观测点布置在地貌控制点及地貌变化界线上。

在野外进行地貌调查时，主要任务是对各种地貌单元的形态特征进行观察、描述和测量，查明其成因类型和地貌单元形成的地质年代及发育演变历史，分析其与地层岩性、构造和地下水之间的关系，从而揭示地貌与地下水形成与分布的内在联系。同时，还要对各种地貌的不同形态进行详细、定性的描述和定量测量，并编制地貌图。

在野外进行地貌调查时应注意的问题如下。

（1）地貌观测路线大多是地质观测线，观测点应布置在地貌变化显著的地点，如阶地最发育的地段、冲沟、洪积扇、山前三角面以及岩溶发育点等。

（2）划分地貌成因类型时，必须考虑新构造运动这个重要因素。新构造运动是控制地形的重要因素，我国是一个新构造运动强烈的国家，从21世纪末期至今的新构造运动对我国各地地貌的形成起着十分重要的作用。对新构造运动强度的判别，在很大程度上还依赖于对地形（河流曲切割深度、古代剥蚀面隆起所达到的高度、水文网分布情况、阶地的变形、沉积厚度等）的分析。如果新构造运动强烈上升，会形成切割强烈的高山；而新构造运动下降，常形成宽谷、沉积平原等。洪积扇发生前移或后退现象也是新构造运动作用的标志。地质构造的影响有时也可以反映在地形的特征上，例如单斜构造在地形上常表现为单面山、断层构造常表现为断层陡坎等。

（3）注意岩性对地形形成的影响。岩石性质对地形形成的影响也十分明显，因为不同岩性的岩石常能形成不同成因及形态的地形，很多峡谷与开阔盆地的形成常常与岩性的软硬有关。

（4）应编制地貌剖面图。地貌剖面法是沿着一定方向（尽可能直线）来详细地研究当地地形的成因与变化的一种方法。剖面线应布置在可以很好地判定最重要地形要素的性质和相互关系并获得关于整个地形成因和发展史资料的地方。编制地貌剖面图是地貌观测工作中一种极其重要的调查方法，它能很明显地、准确地和真实地反映出当地的地貌结构、地层间的接触关系、厚度及成因类型。

（三）水文地质调查

地下水不是孤立存在的，地下水的埋藏、赋存、分布、补给、径流、排泄等，与地表水及周围环境密切相关，因此在水文地质调查过程中，必须详细观测和记录测区的地下水点，包括天然露头、人工露头与地表水体，并绘制地形和地质剖面图或示意图。对地下水的天然露头（如泉、沼泽和湿地）、地下水的人工露头（如井、钻孔、矿井、坎儿井以及揭露地下水的试坑和坑道等），均应进行统一编号，并以相应的符号准确地标在图上。

1.地表水调查

对没有水文站的较小河流、湖泊等，应在野外测定地表水的水位、流量、水质、水温和含沙量，并通过走访水利工作者和当地群众了解地表水的动态变化。对设有水文站的地方，调查地表水体应搜集有关资料进行分析整理。还应重点调查和研究地表水的开发利用现状及与地下水的联系。

2.地下水露头的调查

地下水露头是地下水存在的直接标志，对地下水露头点进行全面调查研究是水文地质测绘的核心工作。在测绘中，要正确地把各种地下水露头点绘制在地形地质图上，并将各主要水点联系起来分析调查区内水文地质条件，还应选择典型部位，尽可能多地通过地下水露头点绘制水文地质剖面图。

地下水露头通常分为两类：一类是地下水天然露头，包括泉、地下水溢出带、某些沼泽，湿地、岩溶区的暗河出口及岩溶洞穴、落水洞等；另一类是地下水人工露头，如水井、钻孔、矿山井巷、地下开挖工程等。

在地下水露头调查中，最常见的是泉和井孔。

（1）泉的调查研究。泉是地下水直接流出地表的天然露头，是基本的水文地质点，通过对大量泉水（包括地下暗河）的调查研究，我们就可以认识工作区地下水的形成、分布与运动规律，也为开发利用地下水提供了直接可靠的依据。一些大泉，由于其水量丰富、水量良好和动态稳定，供水意义大，应成为重点研究对象。对泉水的调查主要内容如下。

①根据地形、地貌、地质条件，结合调查访问寻找泉点。

②查明泉水出露的地质条件（特别是出露的地层层位和构造部位）、补给的含水层，确定泉的成因类型和出露高程，判明地下水类型。通过对泉水出露条件和补给水源的分析，可帮助确定区内的含水层层位，根据泉的出露标高，可确定地下水的埋藏条件。

③观测泉的流量、涌势及高度。测量泉流量的常用方法包括滴定法、堰测法、流速仪法或浮标法。

A.滴定法。当泉流量较小，地形上有跌水陡坎时可采用滴定法（流量=水体积/时间）。

B.堰测法。一般情况下可用堰测法，即用堰板测量泉流量，堰板有三角堰、梯形堰和矩形堰三种。常用三角堰，当流量较大时采用梯形堰或矩形堰。测量的方法是：在泉口下游一定距离（3～10m）将堰板垂直水流铅直平正埋好，不能漏水，使上游水流平稳，下游形成跌水，测量堰口水层高度，查表或用公式计算泉流量。

C.流速仪法或浮标法。当水量很大，不能用堰测时，可用流速仪法或浮标法测定泉流量。流速仪法指用流速仪测定水流速，并测定输水沟渠的过水断面面积，二者乘积，即为泉流量；浮标法是近似法，即用木块、作物秆等做浮标，测定水的流速，与过水断面的乘积即为泉流量。

④调查泉的动态。根据泉的不稳定系数 α，确定泉的动态类型，判断泉的补给情况。通常 α 越大，说明泉的补给面积越大，补给来源越远、含水层调节容量大，泉水越稳定。

⑤对重要的泉点，取水样进行水质分析。

⑥调查泉的开发利用状况及居民长期饮用后的反映。

⑦对于泉流量出现衰减或干枯的泉，应分析原因，提出恢复措施。

⑧对矿泉、温泉，在研究前述各项的基础上，还应查明其特殊组分及出露条件与周围地下水的关系，并对其开发利用的可能性做出评价。

（2）地下水的人工露头（水井、钻孔）的调查。在缺乏泉的工作区，要把重点放在现有水井、钻孔的观测中。当两者都缺时，则应布置重点揭露工程。如当含水层埋藏较浅时，可采用洛阳铲、麻花钻等工具揭露；当含水层埋藏较深时，可用钻机揭露。

在水文地质测绘中，井孔调查比泉的调查意义更大。井孔调查能可靠地帮助查明工作区内现有开采深度内含水层的分布、埋藏规律和地下水的动态等。井孔的调查内容如下。

①井孔所处的位置、标高、地形、地貌、地质环境及其附近的卫生防护状况。

②调查和搜集井孔的地质剖面和开凿时的水文地质观测资料。

③测量井孔的水位埋深、井深，井孔的出水量、水质、水温等。

④调查井孔内水的动态。

⑤查明井孔的储水层位，确定地下水的类型，补给、径流、排泄特征，水井的结构、使用年限，长期使用井孔水的反映。

⑥对主要含水层中典型地段上有代表性的井孔进行简易的抽水试验，以取得必要的参数，并取水样，测定其化学成分。

⑦井孔开采地下水量的情况，注意含水层之间的水力联系。

3.地下水与地表水的联系性调查

地下水与地表水之间的水力联系，主要取决于两者之间的水头差及两者之间介质的渗透性。野外调查时，一般选择河流平直而无支流的地段进行流量测量，测量其上下游两个断面之间的流量差，如果上游断面流量大于下游断面流量，说明河流补给地下水；反之，则地下水补给河流。

有下降泉出露的地段，说明是地下水补给地表水。泉水出露高出地表水面的高度，即为该处地下水位与地表水位的水位差。

应注意的是，有时虽然存在水位差，但是由于不透水层的阻隔，地表水与地下水不发生水力联系。

野外调查时，还需查明地下水与地表水化学成分的差异性。可通过采取地下水与地表水的水样分析来对比它们的物理性质、化学成分和气体成分，判断它们之间有无水力联系。

（四）地表植物的调查

植物生长离不开水，某些植物的分布、种类可以指示该地区有无地下水及其水文地质特征，因而在某些地区，特别是干旱、半干旱和盐渍化地区进行水文地质测绘时，应注意对地表植物的调查。如在干旱、半干旱地区，某些喜水植物的生长常指示该处有地下水，若其生长繁茂，说明该段地下水埋藏较浅；在盐渍化地区，可依据植物的分带现象来判断土壤的盐渍化程度；在松散层覆盖区，如植物呈线状分布则指示下面可能有含水断裂带存在等。

在野外对地表植物描述一般包括下列内容。

1.植物分布区周围的环境

包括地理位置、地形、土壤、地貌特点、地表水情况等。

2.植物的群落及生态特征

包括植物群落种类名称，植物的高度、分层、覆盖密度和均匀程度及其与地下水的关系（耐寒性、喜水性、喜盐性等）。

（五）与地下水有关的环境地质调查

地下水是导致许多环境地质作用发生的最活跃、最重要的因素。许多环境地质问题的产生，都可不同程度地反映出地下水的存在及地下水的埋藏条件或活动情况。因此，在供、排水的水文地质测绘中，应对现存的或可能发生的环境地质问题进行观察研究。

1.分清环境地质问题的类型

（1）在天然条件下，与地下水活动有关的环境地质问题有滑坡、地震、塌陷、崩坍、沼泽化、盐渍化、冻胀以及地方病等。

（2）在供、排水条件下（人为条件），与地下水作用有关的环境地质问题有地下水位持续大幅度下降、地面沉降、塌陷、地裂缝、崩坍、地震、井（泉）水枯竭、水质恶化、海水入侵、土地沙漠化、植被衰亡、次生盐碱化及地方病等。

上述有些问题，在天然条件下可以发生，在开采条件下（人为条件）也可以发生，调查中应仔细区分。

2.与地下水有关的环境地质调查

（1）研究、调查区内地下水开采或排水前后产生的环境地质问题的类型、规模。应将重点放在供、排水后可能发生的环境地质问题上。

（2）调查、研究各种环境地质现象与区域地质构造、地下水状况和开发利用的关系。

（3）了解各种环境地质作用的时空变化规律，预测其发展趋势。

（4）对现存和预测出的环境地质问题，提出防治措施。

四、水文地质测绘的基本工作方法

水文地质测绘的基本工作方法和步骤包括准备工作、野外工作及室内整编三个方面。

（一）准备工作

主要的准备工作内容如下。

（1）搜集与熟悉测绘区自然地理、地貌、地质资料。

（2）对已有的航片、卫片进行解释。

（3）确定各项工作量，对测绘点、测绘路线做出合理安排。

（4）现场踏勘，建立地层层序并确定标志层。

（5）按照相关规范编制各项技术要求、工作规程和成果标准，制定有关的规章制度。

（二）野外工作

1.观测剖面的选择

观测剖面有两种：一种为全区综合性地层、构造剖面；另一种为典型地段控制性地貌、岩性剖面，例如河流阶地、洪积扇轴部、泉水出露地段等。剖面长度视需要和所要说明的问题而定。全区综合性剖面一般应与勘查线相结合，必要时应进行实测。

2.实测地层剖面

野外水文地质测绘应从研究或实测控制性地层剖面开始。其目的是查明区内各类地层的层序、岩性、结构和构造、岩相、厚度及接触关系，裂隙岩溶发育特征，确定标志层或层组及填图单位，研究各类岩石的含水性和其他水文地质特征，最后编制出所测地区的地层综合柱状图。

实测地层剖面应选在地层发育较全、地质构造简单，没有或很少岩浆岩穿插的地段。剖面方向尽可能垂直地层走向或主要构造线方向布置，一般来说两者间的夹角不宜小于60°。剖面地层分层的详细程度应根据测绘的需要而定。选择一定的比例尺绘制实测地层剖面图，比例尺一般应为测绘比例尺的5～10倍。要在现场进行草图的测绘，以便发现问题及时补充。按要求采取地层、构造、化石等标本和水、土、岩样等，以供分析鉴定使用。在水文地质条件复杂的地区，最好能多测一两条剖面，以便于对比。如控制剖面上某些关键部位掩盖不清，还应进行一定量的剥土或轻型坑探工作。

3.布置观测线、观测点

在野外进行水文地质测绘时要布置观测线和观测点，并将在观测线和观测点观察到的各种地质现象、实测资料及测定的各种界线按规定的图例符号在野外就地标记于地形底图上，作为室内资料分析和编制各种成果图件的基础。

（1）观测线的布置。观测线的布置原则是花费最少的时间，以最短的路线观察到最多的有意义的地质现象。观测线一般根据地质图、地形图结合实际情况进行布置。具体布置观测线的要求如下。

①从主要含水层的补给区向排泄区，即水文地质条件变化最大的方向布置。

②沿能见到更多的井、泉、钻孔等天然和人工地下露头点及地表水体的方向布置。

③所布置的观测线上应有较多的地质露头。

在基岩山区或丘陵地带，一般首先是垂直区域岩层走向褶皱、断层等构造的走向，尽量控制整个工作区布置观测线；其次是沿河谷、沟谷和地下水露头较多的地方，根据测绘填图的实际需要，有时也沿岩层走向和构造线方向布置。在第四纪松散沉积物分布区，一般应沿着沉积作用方向和地貌单元较多、地貌形态较完整的方向去布置观测线，在山前地区观测线由山区到平原，应穿越洪积扇的顶端至前缘来布置；在平原地区一般垂直河流，按控制所有阶地的方向布置观测路线；对于自流盆地或潜水盆地则应穿越盆地的补给区及排泄区。

（2）观测点的布置。

①观测点分类。在水文地质测绘过程中，为便于记录，可将观测点分为以下三类。

A.地质点。主要描述地层岩性及地质构造。地质点可分为基岩点与第四纪松散沉积物点。

B.地貌点。以描述景观地理、地貌形态及现代自然地质现象为主。

C.水文地质点。以描述泉、井、钻孔等水文地质现象为主。

②观测点的布置。野外测绘时，观测点的布置要求既能控制全区又能照顾到重点地段。通常，观测点应布置在具有地貌、水文地质意义等有代表性的地段。一般的地质点可以布置在地层界面、断裂带，褶皱变化剧烈部位、裂隙岩溶发育部位及各种接触带。地貌点应布置在地形控制点、地貌成因类型控制点、各种地貌分界线以及物理地质现象发育点。水文地质点应布置在泉、井、钻

孔和地表水体处，主要的含水层或含水断裂带的露头处，地表水渗漏地段，水文地质界线上，以及一些能反映地下水存在与活动的各种自然地理、地质现象等的标志处。对已有的取水和排水工程也要布置观测点。

不宜平均布点，同等对待，要善于寻找好的露头，进行详细观察研究，将所观察的地层、构造、地貌、水文地质现象、各种观察点界线等及时用统一规定的符号准确标绘在地形图上，必要时应作实测剖面、素描或摄影。要注意采集动植物化石、孢子花粉和古地磁测试样品，作为鉴定地层时代和判断岩石成因的依据。

观测点的数量应满足设计要求，布置时一方面是考虑有控制性的地点，如在地层界线、断层线、褶皱轴线、岩浆岩与围岩接触带、标志层、典型露头和岩性、岩相变化带、构造不整合等地，各种不同地貌成因，形态界线，各种自然地质现象和岩溶发育地段，以及各种天然、人工地下水露头（井、泉、钻孔、矿井、坎儿井、地下暗河出入口，地下潮），地表水水体，不同水文地质单元界线，各种水文地质现象分布地段均应布点。另一方面则应照顾到均匀性，即在水文地质条件简单地区也应有适当的点控制。

③观测点的测定。根据不同比例尺的精度要求，常采用仪器法、半仪器法、目测法等方法测定观测点的位置。

④观测点的记录与描述内容如下。

A.露头的地点、位置和类型。首先记录图幅的编号及该点所在县、乡、村。观测点离开标志点的方位和距离，并说明观测点位置的具体特征（山顶、坡脚、悬崖及冲沟，河谷、河岸等）。然后写明是基岩露头还是第四纪松散沉积物露头，以及是天然露头还是人工露头（钻孔、浅井、探槽或剥土等）。最后应注明调查日期和调查人姓名。

B.基岩露头点的野外观测与描述内容。主要观测描述内容有岩石的名称、岩层的顺序、地质时代，颜色（新鲜面、风化面）、结构，构造、岩层厚度及产状、岩层的接触关系和观测点所处构造部位。对于构造形迹及结构面的地质力学性质特征、节理的类型、发育程度（深、宽、高）、产状和充填物都应进行详细的观测和描述，对典型地段进行节理统计。还要描述风化裂隙的发育程度和充填情况以及观测点所处的地形、地貌特征和沿途地质现象。

C.第四纪松散沉积物地层露头点的野外观测与描述内容。主要包括：地层的颜色、成分、结构、构造等岩性特征；它们的松散性和固结性、孔隙裂隙的发育情况、含不含钙质结核和铁锰结核以及遇稀盐酸起泡的程度等。除用文字描述外，还应有素描图。

D.地层中的特殊夹层。如对于含矿层、泥炭层、风化壳、古土壤及火山沉积层等也要进行详细的描述。

E.化石及人类遗迹（文化层）。对于化石名称、数量、形态大小、保存状况、石化程度、分布状况等要详细描述。化石层位应在地质剖面上注明。对人类遗迹如石器、灰烬和猿人洞穴等都应详细描述。

F.地层的厚度。要认真测量露头上的出露厚度，并注意它在空间上的变化。

G.层间界线。主要指层与层之间的接触关系，要确定界线性质并描述其特点。

H.沉积物和岩石组成的地貌特征。包括露头的地貌位置、沉积物和岩石本身所组成的地形形态。

I.标本。在现场要记录下标本采集的地点和层位并进行编号，将其标示在剖面图上。

（3）观测线、观测点的密度。观测线、观测点的间距即观测线、观测点布置的密度，主要依据地质填图要求的精度及地质条件的复杂程度并结合地质研究程度而定，必须根据实际情况有目的地布置观测线、观测点，使观测线、观测点既能起到控制填绘各类界线的作用，又不遗漏重要的地质现象，以利于提高测绘工作地区的地下水分布规律和找水标志的研究程度，达到多、快、好、省地完成工作任务的目的。

4.水文地质测绘方法

野外水文地质测绘要采用文字记载和素描图结合，观测点的描述和沿线观察结合及全面观察与解剖典型剖面相结合的方法，具体有以下三种方法。

（1）横向穿越法。横向穿越法是垂直或大致垂直于工作区的地质界线、地质构造线、地貌单元、含水层走向的方向进行观测，有“S”形或直线形。穿越测区沿线作详细的地质观察，这样可以在较短的路线上观察到较多的内容（地层界线、岩性界线、地貌界线、接触关系、褶曲、断层线、岩层产状、各种水文地质现象等），测绘出较多的地质界线。该种方法效率高，以最少的工作量能获得最多的成果，在基岩区或中小比例尺测绘时多用该种方法。

（2）纵向追索法。纵向追索法是一种辅助测绘方法，是沿着地质界线、地质构造线、地质单元界线、不良地质现象周界等布点追索（顺层追索）。当地质条件复杂而横向穿越的观测又不能控制各类界线的正确填绘时，往往需要沿地质体、地质界线或构造线的走向进行追索，力求弄清它们走向的变化和接触关系。利用该方法可以详细查明地质界线和地质现象分布规律，但工作量较大，主要用于大比例尺水文地质测绘。

（3）全面观察法。全面观察法是在工作区内，采用穿越法与追索法相结合的方法进行观测。例如，在松散分布区，要垂直于现代河谷或平行地貌变化最大的方向观测，并要求穿越分水岭，必要时可沿河追索，对新构造现象要认真研究。在山前倾斜平原区，应沿山前至平原观测，从洪积扇顶至扇缘、平行山体岩性变化显著的方向也应观测。在露头较差的地段，有时可用全面勘查法，以寻找地层及地下水露头。在第四系地层广泛分布的平原区，基岩露头较少，可采用等间距均匀布点形成测绘网络，以达到面状控制的目的。全面观察法是水文地质测绘的主要方法，适用于大比例尺及中比例尺的部分复杂地区地质填图。

（4）信手剖面图、地质素描、地质摄影（像）。在野外地质测绘中，除文字描述外，必须有观测线信手剖面图和各种地质素描图并配合地质摄影，使测绘资料记录图文并茂并互相印证。

（5）动用必要的勘查工程。水文地质测绘中，除全面观测、搜集区内现有的地面、井孔、坑道等资料外，还要求在测区动用必要的勘查工程进行一些勘查工作。为取得被掩埋的地层、断层的确切位置，裂隙或岩溶发育地段，揭露地下水等资料，可以布置些试坑、探槽、浅钻或物探工作。为取得含水层的富水性资料，需布置一些机井进行抽水试验。为取得松散层厚度及被覆盖的基岩构造等，可布置物探工作。

（6）野外资料整理工作。野外工作期间，应做到当天的资料当天整理，避免积压及以后发生遗忘，造成差错。经常性的资料整理内容如下。

①检查、补充和修正野外记录簿和草图，并进行着墨。检查地质点在图幅内的坐标位置，修正地质草图，编制各种综合图及辅助的地质剖面。对野外所拍摄的照片或录像资料进行编号和附文字说明。

②整理试验结果，并进行相关的计算，按规定绘制相关的图表。

③整理和记录所采集的各种样品及标本，对各种标本、样品按统一的编号进行登记和填写标签，并分别进行包装。

④与邻区进行接图，进行路线小结，以及时发现问题并找出补救办法。

⑤进行航空照片判读，研究和确定次日的具体工作路线和工作方法。

（三）室内整编

室内整编是编写水文地质测绘成果的阶段，是整理和分析所得野外资料、编写出高质量测绘报告的关键工作，该工作的主要内容如下。

（1）仔细核实、检查野外获得的全部原始资料，一旦发现问题需返回现场做补充工作。

（2）进行实验室工作，完成水、土、岩样分析、实验和鉴定工作。

（3）做好物探、坑探、钻探、野外试验等资料的整编工作。

（4）编制水文地质图件和编写水文地质测绘文字报告。

第三节 水文地质物探

水文地质物探是获取深部水文地质资料的一种辅助勘查技术手段。物探方法可用于探测地表松散介质的厚度、地下水位的埋深、断层的位置、基岩的深度等，在一些情况下还可以估计沉积的砾石和黏土层的位置、厚度及在地下的分布情况。将它与水文地质测绘、钻探资料等一起进行综合解释，往往能得到令人满意的效果。这里简单介绍几种水文地质勘查中常见的地面物探及测井方法。

一、常见地面地球物理勘探方法

（一）电法勘探

电法勘探是以介质的电性差异为基础，通过观测分析天然、人工电场或电磁场的时间和空间分布规律，查明地下介质的形态和性质的一种物理方法。利用的岩石电学性质有导电性、介电性、极化特性等；接受的场源可以是人工场源，也可以是天然场源；所观测的信号可以是直流电场，也可以是交流电场；观测的地点可以是地面、空间、海洋或坑道内。

1.电阻率剖面法

电阻率剖面法也称电剖面法，以岩石的电阻率差异为基础，人工建立地下稳定电场，按某种极距的装置形式沿测线逐点观测（各电极间距保持不变，整个或部分装置沿测线移动），研究某一深度范围内岩石介质沿水平方向的空间电阻率变化。

2.电阻率测深法

电阻率测深法（电测深法）就是利用地质体导电性的差异，通过建立人工电场，观察某点不同深度的视电阻率，进行推断和地质解释。即了解某一地区垂直向下由浅到深的视电阻率等方面地质变化的情况，就是在同一个测点上逐次扩大供电电极间距，使探测逐渐加深，这样便可得到观测点处沿垂直方向含水层的分布情况，埋藏深度、厚度以及圈定咸水和淡水的分布范围，查明裂隙含水层的存在情况，寻找适于蓄存地下水的断层破碎带、岩溶发育带及古河床等。常见的电测深法的装置类型有对称四极测深、三极测深及偶极测深，最常应用的是对称四极测深法。

3.高密度电阻率法

传统的电阻率法布极效率不高、劳动强度大。高密度电阻率法（高密度电法）是一种在方法技术上有较大进步的电阻率法，采用阵列勘探的方法，但其原理与常规电阻率法完全相同。采用多电极高密度一次布极并实现了跑极和数据采集的自动化，野外测量时只需将全部电极（几十至上百根）置于测点上，然后利用程控电极转换开关和微机工程电测仪实现数据的快速、自动采集，将测量数据输入微机后，还可对数据进行处理并得出关于地电断面分布的各种图示结果。

高密度电阻率法相比传统电阻率法有如下优点。

（1）电极布设是一次完成的，这不仅减少了因电极设置而引起的故障和干扰，而且为野外数据的快速和自动测量奠定了基础。

（2）能有效地进行多种电极排列方式的扫描测量，因而可以获得较丰富的关于地电断面结构特征的地质信息。

（3）野外数据采集实现了自动化或半自动化，不仅采集速度快，而且避免了由于手工操作所出现的错误。

（4）可以对资料进行预处理并显示剖面曲线形态，脱机处理后还可自动绘制和打印各种成果图件。

（5）成本低、效率高、信息丰富、解释方便、勘探能力显著提高。

4.充电法

对地面上、坑道内或者钻孔中已经揭露的良导体直接充电，以解决某些地质问题的一种电法勘探方法。对于水文地质勘查，利用充电法主要是为了探明地下水流速、流向等。

其原理为对地下良导体进行充电时，整个地质体就相当于一个大电极，当良导体的电阻率远小于围岩电阻率时，则将其看作理想导体。理想导体充电后，在导体内部不产生电压降，导体表面实际上就是一个等位面，电流垂直于导体表面流出后便形成了围岩中的充电电场。实际上，地质体不能被视为理想导体，充电电场的空间分布将随充电点的位置不同而有一定的变化。

充电法可用于岩溶地区地下暗河连通性试验及探查地下埋设的金属管道。另外，在井孔的含水层段注入盐水，并对其充电可形成随地下水流动而运移的带电盐水体，在地表观测到的等电位线形状与带电盐水体的分布形态有关，根据不同时间观测的等电位线可判断地下水的流向和实际流速。

5.自然电场法

自然条件下，无须向地下供电，通过一定的装置形式，地面两点间通常也能观测到一定大小的电位差，研究岩（矿）石和地下水之间产生的氧化—还原电化学反应（包括在大地电流、雷电放电等长期激励下的电化学反应），以及地下水渗透、扩散作用、生物化学、气体交换和热电效应等产生的稳定或缓慢变化的自然电场的分布规律，称为自然电场法。常见的自然电场有两类：其一为呈区域性分布的不稳定的电场——大地电磁场（与地壳表层构造有关），其二为呈局部性分布的稳定电场（与地下某些金属矿、非金属矿或地下水运动有关），在水文地质勘查中我们最为关心的是后者。自然电场法在水文地质工作中常被用来了解地下水的补给关系，测定地下水流向，寻找水库漏水点和隐伏的上升泉或落水洞等。

6.激发极化法

简称激电法，是以地下岩、矿石在人工电场作用下发生的物理和电化学效应（激发极化效应）差异为基础的一种电法勘探方法。激发极化按其场源区别可分为：直流电—直流（时间域）激发极化法；低频交流电——交流（频率域）激发极化法。应用激发极化法找水主要有以下作用：用来区分含炭质的岩层、泥质夹层与含水层的异常；用来划分富水地段，特别是利用激发极化法找水或确定地层的含水性。最好与高密度电阻率法相结合，这样可以降低多解性，提高找水的成功率。

7.在水文地质中应用的电法勘探新方法

近年来电法勘探的仪器和技术都取得了很大进步，很多新设备、新仪器、新方法从理论走向实践，为水文地质勘查开辟了新思路、新方法，下面简单介绍几种近年来使用较多的电法勘探新方法。

（1）地质雷达。地质雷达是利用一个天线发射高频宽带（1MHz ~ 1GHz）电磁波，而另一个天线接收来自地下介质界面的反射波，通过分析所接收到电磁波的时频、振幅特性来进行地下介质结构探测的一种电磁法。它与军事中的雷达原理相似，只是频率有所不同。由于雷达穿透深度与发射的电磁波频率有关，其穿透深度有限，但分辨率很高，可达0.05m以下。地质雷达与地震反射原理相似，一些地震资料处理解释方法可以借用。目前，地质雷达探测深度最大可达100m，是近年来在环境、水文、工程探测中发展最快、应用最广的地球物理方法。

地质雷达是一种非破坏性地球物理探测技术，抗干扰能力较强，不受场地限制；分辨率较高，具有实时剖面记录与显示，图像清晰直观；全数字化数据采集、处理；适用于石灰岩地区溶洞探测、覆盖层厚度，淡水及沙漠地区探测、地下空洞及地下管道、隧道、堤岸等探查。

（2）瞬变电磁法。瞬变电磁法时间域电磁法。其基本原理是通过地面水平线框向地下发射脉冲磁矩，该一次脉冲磁场关断后，测量一段时间内由地下介质感应生成的二次脉冲磁场。地质体所感应出电流越大，其异常也越明显，因此，瞬变电磁法对含水的高导地层灵敏，并且有较强的抗干扰能力。该方法的探测深度与所使用的磁矩（发射框面积乘以发射电流大小）大小成正比，一般有效分辨区间为400m以内。突出优点是能观测纯二次脉冲磁场，且不受静态、近场效应、地形、接地条件影响。瞬变电磁法的不足之处是评估地层含水量时一般只能通过电阻率对比，定量研究需要做抽水试验。瞬变电磁法在变质岩地区对异常进行推断较困难。随着探测深度加大，层间渗透水和金属矿的影响越来越明显。瞬变电磁法资料中容易因激发极化效应出现测深曲线的非正常变化。另外，还存在数据量大、资料解释较为复杂的特点，不便于野外工作的快速分析和现场决策。

（二）地震勘探

自然界中存在大量级别不同的天然地震，这是由地球内部发生运动而引起的地壳震动，天然地震不可掌控，地震勘探则是利用人工的方法引起地壳的震动（如炸药爆炸、可控震源震动等），再用精密的仪器按一定的观测方式记录爆炸后地面上各接收点的震动信息，对原始记录进行加工处理得到成果资料，从而推断地下地质情况。

水文地质学主要研究基岩上松散介质的厚度，常见的是折射波法，地震波在松散介质中传播速度小于固结基岩，研究距震源不同位置处地震波的到达时间，可确定基岩的深度。震源通常为浅孔中的小型爆炸设备，当工作区更浅时可用大锤敲击地面上的钢板充当震源，埋设检波器检出地震波。

地震勘探在水文地质勘查中可解决如下问题。

（1）确定基岩的埋藏深度，圈定贮水地段。

（2）确定潜水埋藏深度。

（3）推测断层带。

（4）探测基岩风化层厚度，风化层是良好的储水层。

（5）划分第四纪含水层的主要沉积层次等。

（三）重力勘探

地球表面上不同点的重力加速度略有不同，这是因为各点至地心的距离略有差异，同时各测点下面的地层介质的密度也存在一些差别。由于未饱和物质的密度比充分饱和的沉积岩及火成岩小，因此可以通过对重力数据的分析来估算冲积物的厚度和形状。虽然重力勘探十分简便，但测试成果较为粗糙，资料分析复杂，要对其经纬度、高度和偏差做大量的校正工作，常被用来探测盆地基底起伏及断裂构造，在水文地质勘查中应用较少，采用高精度重力探测仪有可能探测到埋深不大但有一定规模的溶洞。

所以电磁法及重力勘探常适用于区域地质构造的探测，在水文地质勘查中应用不多，其实例只在那些与区域构造成因有关的地下水勘探中才能见到。

（四）其他勘探手段及综合物探技术

1.放射性勘探

不同岩石所含放射性元素含量不同，可通过探测放射性衰变，进而判断岩层的特性及岩石空隙及流体的特性。放射性勘探在水文地质中常被用于测定地下水位、含水层埋深、厚度及分布范围；圈定地下水富集部位；测定地下水矿化程度及污染范围；研究地下水动力学特征。

2.温度勘探法

温度是物质的基本属性之一，热能总是从高温区传向低温区。地球内部较地表热，从地球内部到地表总有一种经常不变的热流向外传导。在深度较浅处，温度受大气及周围环境影响，当达到一定深度时温度变化不大，除非受地下水流的影响。温度较低的地下水流经空隙介质，地热从空隙介质传递到流体中，水温增加，介质温度降低。由于水比热较高，可有效地吸收或导走热量，形成热传导过程，传导的热流会调整地面环境温度，通过长期观察不同埋藏位置的测温仪器，可分析地下水系的水动力情况。

3.综合物探技术

地球物理技术具有多解性。为了减少多解性并约束解释成果，更快更好地达到地质勘查的目的，常在同一剖面、同一测网、同一地区使用不同的地球物理方法，将数据资料相互印证、综合分析，减少干扰，提高解释成果的可信度。用电测曲线显示两溶洞差别不大，结合磁法勘探及重力勘探，进行解释才能推断出充水溶洞与充填土被淋滤含铁溶洞的区别。排除电法解释的多解性，取得正确的地质结论。并且此地区按此综合物探方法所确定的九个充水溶洞经钻孔印证，其正确率达100%。

二、常见地球物理测井方法

（一）电阻率测井

利用岩石导电特性——电阻率（或电导率）研究地层的一类测井方法称电阻率法测井。电阻率测井系列大致可分为四类：普通电阻率测井、感应测井、侧向测井和微电阻率测井。通常也把各种电阻率测井称为饱和度测井系列，因为在裸眼井中它是提供岩层含油气饱和度（含水饱和度）参数的主要方法。

1.普通电阻率测井

普通电阻率测井也称为视电阻率测井，它采用三电极体系进行电阻率曲线测量。普通电阻率测井的视电阻率曲线由于受井眼、围岩和高阻邻层等因素影响，其测井值与岩层真电阻率差异比较大，特别是在盐水泥浆井或碳酸盐岩剖面差异尤其明显。

2.感应测井

感应测井是一种测量地层电导率的测井方法，其电导率是电阻率的倒数。感应测井下井仪器的线圈系包括主发射主接收线圈对、补偿线圈对、聚焦线圈对，一般采用6线圈系。发射线圈发射的交变磁场在井轴周围介质中产生环状涡流（感应电流），涡流产生的二次磁场在接收线圈中产生感应电势——接收信号。由于涡流大小正比于介质电导率，涡流越大，在接收线圈产生的感应电势也越大，所以接收信号能反映介质的电导率。聚焦线圈减小了围岩对测量结果的影响，补偿线圈减小了井眼对测量结果的影响。

3.侧向测井

侧向测井属于电流聚焦测井，即在主电极（供电电极，正极）的上、下设置同极性的屏蔽电极，与主电流同极性的屏蔽电流迫使主电流聚焦成片状进入地层，然后测量主电极（或监督电极）的电位并计算其视电阻率。由于主电流片状侧向进入地层，显著地减小了井眼的分流作用和围岩的影响。

4.微电阻率测井

微电阻率测井是测量井壁附近小范围内电阻率极板型测井方法，对于储集层主要测量泥浆滤液冲洗带电阻率。

除上述四类电阻率测井方法外，电法类测井中还有电磁波传播测井，用于测量电磁波在介质中的传播时间和信号衰减，反映岩层的介电特性，从而区分含水层并计算含水饱和度。

（二）自然电位

人们在测井时，工程上出现一次偶然失误使供电电极没供电但仍测出了电位随井深的变化曲线，由于这个电位是自然产生的，所以称为自然电位（钻井液与地层水矿化度及压力的差异，地层和井眼泥浆之间产生电化学作用和动电学作用，形成扩散—吸附电位和过滤电位）。

自然电位曲线常应用于：划分渗透性地层，对于砂、泥岩剖面，可用其异常来判断；估计泥质含量；确定地层水电阻率；判断水淹层；研究沉积环境等。

（三）核测井

根据岩石及其孔隙流体和井内介质（套管，水泥等）的核物理性质，采取一系列测井方法，最常用的测井方法包括测定岩石和流体的天然放射性及其感应衰减量，可用于各种井型，不受泥浆类型影响，使用时应注意安全防护。常见类型有自然伽马、自然伽马能谱、地层密度、中子孔隙度、中子寿命、脉冲中子碳氧比测井等。

1.自然伽马测井

岩石中的^{40}K、^{238}U、^{232}Th等衰变后释放出伽马射线，页岩、黏土岩有较高的放射性，长石和云母含1K较高，由此可区别不同的储水岩性。

2.中子测井

中子探针中含有放射性元素，既是中子源也是探测器，放射出的中子受氢原子核的碰撞，其速度变慢并散开。氢在地质体中主要以水和碳氢化合物的形式存在，水储存在岩石空隙中，水量增加，捕捉到的中子数也增加。在潜水面上中子测井可测得含水量但无法测孔隙度，利用中子测井能确定非承压含水层的给水量。

3.伽马测井

将伽马放射源放入钻孔中，与孔内物体（液体、套管、岩石等）接触会吸收或驱散伽马光子，吸收量与地层体积密度成正比，体积密度为岩石质量除以含孔隙在内的岩石体积，故用此方法可反映地下岩层孔隙度。

（四）井径测井

测量岩层中裸孔的直径，该方法也可以用以确定套管的深度。一般来说，井径就是钻头的尺寸，但实际上因为岩层坍塌，钻井液溶解矿物会使孔径变大。钻头钻到一定深度，向下的压力消失也会使孔径变大。井径测井还可用于确定碳酸盐岩含水层中的溶蚀扩大层面及节理。孔壁上的泥饼或塑形岩层可以使井径减小。

该方法主要应用于：判断岩性、进行地层对比；求实际井径（直接对应深度读数）；计算平均井径（为固井计算水泥用量提供依据）；作为测井曲线综合解释所不可少的资料；作为酸化、固井时选择封隔器、套管鞋位置的依据。

（五）温度测井

温度测井就是连续记录钻孔中液体的垂向温度。该记录显示岩石中的液体温度与钻孔循环液温度的差异。在新钻的孔中，钻孔中的流体会混合在一起。当井和周围环境达到平衡时，测温曲线能显示井中不同温度分区。温度测井可以反映地温梯度，不同含水层的温度不同，均可在测井曲线上显示出来。

（六）声波测井

该方法是通过测量井孔剖面上岩层及井壁附近的声学特性参数来判断岩性、估算孔隙度和确定岩层的弹性力学性质以及检查固井质量等的测井方法。它不受泥浆性质和侵入影响，适应性强。主要有声波速度测井、声波幅度测井、声波全波列测井、声波井下电视、噪声测井等。声波测井可以用来：划分地层，不同岩性地层的差值不一样；估算地层的孔隙度，当岩石骨架时差和孔隙流体时差已知时，利用时差曲线的读数可求出地层孔隙度；探测水泥胶结情况。

第四节　水文地质坑探

一、坑探工程类型

坑探工程包括剥土、浅坑、探槽、探井、竖井、平硐等，可将其分为轻型和重型两种：轻型坑探工程包括剥土、浅坑、探槽、探井，常用于配合水文地质测绘，揭露被不厚的浮土掩盖的地质现象；重型坑探工程包括竖井、平硐等，主要用于地形条件复杂、钻探施工困难的山区或其他勘查手段效果不好的地区获得地质资料。但由于重型坑探成本较高、周期长，一般不采用此法。

二、坑探工程的特点及用途

不同坑探工程的特点和适用条件如表3-2所示。

表3-2　常用坑探工程的特点和用途

类型	特点	布置	用途
试坑	深度极小的坑，形状不定	据需要布置	局部剥除覆土，揭露基岩；做渗水试验，取原状土样
探槽	深度小于5m的长条形槽子，断面可呈矩形、倒梯形、台阶形	垂直地层或构造线走向布置	剥除地表覆土，揭露基岩，划分地层岩性，研究节理、断层及其含（导）水性；探查残坡积层的厚度和物质组成、结构及含水性；取样
探井	从地表向下垂直开挖，断面呈圆形或正方形，深度一般为5～10m	选择地势较高、浮土性质稳定和较薄处布置	确定覆盖层、风化层的岩性、厚度、含水性；取样
竖井	形状与探井相同，但深度超过10m，有时需要支护	在地形和岩层倾角较平缓的地段布置	了解覆盖层的厚度和性质，风化壳分带、岩溶发育情况等；取样
平硐	在地面有出口的水平坑道，深度较大	在地形切割剧烈的沟谷及地层倾角大的地区布置	调查斜坡地层的岩性、含（隔）水性，查明河谷地段的地层中软弱夹层、破碎带、岩层风化等；做原位岩体力学试验及进行地应力量测；取样

第五节 水文地质钻探

一、水文地质钻探的目的、任务和特点

（一）水文地质钻探的目的

（1）查明勘查深度内含水层的埋藏条件和分布范围。

（2）采集各种岩土、水样，为研究地层的岩土性质、含水特征、地质时代、成因、岩相变化等提供依据。

（3）查明各含水层（组）的水位、水质、水温、水量。

（4）进行抽水试验和地下水动态观测。

（二）水文地质钻探的基本任务

（1）查明含水层（组）的数目、层位、埋藏深度及不同含水层（组）的岩性、厚度、水位、水量特征及其在水平和垂直方向上的分布特征；观测不同含水层（组）地下水动态变化规律，了解各含水层（组）之间的水力联系及地下水的补排条件；在有地下咸水分布的地区，则要查明咸、淡水界面的位置及变化规律，从而为地下水资源评价和其他专门的试验工作提供水文地质资料。

（2）进行的水文地质试验主要是抽水试验，用来了解含水层的渗透性和富水性，取得一些水文地质参数及合理井距、机井深度、分段用水等方面的资料，从而指导群众打井，合理开发利用地下水。

（3）遵循“以探为主、探采结合”的原则，成井或专门打井后开采地下水，为工农业生产、国防建设和城镇居民及干旱地区人民提供生产生活用水或矿泉水饮料，直接为国民经济建设和人民生活服务。注意对地下热水、卤水、肥水的综合勘查，使地下水资料得到充分利用。

（4）通过钻孔（或在钻进过程中）采集水样、岩土样，以确定含水层的水质、水温和测定岩土的物理力学和水理性质。

（5）利用钻孔监测地下水动态。

（三）水文地质钻探的特点

水文地质钻探不单纯是为了采取岩芯、研究地质剖面，而且还必须取得各含水层和地下水特征的基本水文地质资料以及对地下水进行动态观测，为开采地下水做准备等。为此，与一般的地质钻探相比，水文地质钻探具有以下特点。

1.水文地质钻孔的孔径较大

一般地质钻孔的主要任务是取岩芯，故孔径一般小于150mm。而水文地质钻孔除取岩芯外，

还必须满足抽水试验或作为生产井取水的要求，为保证抽出更多的水和便于下入水泵，钻孔的直径较大，一般大于150mm。当前水文地质钻孔的直径一般在300～500mm，少量孔径可达1000mm以上。

2.钻孔深度小，对垂直度有一定要求

一般在数十米至数百米之间，特殊的超过1000m；因钻孔上部需要安装水泵、下部要安装过滤器，所以要求钻孔在100m以内偏斜不大于1°、1000m以内偏斜不大于5°。

3.水文地质钻孔的结构比较复杂

为了分别取得各含水层的水位、水温、水质和水量等基本的水文地质资料，需要在钻孔内下套管、变换孔径、止水隔离等。

4.水文地质钻探对所采用的冲洗液要求很严格

为了不破坏或少破坏含水层的天然状况，以便能准确测定水文地质各要素（水位、水质、水量等）以及今后能顺利抽水，要求所用的冲洗液不能堵塞井孔内的岩石空隙。

5.水文地质钻探的工序较复杂、施工期也较长

钻探工作中需要分层观测地下水的稳定水位，还要进行下套管止水、安装过滤器、安装抽水设备、洗井、做抽水试验等一系列辅助工作。

6.水文地质钻进过程中观测项目多

为了判断钻进过程中水文地质条件的变化，在钻进过程中除了观测描述岩性变化外，还要观测孔内的水位、水温、冲洗液的消耗情况以及涌水量等多个项目。

二、钻探设备的选择

钻探设备一般包括钻机、水泵、动力机、钻塔、钻探管材、钻探工具等。钻机由机架、传动装置、回转器、绞车等组成。水泵在钻探中可以将冲洗液（清水或泥浆）送入孔内，冷却、润滑钻具和钻头及保护孔壁并带出孔内岩粉，或通过泵的压力表了解孔变化情况。动力机是带动钻机钻进的动力，可以是电动机或柴油机。钻塔主要用于升降与悬挂钻具、起下套管，其底座用于固定、安装钻探机，要求有足够的强度和稳定性、高度和结构要合理等。钻探管材有钻头、岩芯管、钻杆、立轴、接手等。钻探工具包括提引工具、拧卸工具、打捞工具等。

水文地质钻探设备应按勘察设计中提出的钻探目的、施工技术要求和勘查区水文地质条件、钻孔类型、钻孔结构、钻探方法等因素结合现有设备状况进行选择和配套。

三、水文地质钻孔的类型、结构

钻孔是通过机械回转或冲击钻进，向地下钻成的相对直径小而深度大的圆孔。钻孔一般由孔口、孔壁、孔径、孔底、孔深等基本要素构成。

（一）水文地质钻孔的类型

水文地质钻孔的类型可以从不同的角度进行划分。

1.根据水文地质钻孔承担的主要任务划分

（1）地质孔。通常只在小、中比例尺的区域水文地质普查中布置，一般要通过钻探取芯进行

地层描述和简易水文地质观测，但不进行抽水试验。主要是为了解地层、构造和含水层情况，属于控制性钻孔。其基本要求是：满足岩芯采取率、校正孔深、测孔斜、进行原始编录和简易水文地质观测、取得分层水位资料和封孔等，并做电测井校对与取样。通常采用91mm、110mm、130mm、150mm等常规口径钻进。

（2）水文地质孔。在各种比例尺的水文地质普查与勘探中布置，一般要进行单孔稳定流抽水试验，必要时要进行多（群）孔非稳定流抽水试验，以获取不同要求的水文地质参数，评价与计算地下水资源。采用常规口径取芯钻进，大口径扩孔后进行试验。终孔下管后进行充分冲洗。

（3）探采结合孔。在各种比例尺的水文地质普查与勘探中均会遇到，取得水文地质资料后，结合地方需要，将钻孔扩成开采井。在成井下管之前，应校正孔斜，每100m不应超过1°，并留有足够长度的沉淀管（一般5～10m）。

（4）观测孔。有抽水试验观测孔和长期观测孔（简称长观孔）两种，通常只在大、中比例尺的水文地质勘查中布置。为研究区域地下水动态变化规律和主孔抽水时的影响半径，以及了解不同深度含水层的水位，都需要布置观测孔。

2.根据水文地质钻孔的钻进深度划分

（1）浅孔。指钻进深度小于或等于100m的钻孔。

（2）中深孔。指钻进深度为100～300m的钻孔。

（3）深孔。指钻进深度大于300m的钻孔。

3.根据水文地质钻孔顶角或倾角划分

（1）直孔。指顶角为规定范围内的钻孔。

（2）斜孔。指顶角超过规定范围的钻孔。

（3）水平孔。指顶角为90°的钻孔。

（二）水文地质钻孔的结构

1.钻孔结构的内涵

水文地质钻孔结构是指由开孔至终孔的深度内钻孔孔径和孔段的变化，包括孔径、孔段和孔深等。除地质孔外，钻孔结构具体应包括以下内容。

（1）井管。包括井壁管、过滤器和沉淀管的直径、孔段和深度。

（2）填砾、止水与固井位置及深度。

2.典型钻孔结构型式

（1）一径成孔（井）。指除孔口管外，一径到底的钻孔，即一种口径、一道管柱的钻孔。这类钻孔通常是较稳定的第四纪松散地层或基岩为主的水文地质钻孔、探采结合孔或观测孔。有下井管、过滤器并填砾或不填砾及没有井管、过滤器的基岩裸孔等几种。下井管、过滤器并填砾孔的孔径一般应比井管的直径大150～200mm。

（2）多径成孔（井）。具有两个或两个以上变径孔段的钻孔，即多次变径，并用一套或多套管柱的钻孔。通常是上部为第四纪松散层、下部为基岩或具有两个以上主要含水层的水文地质钻孔、探采结合孔及地质孔。通常只在第四系地层中下井管、过滤器并填砾或不填砾；基岩除破碎带、强烈风化带需下套管外，一般为裸孔。

3.钻孔结构设计

水文地质钻孔结构设计是依据钻探的目的、任务、钻孔地质和水文地质条件及已有钻探设备等因素，对钻孔的深度、孔斜、孔径变换、过滤器等提出的具体方案。钻孔结构设计是水文地质钻探的重要环节，是高效施工和优质钻进的前提，也是获取完整的水文地质资料的保证，是直接影响水文地质钻探的质量、钻孔出水量及能耗、安全等方面的重要因素。

钻孔结构设计的内容包括钻孔深度、终孔直径、开孔直径、中间套管变径的层次和深度、过滤器的类型和规格等。

（1）孔深的确定。孔深是根据钻孔的目的、要求、地质条件，并结合钻探设备所允许钻进的深度或目前可能的开采深度等生产技术条件来确定的，一般应揭穿主要含水层，即钻孔的深度取决于含水层底板的深度，至于更深部的含水层（组），可选择少量的钻孔只作一般性的了解，以便为进一步勘查和远景规划提供依据。对于厚度很大的含水层，钻孔揭穿整个含水层较困难或技术上不必揭穿整个含水层时，应按下述原则确定孔深：对于基岩含水层，钻孔应揭穿含水层的主要富水段或富水构造带；对于岩溶含水层，钻孔应揭穿岩溶发育带；对于厚度小、水位深的含水层，设计孔深时要考虑试验设备的要求（如满足空气压缩机抽水沉没比的要求）。另外，对于地下水开采孔或长期疏干降压孔，在确定钻孔深度时还应考虑沉淀管的长度，以保证钻孔工作段不被淤塞，沉淀管的长度一般为3～5m。

钻孔深度最终以钻孔地质设计为准，若地质设计依据不足或地质条件变化需加深或提前终孔，必须以持有钻孔任务变更通知书为前提。

（2）孔径的确定。孔径的确定是钻孔结构设计的中心环节。孔径的大小取决于选用的钻探设备和钻进方法、套管的类型、钻孔类型、抽水设备和方法、对钻孔出水量大小的要求等。

确定孔径的内容包括终孔直径、变径尺寸和开孔直径。对于结构比较复杂的钻孔，设计孔径时应首先确定终孔直径，再根据变径次数和变径尺寸，由下向上逐步推定钻孔的开孔直径。

①终孔直径的确定。根据钻孔类型、水文地质条件、预计水量、钻进方法与工艺、含水层岩性、填砾要求、过滤管类型及孔深等因素综合确定，以满足水文地质试验和供水井抽水要求为原则。需填砾的钻孔，必须满足填砾厚度和下入过滤管口径的要求。不填砾的钻孔，一般以下入过滤管口径为准，但在易缩径地层施工的钻孔口径，还应考虑过滤管起拔等因素。大于200m的孔或特大水量及有特殊要求的抽水试验钻孔，则根据单孔设计的要求确定。

对于水文地质勘查试验孔而言，设计钻孔直径时，以将来能在孔内顺利地安装过滤器和抽水设备，并能使抽水试验正常进行为原则，因此要按抽水试验的要求并根据预计的出水量和是否需要下过滤器及其类型、拟用的抽水设备等来确定其终孔直径。

在浅部松散沉积层和基岩破碎带，为保证进水、维护孔壁稳定，应在孔内下护壁井管、过滤器，有时还要在井孔与井壁之间充填砾料。此时的钻孔孔径除需满足出水量大小要求外，还需满足过滤器及砾料的尺寸要求。一般抽水孔直径应比过滤器大1～2级、观测孔直径应比过滤器直径大一级，需要充填砾料的钻孔孔身直径应比过滤器直径大150～200mm。

②确定变径的深度和尺寸。根据已确定的终孔直径，再按预计要求隔离的含水层（段）个数及止水方法、部位和要求，并考虑钻孔的类型、深度、钻进方法、岩石的可钻程度和孔壁的稳定程度等多种因素，确定钻孔变径与否、变径深度和变径尺寸、下套管的深度（应考虑沉淀管的长度）和直径。一般在下列情况下需要变换孔径进行止水：有多个含水层（段），需要取得分层（段）水文

地质参数；需要隔离水质较差的含水层；需要有选择地疏降或开采某一含水层；需要维护松散层和岩层破碎带的孔壁稳定等。而对于地层松软易钻，孔深较浅、孔径较大的开采孔，可以采用同径止水而不变换孔径。根据止水要求，典型的钻孔结构有三种：异径止水、同径止水、异径同径联合止水。

在某些地质结构复杂的地区，可能在不太大的深度内出现数个含水层，如果均下套管止水，换径次数过多，就会造成钻孔结构复杂，施工困难，此时就必须仔细研究该地区的地质条件和抽水实验（或开采条件）的要求，合理地采用有关技术措施，在确保优质、高产、低耗、安全的前提下，尽可能同径到底，简化钻孔结构。当不得不变径时，变径的部位多在含水层下部的隔水层顶部。

③开孔直径的确定。根据已确定的终孔直径、变径次数和尺寸，自下而上逐级推定开孔直径。开孔直径除满足孔内最大套管和填料厚度的要求外，还应满足钻孔浅部松散层下入护壁管的要求，对供水孔还应考虑所用抽水设备的外部尺寸。因此，水文地质钻孔的开孔直径都大于终孔直径，一般钻孔开孔直径选用172mm、152mm较为适宜（下入168mm或146mm井壁管）。试验孔或开采孔的开孔口径应扩大到250mm以上。

（3）过滤器的设计。

①过滤器的作用和基本要求。过滤器是安装在钻孔中的一种能起过滤作用的带孔井管。在松散沉积物及不稳定岩层中钻进时，必须装置过滤器。它的作用是保证含水层中的地下水能够顺利地流入井管，同时又能防止井壁坍塌，阻止地层中细粒物质进入井内造成水井堵塞，保证井的涌水量和井的使用寿命。

对过滤器的基本要求是：

A.具有较大的孔隙率和一定的直径，以减小过滤器的阻力，获得最大的出水量。

B.具有良好的滤水作用，既能阻挡含水层中的砂砾进入，又不堵塞过滤器的孔隙。

C.有足够的强度，要能够承受井管的重力、地层和滤料的侧向压力，保证过滤器能安全顺利地下入井下且使用期间不损坏，对钻孔还要求能顺利起拔。

D.具有较高的抗腐蚀能力，以防酸性水的侵蚀，延长井孔的使用寿命。

E.加工方便，易于安装，成本低廉。

过滤器可用金属或各种非金属材料制作，长度一般应与含水层（段）厚度相一致。当含水层很厚时，应设计成非完整井（只穿入含水层的部分厚度、井底落在含水层中间的水井），每段过滤器长度一般不超过20m。为防孔内沉淀，常设计3～5m的沉淀管。

②过滤器的组成。过滤器主要由过滤骨架和过滤层组成。

A.过滤骨架。过滤骨架主要是在保证透水性的条件下起支撑作用，一般有孔眼管状骨架和钢筋骨架两种结构。

孔眼管状骨架是由各种材料的管子按一定的技术要求和规格打孔或开槽制成。其材料可以是钢的、铸铁的、水泥的或塑料的，水文地质钻探多用钢管。管子上的孔眼一般为圆孔、条形孔。孔的大小、排列和间距与管材强度及所要求的孔隙率有关。通常，钢管孔眼过滤器的孔隙率为30%～35%，铸铁管孔眼过滤器的孔隙率为20%～25%，而水泥管孔眼过滤器的孔隙率仅为10%～15%，条形孔钢管孔眼过滤器的孔隙率可达40%～50%。

钢筋骨架是用直径为10～16mm的钢筋以一定的间距（20～30mm）间隔排列，焊接在两节短管之间。这种骨架的孔隙率可达60%以上，但强度稍低，主要用在强透水的基岩含水层完整井（指贯穿含水层、井底坐落在隔水层上的水井）中，以增强进水能力。

B.过滤层。过滤层起过滤作用，分布于过滤骨架之外。过滤层的种类主要有带孔眼的包网、密集缠丝、砾石填充等。

③过滤器的种类。由不同骨架与不同过滤层可组合成各种过滤器。但过滤器基本类型有骨架过滤器、缠丝过滤器、网状过滤器、砾石过滤器四种。

A.骨架过滤器。只由骨架组成，不带过滤层，仅用于井壁不稳定的基岩井。作为勘查试验用的多为钢管骨架过滤器。

B.缠丝过滤器。过滤器由密集程度不同的缠丝构成。缠丝效果较滤网为佳，且制作简单，经久耐用，又能适用于中砂及更粗岩石。若岩石颗粒太小，要求缠丝间距太小，加工常有困难，此时可在缠丝过滤器外充以砾石。

C.包网过滤器。过滤层为滤网，为了发挥滤网的稳定性，在骨架上需焊接纵向垫条，滤网被包于垫条外，滤网外再绕以稀疏的护丝，以防腐损。滤网有铁、铜、塑料压膜等，铁易被腐蚀，已少用；铜价贵，故有被塑料代替的趋势。网眼规格应以颗粒级配成分为依据，应能在网外形成以中、粗砾为基础的天然过滤层，以保证抽水正常进行。

D.砾石过滤器。过滤层由充填的砾石构成，骨架可以是圆管或钢筋骨架，钢筋骨架上的缠丝间距视岩石颗粒大小而定。按结构，砾石过滤器可分为以下几种。

填砾过滤器——在骨架外充填砾石而成，砾石与骨架是分离的。这是勘查中最常用的过滤器类型。

笼状和筐状过滤器——在骨架外预先做好盛砾石的笼架和框架，然后将选定的砾石充填于其中。用时将其整体下入井中。该种过滤器多用于井径较大的浅层开采孔。

上述砾石过滤器所用砾石的大小应与含水层粒度相配合。孔壁岩石颗粒越细，过滤层所选用砾石应越小。所用砾石的大小还应与骨架空隙尺寸相配合。

贴砾过滤器——近年来出现的一种新型过滤器，它是在骨架衬管外用环氧树脂粘贴一定厚度的石英砂，使骨架和滤层成为一体，贴砾厚度为10～18mm，孔隙率在20%以上。其优点是透水性好、滤砂可靠、成本低、强度高、使用方便等，特别适用于细颗粒，口径小、难以投砾的深井，其安装深度可达400～500m。

砾石水泥过滤器——由砾石或碎石用水泥胶结而制成，又称无砂混凝土过滤器。通常砾石粒径为3～7mm，灰砾比为1∶5～1∶4，水灰比为0.28～0.35，水泥与砾石之间为不完全胶结，因而被水泥胶结的砾石、孔隙仅一部分被水泥充填，另一部分仍相互连通，故有一定的透水性。这种过滤器制作方便、价格低廉，但强度较低，通常用于井深小于100m的井孔，多用于农用机井。针对各地区不同的水文地质条件，应选用不同材料和不同结构形式的过滤器。

4.钻孔结构的确定

钻孔结构是根据钻孔类型、水文地质条件、终孔直径及深度、抽水方法、钻进工艺方法及钻探设备等因素综合确定。通常，进行抽水试验的钻孔，其松散地层的钻孔直径要能满足根据预计出水量选用的过滤器直径和填砾间隙的要求。基岩钻孔直径则一般以满足抽水设备口径或过滤器直径要求为依据确定。在条件具备与可能时，要采用一径成井工艺，在松散、破碎、严重漏失等复杂地层（发生事故多、效率低、钻进和取芯都困难的地层），应采用护壁性能好且易于破壁解淤的优质泥浆钻进，争取少下或不下套管，以简化钻孔结构。

第六节　水文地质试验

一、抽水试验的目的、任务及类型

（一）抽水试验的目的、任务

抽水试验是以地下水井流理论为基础，通过在井孔中进行抽水和观测来测定含水层水文地质参数、评价含水层富水性和判断某些水文地质条件的一种野外水文地质试验工作。抽水试验在各个勘查阶段都很重要，其成果质量直接影响着对调查区水文地质条件的认识和水文地质计算成果的精确程度。抽水试验的主要任务如下。

（1）直接测定含水层的富水程度和评价井孔的出水能力。

（2）确定含水层的水文地质参数。

（3）研究井孔的出水量与水位降深的关系及其与抽水时间的关系，研究降落漏斗的形状、大小及扩展过程。

（4）研究含水层之间及地下水与地表水之间的联系，以及地下水补给通道和强径流带位置等。

（5）确定含水层的边界位置及性质。

（6）通过抽水试验，为取水工程提供所需水文地质数据（如影响半径、单井出水量等），评价水源地的地下水允许开采量。

（二）抽水试验的类型

由于划分的原则和角度不同，所以形成的抽水试验类型繁多且相互交叉。主要有以下几种划分方法。

1.按抽水试验依据的井流理论划分

（1）稳定流抽水试验。指在抽水过程中，要求流量和水位降深同时相对稳定（不随时间而变）并且有一定延续时间的抽水试验。稳定流抽水试验结果可用稳定径流公式进行分析计算，方法简便。在补给边界附近或水源充沛且相对稳定的地段抽水可形成相对稳定的水流、可用稳定流抽水试验方法。

（2）非稳定流抽水试验。指在抽水过程中，只要求水位和流量其中一个稳定，观测另一个随时间变化的抽水试验。非稳定流抽水试验结果用非稳定径流理论进行分析计算。在实际工作中一般采用定流量（变降深）非稳定流抽水试验。自然界地下水大都是非稳定的，因此，非稳定流抽水试验有更广泛的适用性，能研究更多的因素，能测定更多的参数，并能充分利用整个抽水过程提供的全部信息，但非稳定流计算较复杂，观测技术要求高。

2.按抽水试验井孔数划分

（1）单孔抽水试验。指只有一个抽水孔而无观测孔的抽水试验。该种试验方法简便、成本低廉，但所担负的任务有限，成果精度较低，一般多用于稳定流抽水试验，常用于普查和初步勘查阶段。

（2）多孔抽水试验。即带观测孔的单孔抽水试验。该种试验能完成抽水试验的各项任务，所得成果精度也高，但成本一般较高，多用于详细勘探阶段。

（3）干扰抽水试验（或称群孔抽水试验）。指在相距较近的两个或多个孔中同时抽水，造成水位降落漏斗相互重叠干扰，各孔的水位和流量有明显相互影响的抽水试验。一般在抽水孔周围还配有若干观测孔。按抽水试验的规模和任务，又可分为一般干扰井群孔抽水试验和大型群孔抽水试验。

3.按抽水井的类型划分

（1）完整井抽水试验。即在完整井孔（过滤器长度等于含水层厚度）中进行的抽水试验。

（2）非完整井抽水试验。即在非完整井孔（过滤器长度小于含水层厚度）中进行的抽水试验。

4.按抽水试验的含水层情况划分

（1）分层抽水试验。以含水层为单位进行抽水试验，以单独求取各含水层的水文地质参数。如对潜水、承压水或孔隙水与裂隙水、岩溶水，应当进行分层抽水，以分别掌握各层的水文地质特征。

（2）分段抽水试验。即在透水性有较大差异的巨厚含水层中，分不同岩性段（如上、中、下段）进行抽水试验，以了解各段的透水性及水量情况。

（3）混合抽水试验。即在井孔中将不同含水层合为一个试验段进行抽水，以了解各层的混合平均状况和井孔的整体出水能力。混合抽水试验如需配备观测孔时，必须分层设置。

5.按抽水顺序划分

（1）正向抽水。降深由小到大，有利于抽水井孔周围天然过滤层的形成，多用于松散含水层。

（2）反向抽水。降深由大到小，抽水开始时的大降深有利于对井壁和裂隙的清洗，多用于基岩。

至于在具体的水文地质勘查工作中选用何种抽水试验，主要取决于勘查工作进行的阶段和主要目的。在区域性水文地质调查及专门性水文地质调查的初始阶段，抽水试验的目的主要是获得含水层具代表性的水文地质参数和富水性指标（如钻孔的单位涌水量或某一降深条件下的涌水量），故一般选用单孔抽水试验即可。当只需要取得含水层渗透系数和涌水量时，一般选用稳定流抽水试验。当需获得渗透系数、导水系数、贮水系数及越流系数等更多的水文地质参数时，则须选用非稳定流的抽水试验方法。在专门性水文地质调查的详勘阶段，当希望获得开采孔群（组）设计所需水文地质参数（如影响半径、井间干扰系数等）和水源地允许开采量（或矿区排水量）时，则须选用多孔干扰抽水试验。当设计开采量（或排水量）远比地下水补给量小时，可选用稳定流的抽水试验方法，反之，则选用非稳定流的抽水试验方法。

二、抽水孔和观测孔的布置要求

（一）抽水孔的布置要求

抽水孔的布置，应根据勘查阶段、水文地质条件和地下水资源评价方法等因素确定，并宜符合下列要求。

1.根据勘查阶段布置抽水孔，抽水孔占勘查孔（不包括观测孔）总数的百分比（%），宜不少于相关规定。

（1）详查阶段，在可能富水的地段均宜布置抽水孔。

（2）勘探阶段，在含水层（带）富水性较好和拟建取水构筑物的地段均宜布置抽水孔。

2.布置抽水孔时要考虑抽水试验的目的和任务。

（1）为求取水文地质参数的抽水孔，一般应远离含水层的透水、隔水边界，应布置在含水层的导水及贮水性质、补给条件、厚度和岩性条件等有代表性的地方。

（2）对于探采结合的抽水井（包括供水勘探阶段的抽水井），要求布置在含水层（带）富水性较好或计划布置生产水井的位置上，以便为将来生产孔的设计提供可靠信息。

（3）欲查明含水层边界性质、边界补给量的抽水孔，应布置在靠近边界的地方，以便观测到边界两侧明显的水位差异或查明两侧的水力联系程度。

3.在布置带观测孔的抽水井时，要考虑尽量利用已有水井作为抽水时的水位观测孔；当无现存水位观测井时，则应考虑附近有无布置水位观测井的条件。

4.抽水孔附近不应有其他正在使用的生产水井或地下排水工程。

5.抽水井附近应有较好的排水条件，即抽出的水能无渗漏地排到抽水孔影响半径区以外，特别应注意抽水量很大的群孔抽水的排水问题。

（二）水位观测孔的布置要求

1.布置抽水试验水位观测孔的意义

（1）利用观测孔的水位观测数据，可以提高井流公式所计算出的水文地质参数的精度。这是因为：观测孔中的水位，不存在抽水孔水跃值和抽水孔附近三维流的影响，不存在抽水主孔“抽水冲击”的影响，水位波动小，水位观测数据精度较高。

（2）利用观测孔的水位，可用多种方法求解水文地质参数。

（3）利用观测孔水位，可绘制出抽水的人工流场图（等水位线或下降漏斗），从而可帮助我们判明含水层的边界位置与性质、补给方向，补给来源及强径流带位置等水文地质条件（分析水文地质条件）。

（4）一般大型孔群抽水试验，可根据观测孔控制渗流场的时、空特征，作为建立地下水流数值模拟模型的基础（模型验证）。

2.水位观测孔的布置要求

抽水试验观测孔的布置，应根据试验目的和计算公式确定，并宜符合下列一般要求。

（1）以抽水孔为原点，宜布置1～2条观测线。

（2）布置一条观测线时，宜垂直地下水流向布置；布置两条观测线时，其中一条宜平行地下水流向布置。

（3）每条观测线上的观测孔宜为三个。

（4）距抽水孔近的第一个观测孔，应避开三维流的影响，其距离不宜小于含水层的厚度。最远的观测孔距第一个观测孔的距离不宜太远，并应保证各观测孔内有一定水位下降值。

（5）各观测孔的过滤器长度宜相等，并安置在同一含水层和同一深度。

3.水位观测孔布置的要求

具体不同目的的抽水试验，其水位观测孔布置的要求是不同的。

（1）为求取含水层水文地质参数，一般应和抽水主孔组成观测线。而且一般应根据抽水时可能形成的水位降落漏斗的特点来确定观测线的位置。

①均质各向同性、水力坡度较小的含水层。其抽水降落漏斗的平面形状为圆形，即在通过抽水孔的各个方向上，水力坡度基本相等，但一般上游侧水力坡度较下游侧小，故在与地下水流向垂直方向上布置一条观测线即可。

②均质各向同性，水力坡度较大的含水层。其抽水降落漏斗形状为椭圆形，下游一侧的水力坡度远较上游一侧大，故除垂直地下水流向布置一条观测线外，尚应在上、下游方向上各布置一条水位观测线。

③均质各向异性的含水层。抽水水位降落漏斗常沿着含水层贮水、导水性质好的方向发展（延伸）（漏斗长轴），该方向水力坡度较小；贮水、导水性差的方向为漏斗短轴，水力坡度较大。因此，抽水时的水位观测线应沿着不同贮水、导水性质的方向布置，以分别取得不同方向的水文地质参数。

（2）为某些专门目的进行抽水试验时，观测孔的布置以能解决实际问题为原则。研究断层的导水性时，可将观测孔布置在断层的两盘。为判别含水层之间的水力联系时，观测孔则分别布置在各个含水层中。研究河水地下水关系时，观测孔应布置在岸边。为了查明含水层的边界性质和位置时，观测线应通过主孔，垂直于欲查明的边界位置，并在边界两侧附近布置观测孔。

（3）对干扰井群抽水及大型抽水试验，应比较均匀地布置观测孔，以便控制整个流场的变化和边界上的水位与流量。

（4）观测孔的数目、距离和深度主要取决于抽水试验的目的任务、精度要求和抽水试验类型。

①观测孔的数目。为求取含水层水文地质参数，一般设一个观测孔即可。在观测线上的观测孔一般为两个以上，以便使用多种方法求取水文地质参数。如需绘制漏斗剖面，则一条观测线上的观测孔不应少于三个。如判定水力联系及边界性质，则观测孔应为1～2个。

②观测孔的距离。按抽水漏斗水面坡度变化规律，越靠近主孔距离应愈小，越远离主孔距离应越大。为避开抽水孔三维流的影响，第一个观测孔距主孔的距离一般应约等于含水层的厚度（至少应大于10m）。最远的观测孔，要求观测到的水位降深大于20cm；相邻观测孔距离，亦应保证两孔的水位差大于20cm。

③观测孔的深度。要求揭穿含水层，至少深入含水层10m，或观测孔孔深达抽水主孔最大降深以下。

三、抽水设备及测水工具

（一）抽水设备

选择抽水设备时，应考虑吸程、扬程、出水量能否满足设计要求，还要考虑孔深、孔径是否满足水泵等设备下入的要求，以及搬迁难易及花费大小等。如水量较大，地下埋藏浅、降深小时可用离心式水泵。埋深或降深大、精度要求高、井径足够大时可使用深井泵；精度要求不高、井径较小，则可选用空气压缩机（风泵）。井径小、埋藏较深、涌水量较小，可采用往复式水泵或射流泵。

（二）测水工具

抽水试验时用的测水工具主要是水位计和流量计。

1.水位计

在抽水试验中，常用的是电测水位计。使用时，当探头接触水面时，水和导线构成闭合电路，即可发出信号，据此确定水位。其信号可以是光、声或指针摆动。由于探头直径小，只需2～3cm的间隙即可测量，测量深度可达100m。误差小于1cm，但随深度增加，其误差会加大。这类水位计目前应用最广，目前我国正试制并开始使用一些既能读出瞬时水位，又便于遥控或自记的测水位仪器。

对自流水，若水位高出地表不多，可接套管测定水位，否则需安置压力计测定水位。

2.流量计

目前抽水试验和生产中所用的流量计主要有量水容器、堰测法、孔板流量计、水表等。量水容器主要用于涌水量小或断续抽水（如提桶抽水）的情况，多用于稳定流抽水试验。

堰测法是用堰板或堰箱测量，其中堰箱是前方为三角形或梯形切口的水箱，箱中有2～3个促使水流稳定的带孔隔板。水自箱后部进入，从前方切口流出，适用于流量连续但又不很稳定，且在100L/s以内的流量的测定。

孔板流量计的类型很多，但原理基本相似。在出水管末端或靠近末端设置一定直径的薄壁圆孔，抽水时测定两侧水位差，或测定距孔口一定距离处（流量计置于水管末端时）的测压水头值。此差值在固定的管径和孔口条件下，仅取决于流速，因此，根据这个压力差可以换算出流量。孔板流量计的优点是轻便、精确，但不能用于空压机抽水。

还有一种叶轮式孔口瞬时流量计（流速流量计）。它利用叶轮转速测定管中水的流速，从而换算出流量，叶轮转速由电子仪器读出。其优点是体积小、质量小、操作简便，但也不能用于空压机抽水。

四、抽水试验的技术要求

（一）稳定流抽水试验的主要技术要求

稳定流抽水试验在技术要求上主要有水位降深（或落程）水位降深和流量稳定后的抽水延续时间及水位和流量的观测等。

1.水位降深

水位降深是指天然情况下的静水位与抽水时稳定动水位之间的距离。正式的稳定流抽水试验，一般要求进行三次不同水位降深的抽水，并要求各次降深的抽水连续进行，以便于确定流量和水位降深之间的关系，提高水位地质参数的计算精度和预测更大水位降深时井的出水量。

对于富水性较差的含水层、非开采含水层，或最大降深未超过1m时，可只做一次最大降深的抽水试验。对松散孔隙含水层，为有助于在抽水孔周围形成天然的过滤层，一般采用正向抽水。对于裂隙含水层，为了使裂隙中充填的细粒物质（天然泥沙或钻进产生的岩粉）及早吸出，增加裂隙的导水性，可采用反向抽水。

2.稳定延续时间

稳定延续时间是指抽水试验孔在某一降深下水位降和流量趋于稳定后的抽水延续时间，它是抽水过程中井的渗流场达到近似稳定后的延续时间。对稳定延续时间提出要求，主要是检验抽水量和补给量是否达到平衡，保证抽水井的水位和流量真正达到稳定状态，使稳定流抽水试验的水位和流量均达到稳定的要求，保证试验的可靠性。稳定延续时间越长越容易发现微小而有趋势的变化和临时性补给所造成的短暂稳定或某些假稳定。

如果抽水试验的目的仅仅是求参数，则水位和流量的稳定延续时间要求达到24h即可。如果还必须确定出水井的出水能力，则水位和流量的稳定延续时间至少应达到48h。当抽水试验带有专门的水位观测孔时，距主孔最远的水位观测孔的水位稳定延续时间应不少于2～4h。

必须注意的是：

（1）稳定延续时间必须从抽水孔的水位和流量均达到稳定后开始计算。

（2）要注意抽水孔和观测孔水位或流量微小而有趋势性的变化，如果存在这种变化，说明抽水试验尚未真正进入稳定状态。

3.水位及流量观测

抽水前应观测天然条件下的静水位，并测量井深。抽水过程中，水位、流量应同时观测，观测频率应先密后疏。一般在抽水开始后的第5min、10min、15min、25min、30min各观测一次，以后每隔30min或60min观测一次，直至水位、流量稳定，并符合稳定延续时间的要求。水位观测读数精确到厘米，当用堰板或堰箱测流量时，读数精确到毫米，对多孔抽水试验，抽水孔与观测孔应同步观测。抽水停止或中断后，应观测恢复水位，恢复水位的观测频率与抽水时相同。

另外，在抽水过程中，应观测水温、气温，一般2～4h同步观测一次，并与水位、流量观测时间相对应。抽水结束前，一般应取水样进行水质分析。

（二）非稳定流抽水试验的主要技术要求

非稳定流抽水试验可分为定流量抽水试验和定降深抽水试验。实际生产中一般用定流量非稳定流抽水试验，在自流孔中可进行涌水试验（固定自流水头高度，而自流量逐渐减少稳定），当模拟定降深疏干或开采地下水时，也可用定降深抽水试验。下面以定流量非稳定流抽水试验为例，说明其主要技术要求。

1.抽水流量及流量、水位的观测要求

在定流量非稳定流抽水试验中，流量应始终保持定值，并且抽水流量在抽水井中产生的水位降深不应超过所使用的水泵吸程。对探采结合孔，应尽量接近设计需水量。另外，也可参考勘探井洗井时的水位降深和出水量来确定抽水量值。

非稳定流抽水试验流量、水位观测与稳定流抽水试验要求基本相同。流量和水位观测应同时进行，观测频率（主要是抽水前期的观测频率）比稳定流抽水试验要密。一般宜在抽水开始后第1min、2min、3min、4min、5min、6min、8min、10min、15min、20min、25min、30min、40min、50min、60min、80min、100min、120min各观测一次，以后可每隔30min观测一次，直至满足非稳定流抽水延续时间的要求或直至水位、流量稳定。停抽或因故中断抽水时，应观测恢复水位，观测频率应与抽水一致，水位应恢复或接近恢复到抽水前的静止水位。由于水位恢复资料不受人为抽水的影响，所以常比利用抽水资料计算水文地质参数可靠。

2.抽水延续时间

抽水延续时间主要取决于试验的目的、任务、水文地质条件、试验类型、参数计算方法等，不同试验抽水延续时间的差别很大。当抽水试验的目的主要是求得含水层的水文地质参数时，抽水延续时间一般不必太长，通常不超过24h，只要水位降深时间对数曲线形态比较固定和能明显地反映出含水层的边界性质即可停抽。

（三）群孔干扰抽水试验的主要技术要求

群孔干扰抽水试验的主要目的是进行试验性开采抽水，求矿井在设计疏干降深下的排水量，对某一开采量条件下的未来水位降深做出预报，或判定区域边界性质等。为便于计算，各干扰井孔的井深、井径和过滤器安装深度应尽量相同，各抽水孔抽水起止时间应相同，一般应尽抽水设备能力进行一次最大降深抽水。此类型的抽水试验，可以是稳定流抽水试验，也可以是非稳定流抽水试验，对抽水过程中出水量和水位应同步观测。

开采性抽水试验或大型群孔抽水试验，还应满足以下技术要求。

1.为了提高水量计算的精度，抽水试验一般在枯水期进行。如还需要通过抽水试验求得水源地在丰水期所获得的补给量，则抽水试验应延续到丰水期。该类型的抽水试验，其抽水和稳定时间不宜少于一个月。

2.对于供水水文地质勘查，一般要进行稳定流开采抽水试验。

3.一般应模拟未来的开采方案进行抽水，通常抽水量应尽量接近设计开采量，或至少达到设计开采量的1/3。

4.开采性抽水试验的水位降深应尽可能接近水源地（或地下疏干工程）设计的水位降深，至少应使下降漏斗中心达到设计水位降深的1/3，特别是当需要通过抽水时地下水流场分析或查明某些水文地质条件时，更须有较大的水位降深。

第七节　地下水动态监测

一、地下水动态监测孔（网）的布置

地下水动态监测孔（网）的布置主要取决于水文地质勘查的目的、任务，调查阶段和水文地质条件等。根据目的、任务，可把地下水动态监测孔（网）分为区域性基本监测孔（网）和专门性监测孔（网）两种。区域性基本监测孔（网）的主要任务是研究地下水水位、水量、水温和水质等的一般变化规律，查明地下水动态的成因类型，积累区域内地下水动态多年监测资料。专门性监测孔（网）主要是为了专门的目的任务（如供水、地下水管理等）或特殊要求布置的。

总的来说，对地下水动态监测孔（网）布置的基本要求如下。

（1）地下水动态监测点，应尽量利用已有的钻孔、水井和泉，被利用的监测点应有完整的水文地质资料。

（2）为了查明区域地下水补、径、排条件及不同地区水质、水温、水位和水量变化情况，监测点应分布均匀，从补给区→径流区→排泄区及不同含水介质都要有监测点控制，这样可以绘制不同时期的等水位（压）线和水质等值线图，便于分析径流条件和水质变化。

（3）地下水补给边界处要控制一定数量的监测孔，而且要布置在有代表性的边界地段。

（4）为查明两个水源地的相互影响或附近矿区排水对水源地的影响，应在连接两个开采漏斗中心线方向上布置监测线，在开采漏斗内应适当加大监测点密度。

（5）在多层含水层分布地区，为查明各含水层之间的水力联系，应布置分层监测孔组。

（6）为查明污染源对水源地地下水水质的影响，监测孔应沿污染源至水源地的方向布置，并使监测线贯穿水源地各个卫生防护带。

（7）为查明地下水与地表水之间的补排关系，应垂直地表水体的岸边布置监测线，并对地表水水位、流量、水温、水质进行监测。

（8）为查明咸水与淡水分界面动态特征，应垂直咸水与淡水的分界面布置监测线。

（9）为查明水源地在开采过程中下降漏斗的发展情况，通过漏斗中心布置相互垂直的两条监测线。

（10）基岩地区应在主要构造富水带、岩溶大泉、地下河出口处及地下水与地表水相互转化处布置监测点。

（11）为获得计算地下水径流量用的水位动态资料，监测线应垂直和平行计算断面布置。

（12）为获得计算地区降水入渗系数用的水位动态资料，监测孔应布置在有代表性的不同地段。

另外，长期监测孔（网）的布置，还应考虑不同勘查阶段的工作要求。一般在普查阶段，可适当布置一些长期监测孔；在详查阶段，应建立基本的监测线网和控制性监测井孔；在勘探阶段，应增加专门性监测线（网）的布置，健全地下水动态观测点，观测点、线、网应有机结合。

二、地下水动态监测的主要技术要求

（一）监测孔结构

监测孔的结构取决于含水层性质、监测层数和内容，如松散层应设置过滤器，一孔监测多层则要求分层止水，孔径应保证能安装各层测水管，如监测孔有测流量的要求，其孔径应能够安装抽水设备。监测孔的深度，根据要求可以是完整孔或非完整孔，后者的孔深一般应达到所要监测的含水层最低水位以下2～5m。通常监测孔孔口应高出地面0.5～1.0m，并在孔口加保护帽，孔口应有固定的监测水准。对每个监测点，均应建立技术档案资料。

（二）监测内容和技术要求

地下水动态监测项目主要是地下水位、水量、水质、水温。必要时还需监测地表水、气象要素、环境地质现象等。

地下水动态监测内容主要包括地下水水位、水量（主要是泉，地下河出口、自溢孔和生产井的流量）、水质、水温、环境地质问题以及气象要素的监测，当研究地表水体与地下水关系时，还应包括地表水体的水位、流量、水质的监测。

（1）地下水水位监测。必须测量其静水位，水位测量精确到厘米。一般每10d（每月10日、20日、月末）监测一次，对有特殊意义的监测孔，按需要加密监测。若监测井为常年开采井，可测量动水位，每月必须对静水位数据监测一次。

（2）地下水水量监测。包括监测泉水流量、自流井流量和地下水开采量。泉水与自流井流量监测频率与地下水位监测同步，流量监测宜采用容积法或堰测法。采用堰测法时，堰口水头高度（h）测量必须精确到毫米。地下水开采量的监测，宜安装水表定期记录开采的水量。未安装水表的开采井，应建立开采时间及开采量的技术档案，并每月实测一次流量，保证取得较准确的开采量数据。

（3）地下水水温监测。可每月进行一次，并与水位、流量同步监测，水温测量误差小于0.5℃，同时监测气温。根据地下水位埋深和环境温度变化，采用合适的测量工具，保证监测数据的精度。

（4）地下水水质监测。频率宜为每年两次，应在丰水期、枯水期各采样一次，初次采样须做全分析，以后可做简要分析。

（5）地表水体的监测。其内容包括水位、流量、水温、水质。地表水体的监测频率应和与其有水力联系的地下水监测同步。当河流设有可以利用的水文站时，可搜集该水文站的有关资料。

（6）区域地下水动态长期监测孔宜安装水位，水温自动记录仪器。

（7）环境地质监测。包括与地下水有关的水环境问题、地质环境问题和生态环境问题，应根据水文地质条件和存在的主要环境地质问题及其严重程度，新建或利用已建立的设施进行与地下水动态相应的环境地质监测。

同一水文地质单元应力求各点同时监测，否则应在季节代表性日期内统一监测。为了能从动态变化规律中分析不同动态要素间的相互联系，对各项目的监测时间在一年中至少要有几次是统一的。

为查明地下水动态与当地水文、气象因素的相互关系，应系统搜集工作区范围内多年的水文、气象资料。在水文、气象资料不能满足地下水均衡计算的地区，应对水文、气象做短期监测工作。

三、地下水动态监测资料整理与分析

地下水动态监测所获取的资料量大，因此必须对监测资料进行系统、全面的整理，从中研究地下水动态变化规律。由于地下水监测工作是长期、连续进行的，因此，必须对所获得的资料进行经常性的整理与分析，一般分为日整理、月整理、年终整理、多年资料整编等。最好能用地下水计算机数据库系统进行数据处理和资料整编。

（一）编制地下水动态监测资料统计表（报表）

主要包括地下水动态各要素以及水文、气象要素的月、年及多年报表。

（二）绘制地下水动态综合曲线图或各种关系曲线

根据需要和按动态要素与影响因素的相关性，编制各种综合曲线图（把动态要素与主要影响因素的历时变化绘在同一张图上称综合曲线图），动态要素间或动态要素与影响因素间的关系曲线图。如潜水动态综合曲线图、潜水位变幅与降水关系曲线图、河水位与地下水关系曲线图等。

（三）各监测线地下水动态要素剖面图

地下水动态要素剖面图是沿一定方向，把监测点代表性时刻（如丰水期、枯水期）的动态要素值（如水位、水质、水温等）绘制成图，同时图上还应附有含水层、隔水层、监测孔等内容。如水化学剖面图、水位动态剖面图等。剖面图能反映动态要素沿监测线方向上的变化，以及在时间和空间上的变化。

（四）动态要素平面图

如果监测点和监测资料较多，一般还应编制各种不同要素在代表性时期（丰、枯水期等）的平面图，以说明地下水动态在平面上的变化规律。如不同时期等水位线系列图、潜水埋藏深度图、水化学类型图、某要素等值线或变幅等值线图等。

第四章
矿井水文地质

第一节 地下水的基本知识

矿井建设、生产过程中流入井下空间的矿井水、地下水、地表水都是影响煤矿建设、生产的地质因素。它们均为煤矿开采技术条件的重要组成部分。本章将介绍与矿井水文地质有关的一般基础知识。

一、地下水的类型和特征

为反映地下水的性质和特征，必须对地下水合理分类。地下水的分类方法较多，但目前主要是根据地下水的埋藏条件和岩石的空隙性质这两项基本原则进行分类的。根据地下水的埋藏条件不同，可以把地下水划分为包气带水、潜水和承压水三类；根据含水层空隙性质的不同，可将地下水划分为孔隙水、裂隙水和岩溶水。

（一）包气带水

位于地下水面以上的地带称为包气带，包气带中的水主要有土壤水和上层滞水。土壤水是指位于地表以下土壤中的水，以结合水和毛细水的形式存在，主要由大气降水、凝结水及潜水补给。

上层滞水是赋存于包气带中局部隔水层之上的重力水，一般分布不广。由于上层滞水的分布接近地表，因而它和气候、水文条件的变化密切相关。

上层滞水和土壤水有明显区别。上层滞水底部有不透水的隔水层存在，故可储存一定量的重力水，可作为小型供水水源；而土壤水没有隔水底板，它多以悬挂毛细水的状态存在于土壤中，一般仅能做垂直方向运动（渗入和蒸发），不能保持重力水，仅对植物生长有利。

上层滞水主要接受大气降水和地表水补给，而消耗于蒸发和逐渐向下渗透补给潜水，其补给区与分布区一致。由于分布范围小，故水量随季节变化显著，一般仅在丰水期水量较多，而在干旱季节枯竭，动态变化极不稳定。

影响上层滞水形成的主要因素是岩性的变化。在坚硬岩层分布区，当岩层中发育风化裂隙或构造裂隙且其下部有局部裂隙不发育的岩层存在时，可形成上层滞水；在可溶岩层分布区，当可溶岩层中夹有非可溶性岩层透镜体时，则在上下两层可溶岩层中各发育一套溶洞系统，其上层的岩溶水就常具有上层滞水的性质；在松散沉积物中，上层滞水与沉积物岩性密切相关，在冲积、洪积的粗碎屑沉积物中，常夹有黏土或亚黏土透镜体，此时就可能形成上层滞水。

影响上层滞水形成的另一个因素是地形的变化。一般在地形坡度变化较大的地区，地表径流较强，大气降水多以地表径流的形式排走，因而不易形成上层滞水；在地形坡度较平缓、能汇集雨水或保存融雪的低洼地区，就容易形成上层滞水。有时在坡度较陡峻的山区，由于岩性的突变及人为因素的影响，也可形成上层滞水，如滑坡、坡积物下部或由于矿山开采而堆积的废石堆下部存在的水，就具有上层滞水的性质。

上层滞水的动态主要取决于气候和隔水层的位置、分布范围、厚度及透水性等条件。当隔水层的分布区小、厚度不大、隔水性不强及离地表较近时，上层滞水可逐渐向四周流散、蒸发而在短时期内消失；随着隔水层深度的增加，范围和厚度加大，其存在的时间也随之延长。在降水量较大、蒸发量较小的地区，其水量较大，存在时间也较长。

上层滞水随季节性降水及地表水而存在，一般矿化度较低。由于其距地表较近，故极易受到污染。上层滞水接近地表，有时对工程建筑有一定的妨害。

（二）潜水

1.潜水的特征

潜水是埋藏在地表以下第一个连续稳定的隔水层（不透水层）以上、具有自由水面的重力水。一般是存在于第四纪松散堆积物的孔隙中（孔隙潜水）及出露于地表的基岩裂隙和溶洞中（裂隙潜水和岩溶潜水）。

潜水的自由水面称为潜水面。潜水面上每一点的绝对（或相对）高程称为潜水位。潜水水面至地面的距离称为潜水的埋藏深度。由潜水面往下到隔水层顶板之间充满重力水的岩层，称为潜水含水层，其间距离则为含水层的厚度。

潜水的这种埋藏条件决定了潜水具有以下特征。

（1）潜水面以上，一般无稳定的隔水层，潜水通过包气带与地表相通，所以大气降水和地表水直接渗入而补给潜水，成为潜水的主要补给来源。在大多数情况下，潜水的分布区（含水层分布的范围）与补给区（补给潜水的地区）是一致的。而某些气象水文要素的变化能直接影响潜水的变化。

（2）潜水埋藏深度及含水层厚度是经常变化的，而且有的还变化甚大，它们受气候、地形和地质条件的影响，其中以地形的影响最显著。在强烈切割的山区，潜水埋藏深度可达几十米甚至更深，含水层厚度差异也很大。而在平原地区，潜水埋藏浅，通常为数米至十余米，有时可为零（潜水出露地表，形成沼泽），含水层厚度差异较小。潜水埋藏深度及含水层厚度不仅因地而异，就是同一地区，也随季节不同而有显著变化。例如，在雨季，潜水获得的补给量多，潜水面上升，含水层厚度随之加大，埋藏深度变小；而在枯水季节则相反。

（3）潜水具有自由表面，为无压水。在重力作用下，自水位较高处向水位较低的地方渗流，形成潜水径流。其流动的快慢取决于含水层的渗透性和潜水的水力坡度。当潜水流向排泄区（冲沟、河谷等）时，其水位逐渐下降，形成倾向于排泄区的曲线形自由水面。

自然界中，潜水面的形状也因地而异，同样受到地形、地质和气象水文等自然因素的控制。

潜水面的形状与地形有一定程度的一致性，一般地面坡度越大，潜水面的坡度也越大。但潜水坡度总是小于当地的地面坡度，形状比地形要平缓得多。含水层的渗透性和厚度的变化，会引起潜水坡度的改变。大气降水和蒸发可直接引起潜水面的上升和下降，从而改变其形状。某些情况下地表水的变化也会改变潜水面的形状，当河水排泄潜水时，潜水面为倾向河流的斜面，但当高水位河水补给潜水时，则潜水面可以变成从河水倾向潜水的曲面。

（4）潜水的排泄（含水层失去水量）主要有两种方式：一种是以泉的形式出露于地表或直接流入江河湖海中，这是潜水的一种主要排泄方式，称为水平方向的排泄；另一种是消耗于蒸发，为垂直方向的排泄。潜水的水平排泄和垂直排泄所引起的后果不同，前者是水分和盐分的共同排泄，一般引起水量的差异；而后者由于只有水分排泄而不排泄水中的盐分，结果导致水量的消耗，又造成潜水的浓缩，因而发生潜水含盐量增大及土壤的盐渍化。

2.潜水面的形状及表示方法

潜水面的形状及影响潜水面形状的因素。潜水面的形状一方面反映各种外界因素对潜水的影响，另一方面也反映潜水流的特征（如流向、水力坡度及流速等）。潜水由高处向低洼处流动的过程中，水位不断下降，因而潜水面常常是倾斜的曲面（在垂直剖面上为曲线），拱顶端为地下水分水岭，分水岭两侧潜水分别向不同方向流动。潜水面倾斜的方向总是朝向排泄区，潜水面最大倾斜方向表示地下水的流向，其形状变化是各种自然及人为因素影响的结果。

潜水面的表示方法。潜水面反映了潜水与地形、岩性和气象水文之间的关系，表现出潜水埋藏、运动和变化的基本特点。为清晰地表示潜水面的形态，通常采用两种图示方法，并常以两者配合使用。一种是以剖面图表示，即在具有代表性的剖面线上，绘制水文地质剖面，其中既表示出水位，也表示出含水层的厚度、岩性及其变化，也就是在地质剖面图上画出潜水面剖面线的位置，即成水文地质剖面图；另一种是以平面图表示，即用潜水面的等高线图来表示水位标高，在地形图上画出一系列水位相等的线。潜水面上各点的水位标高是在大致相同的时间内通过测定泉、井和按需要布置的钻孔、试坑等的潜水面标高来获得的。由于潜水位随季节发生变化，所以等水位线图上应该注明测定水位的时间。通过不同时间等水位图的对比，有助于了解潜水的动态，一般在一个地区应绘制潜水最高水位和最低水位时期的两张等水位线图。

3.潜水的补给、排泄和径流

潜水的补给。潜水含水层自外界获得水量的过程称为补给。补给条件包括补给来源、补给量、影响补给的因素等。在补给过程中潜水的水质也随之发生相应变化。潜水最普遍的补给源是大气降水渗入。降水渗入使潜水水量增加，水位升高；在缺水季节，潜水位则下降，反映出潜水具有季节性变化的特征。潜水位的峰值与大气降水的峰值一致。大气降水补给潜水的数量多少，取决于降水量大小、降水性质及延续时间、植被覆盖程度、地表坡度、包气带厚度及包气带的透水性等。分析区域潜水补给时，应综合考虑这些因素。地表水流补给潜水常发生在河流的下游。如我国黄河下游黄河大堤以内河床的地面标高，往往高于大堤以外几米至十几米，因此黄河水常补给附近的潜水。在河流中游常出现的情况是洪水期河水补给潜水，而枯水期潜水补给地表水。地表水与潜水的补给关系，往往并不固定，常随季节变化，所以在实际工作中，必须根据它们之间的水位、流量、等水位线的特点及长期观测资料分析确定。

河水对潜水补给量的大小，主要取决于两者水位差的大小、洪水延续时间、河流流量及含水层的透水性等。河水位高出潜水位越高、洪水延续时间越长、流量越大、含水层透水性越好，则潜水获得的补给量就越大。

当承压水的水位高于潜水时，承压水可以通过它们之间的弱透水层补给潜水，这种补给称为越流补给。越流补给可以在两个水位不同的含水层之间产生。

在干旱气候的条件下，凝结水的补给也是地下水的重要补给来源。此外，人工补给也是地下水补给来源之一。利用人工设施（如人工盆地、渠道、漫灌等）将地表水灌入地下，以增加地下水量。目前，在一些国家人工补给的地下水量约占地下水总用水量的30%。人工回灌已日趋为人们所重视。

潜水的排泄。潜水含水层失去水量的过程称为潜水排泄。在排泄过程中，潜水的水量、水质、水位都随之发生变化。在地形切割剧烈的山区，一般情况下，潜水顺着坡面流向沟谷，以泉的形式排泄于地表或补给地表水。潜水也可以径流的形式排泄于承压含水层中。潜水另一个排泄途径就是蒸发。潜水埋藏越浅，蒸发作用越强烈，水量消耗越大。气候条件对蒸发影响甚为强烈，如新疆的干旱气候条件，潜水埋藏7～8m，甚至更深，受到强烈蒸发作用的影响。此外，人工抽水也是潜水排泄的主要方式之一。

潜水的径流。潜水从补给到排泄是通过径流来完成的，因此，潜水的补给、径流、排泄组成了潜水的循环。潜水在循环过程中，其水质、水量都不同程度地得到更新置换，这种更新置换称为水交替。潜水水交替的强弱，表明了潜水循环的快慢，它取决于含水层的透水性、补给量及地形条件。含水层透水性好、补给量多、地形坡度大、切割剧烈、排泄通畅，这时径流条件就好，水交替就强烈，地下水循环就快。一般潜水交替随深度的增加而减慢。

潜水循环的快慢可用水交替系数来描述。水交替系数是指含水层全年的排泄量与其储水量之比。对于潜水来说，当气候潮湿、水文网发育时，水交替系数为0.1～1.0。

（三）承压水

1.承压水的概念与特征

承压水是充满在两个稳定不透水层或弱透水层间的含水层中承受水压力的地下水。承压水多埋藏在第四纪以前岩层的孔隙中或岩层裂隙中，第四纪堆积物中亦有孔隙承压水存在。

当钻孔打穿上部隔水层至含水层时，地下水在静水压力的作用下，能上升到含水层顶板以上的某一高度。各承压水位的连线叫承压水位线（或水头线）。承压水位高出地表的叫正水头，低于地表的叫负水头。因此，在适宜的地形地质条件下，水可以溢出地面，甚至喷出，所以通常又称承压水为自流水，但并非所有承压水都能自流。由于承压水具有这一特点，因而是良好的水源。

承压水的埋藏条件是：上下均为隔水层，中间是含水层；水必须充满整个含水层；含水层露出地表吸收降水的补给部分，要比其承压区和泄水区的位置高。具备上述条件，地下水即承受静水压力。如果水不充满整个含水层，则称为层间无压水。

承压水水位的等高线称为等水压线，它是将同一含水层承压水位相同的点连接起来而绘制成的。

上述承压水的埋藏条件决定了它具有以下特征。

（1）承压水的分布区和补给区是不一致的；

（2）地下水面承受静水压力，而非自由面；

（3）承压水的水位、水量、水质及水温等受气象水文因素季节变化的影响不显著；

（4）任一点的承压含水层厚度稳定不变，不受降水季节变化的支配。

2.承压水的补给、径流和排泄

承压水的补给。承压水一般在承压含水层出露地表且地形和构造都较高的部位接受补给，补给水源主要有大气降水或地表水，补给的强弱取决于补给区分布范围及岩石的透水性。补给区的范围大，岩石透水性好，则有利于补给的进行。同时，补给强弱与补给源水量的大小有密切关系。如降水量大或地表水流量大，则渗入补给就多。潜水也是承压水的重要补给来源。位于承压水补给区的潜水，可以向深部循环而补给承压水。潜水对承压水的补给还可以发生在承压区，当潜水水位高于承压水水位时，潜水可以通过断层或其他弱透水层的“天窗”补给承压水。两承压含水层之间发生补给或排泄，主要取决于含水层之间水位差、其间隔水岩层的厚度和透水性，以及水力联系通道情况。水位差大，高水位的承压含水层可通过一定的通道，补给低水位的承压含水层。若有水位差存在，但隔水层厚度大、透水性差（承压含水层封闭条件好），含水层之间就不一定发生水力联系。

承压水的排泄。承压水的排泄有以下几种形式：当承压水排泄区有潜水存在时，则直接排入潜水中；当水文网下切至承压含水层时，承压水可以排泄于河流或以泉的形式排泄于地表。承压水还可以通过导水断层向地表排泄。

承压水的径流。承压水的补给、排泄是通过径流来完成的。因此，承压水的补给、径流、排泄组成了承压水的循环。承压水的循环条件较之潜水更多地受地质构造因素的控制。承压水交替的强弱，说明其循环的快慢。承压水的水交替系数可以小于0.00001，所以对于大型的承压盆地（或斜地），水的全面交替需要很长时间。

影响承压水循环交替强弱的因素有含水层分布范围大小、含水层的透水性、补给区与排泄区的水位高差、补给区与承压区面积比值以及气候因素等。

承压含水层分布范围及厚度大，则渗透途径长，水交替就缓慢；反之，含水层分布范围及厚度小，则水交替迅速。承压含水层的透水性越好，则水交替越快；相反，透水越不好，水交替越缓慢，这时承压水的矿化度增高。补给区与排泄区之间的水头差越大，承压含水层中地下水的运动速度越快，水交替越强；相反，水头差小，水交替弱。补给区与承压区面积的比值越大，气候潮湿多雨，则补给承压水的水量就大，水的交替就快。

3.承压水等水压线图及其用途

等水压线是承压水位标高相同点的连线。等水压线图绘制的方法与潜水等水位线图基本相同。只是将各测点的承压水位值代替潜水水位，进行作图，即得等水压线图。但等水压线图反映的承压水面与潜水面不同：潜水面是一个实际存在的面，而承压水面是一个势面，这个面可以与地形极不吻合，甚至高于地表（正水头区），钻孔揭露承压含水层时，形成自流井。承压水的等水压线图与潜水等水位线图一样，通过它可以分析承压水的形成条件，掌握承压水的补给、径流、排泄情况。如确定地下水流向、水力坡度、含水层及地表水之间的水力联系、含水层厚度及透水性变化等，同时对于工程建筑及供水都有很大的实际意义。

（四）按含水层空隙性质分类

1.孔隙水

孔隙水是指赋存于第四纪疏松沉积物和部分前第四纪胶结较差的松散岩层孔隙中的重力水。

我国第三纪煤田主要是孔隙充水的煤田，多数露天矿为孔隙充水煤矿。由于孔隙水埋藏条件的不同，可形成潜水或自流水。孔隙水对采矿的影响，主要决定于孔隙含水层厚度、岩层颗粒大小，以及孔隙水与煤层的相互关系。一般来说，岩石颗粒大而均匀，厚度大，地下水运动快，水量大；而颗粒细又均匀的砂层，易形成流砂。

2.裂隙水

裂隙水是指埋藏于岩石的风化裂隙、成岩裂隙和构造裂隙中的地下水。裂隙性质和发育程度的不同，决定了裂隙水赋存和运动条件的差异。所以裂隙水的特征主要取决于裂隙的性质，受裂隙控制，地下水埋藏分布不均匀且有方向性。对矿井充水影响较大的主要是构造裂隙承压水。

3.岩溶水

岩溶水是指存在于石灰岩、白云岩等可溶性碳酸盐类岩石的裂隙、溶洞中的地下水。岩溶含水层的富水性一般较强，但在空间分布上极不均匀，有明显的水平和垂直分带规律。在水平方向上，强含水带常沿褶皱轴部、断层破碎带等呈脉状带状分布，具明显方向性。在垂直方向上，岩溶含水层的富水性有向深部逐渐减弱的规律，即浅部富水性强，为强含水带；深部含水性差，为弱含水带。

岩溶水可以是潜水，也可以是自流水，对矿山开采极为不利。特别是岩溶自流水往往具有高压的特点，致使我国许多煤田水文地质条件复杂化。一般煤层附近厚度超过5m的石灰岩，均作为主要含水层考虑。厚度巨大的石灰岩层（如我国华北的奥陶纪石灰岩、华南的长兴组及茅口组石灰岩），多是造成矿井重大水患的水源。

二、地下水的赋存

（一）岩石的空隙性

岩石空隙是地下水储存和运动于地壳岩石圈的先决条件。因此，研究岩石空隙性质对掌握地下水的分布及其运动条件具有十分重要的意义。岩石空隙的大小、多少、形状、连通程度和分布状况，称为岩石的空隙性。

按照空隙成因和岩石的性质，可将岩石空隙分为孔隙、裂隙和溶隙三种。因此，相应地将岩石划分为孔隙岩石、裂隙岩石和岩溶岩石。此外，还存在各种过渡类型的岩石，如垂直节理发育的黄土、具有收缩裂隙的黏土等，都可称为裂隙—孔隙类岩石，石灰岩多数称为裂隙—岩溶岩石。

岩石空隙的发育程度，一般用孔隙率来表示。岩石中孔隙体积与包括孔隙体积在内的该岩石总体积之比，称为孔隙率。

（二）水在岩石中存在的形式

水在自然界中的物理状态有气态、液态和固态。储存和运动于岩石空隙中的水，根据水与岩石之间的相互作用及物理状态的不同，可分为气态水、结合水、毛细水、重力水和固态水等几种形式。

1.气态水

储存和运移于未被饱和的岩石空隙中，呈气体状态存在的水，称气态水。气态水也可以封闭状态存在于饱和带或毛细带中。这种气态水与大气中的水汽性质相同，受蒸汽张力差的作用，由水蒸气张力大的地方向水蒸气张力小的地方运动。当岩石空隙内空气中水汽增多达到饱和时，或当温度变化而达到露点时，水汽开始凝结，成为液态水。气态水与大气中的水汽常保持动平衡状态且相互转移。气态水在一处蒸发，在另一处凝结，对岩石中水的重新分布有着一定的影响。

2.结合水

储存和运移于岩石空隙中的液态水，一经与岩石颗粒接触，颗粒表面就会牢固地吸附一层水膜，这种水称为表面结合水。岩石颗粒表面能牢固地吸附一层水膜，是因为岩石颗粒表面由游离原子或离子组成，带有正电荷或负电荷，在其周围形成静电引力场。而水分子本身又是偶极体，它是由两个位于等腰三角形底角的氢原子和一个位于顶角的氧原子组成的，因而水分子一端为正电荷，另一端为负电荷。当岩石颗粒与水接触时，在静电引力的作用下，水分子便失去自由活动能力，被整齐地、紧密地吸附在颗粒表面，形成一层很薄的水膜，称水化膜。由于距颗粒表面越远，静电引力场的强度越小，故根据颗粒对水分子吸着作用的强弱，将这种结合水分为强结合水和弱结合水。

3.毛细水

充填在毛细空隙中的水称为毛细水。这种水一方面受重力作用，另一方面受毛细力作用。实验表明，毛细上升最大高度与毛管直径成反比。在沉积物样品中的实际观察表明：在砂类土中，颗粒越小则孔隙越小，毛细上升高度就越高。但在黏性土中并非如此，根据观察，黏性土中毛细上升的最大高度不超过12m。这是因为黏性土孔隙中多为结合水，无毛细水存在。黏性土中毛细现象的产生，是其中弱结合水缓慢运动的结果，由于运动的阻力很大，故上升高度反而减小。

毛细上升速度与毛细孔隙大小有密切关系。毛细孔隙越大，毛细上升速度越快，反之越慢。毛细上升速度是不均匀的，开始上升速度快，以后便逐渐减慢。粗粒砂土，经过几昼夜或几十昼夜水便停止上升了，而对于黏性土，要经过几年才能达到最大高度。此外，毛细上升速度还与水的矿化度有关，一般随矿化度的增大而减小。

4.重力水

当岩石的孔隙全部为水饱和时，在重力作用下能运动的水称为重力水（又称自由液态水）。重力水是水文地质学的主要研究对象。

5.固态水

在寒冷地带，水常以固态冰的形式存在，这种水称固态水。这类水只在寒冷地区存在。

在生活中可以见到以上各种形态的水。如在砂土层中挖井，开始挖时，看上去土是干的，但其中都存在气态水和结合水；再往下挖时，砂土层的颜色渐渐变暗、潮湿，说明土中已存在毛细水了；随着井的加深，潮湿程度加大，毛细水量增多，虽然井壁已经很湿了，但井中却没有水，这是因为毛细水的弯液面阻止着毛细水流入井中；再往下挖到一定深度，水便开始渗入井中，逐渐形成一个自由水面，这个水面就是地下水面。地下水面以下的砂土层孔隙全部为重力水所饱和，称饱水带；地下水面以上，孔隙未被重力水饱和，称包气带。毛细带实际上是两者过渡带。

三、含水层与隔水层

含水层是指能够透过并给出相当数量水的岩层。含水层不但储存有水，而且水可以在其中运移。隔水层则是不能透过和给出水，或透过和给出水的数量很小的岩层。

划分含水层和隔水层的标志并不在于岩层是否含水，关键在于所含水的性质。空隙细小的岩层，所含的几乎全是结合水，而结合水在通常条件下是不能运动的，这类岩层起着阻隔水通过的作用，所以构成隔水层。空隙较大的岩层，则含有重力水，在重力作用下能透过和给出水，即构成含水层。

含水层和隔水层的划分又是相对的，并不存在截然的界限。例如，粗砂层中的泥质粉砂夹层，由于粗砂的透水和给水能力比泥质粉砂强，相对而言，后者可视为隔水层。而同样的泥质粉砂岩夹在黏土层中，由于其透水和给水的能力比黏土强，又可视为含水层。

含水层和隔水层在一定条件下还可以相互转化。例如，在通常条件下，黏土层由于饱含结合水而不能透水和给水，起着隔水层的作用。但在较大水头差的作用下，部分结合水发生运动，也能透过和给出一定数量的水，在这种情况下再称其为隔水层便不恰当了。实际上，黏土层往往在水力条件发生不大的变化时，就由隔水层转化为含水层，这种转化在实际中是很普遍的，对于这类兼具隔水和透水性能的岩层，一般就称为半含水-半隔水层。

含水层只是个形象的名称，对松散岩土是比较合适的，因为松散岩土多呈层状，其间孔隙的分布连续而均匀，因此赋存的地下水也呈连续均匀的层状分布。但对坚硬岩石中的裂隙及可溶性岩石中的溶隙，由于空隙发育的不均匀性，其中的地下水并非为层状分布，而只在岩层的某些部位有若干裂隙，溶隙发育且互相连通时，才分布有水。例如，当一条大的断层穿越不同岩性的地层时，只有在断裂带中水的分布连续且比较均匀。又如，在岩溶化的地层中，只有在溶隙发育的部位才含有水，而并非整个岩层都含有水。因此，在这样一些情况下，将含水岩体统称为含水层是不恰当的，通常就称其为含水系统。所谓系统，是针对地下水的赋存和运移而言，即指岩体中在一定程度上和在一定范围内相互连通的空隙。在一个系统中的地下水，可将其看成一个整体，具有统一的水力联系，即当这个系统的某些部位接受外界水补给时，整个系统的水量就将增加；而当系统中任何一处向外排水或人为取水时，则整个含水系统的水量将减少。

第二节　矿井充水条件

矿床开采前在矿体和围岩中赋存的水，称为矿床充水；矿床采掘时流入井巷的水称为矿井（坑）涌水；瞬时突发性的大量涌水称为矿井突水。上述充水、涌水和突水的水量大小分别称为充水强度、涌水强度和突水强度。这些水源还需要通过不同的充水通道而来，所以把矿床（井）充水水源、充水通道加上影响矿床（井）充水的性质和强度诸多因素，统称为矿床（井）充水条件。正确认识矿井充水条件，对计算涌水量、预测突水、有效开展防治水工作等皆有重要意义，是进行矿井水文地质工作的基础。

一、矿井充水水源

矿井水是指在矿井建设和生产过程中，流入井筒、巷道及采煤工作面的地表水、地下水、老窑积水和大气降水。矿井水的存在，给煤矿的采掘工作带来一定影响，但在适当的条件下，又可利用矿井水来解决水力采煤和生产及生活上的用水。我国多数矿井往往被地表水、含水层水、老窑积水、断层水四种形式的水体所包围，有的水直接流入井下，而有的水体不产生影响。要了解哪些水体对矿井有影响，就必须搞清楚矿井水的水文地质特征，以便选择合理的采煤方法和经济合理的措施，防止地下水突然涌入矿井。

在形成矿井涌水的过程中，必须有某种水源的补给，这些水源可以通过一个或数个途径而来，它们可以是赋存于岩体空隙中的地下水，或者是老窑水、地表水，也可以是大气降水直接渗入。

（一）岩石空隙中的地下水水源

煤层本身通常不含水，但邻近的围岩往往具有大小不等、性质不同的空隙，其中常含有地下水源，当它们有通道与采掘空间连通时，就会成为井下涌水的水源。根据含水岩层空隙的性质不同，可将这些地下水分为孔隙水、裂隙水和溶洞水。根据矿层与充水岩层接触关系的不同可分为直接充水矿床和间接充水矿床。

1.根据含水岩层空隙的性质分类

（1）孔隙水。多在开采松散岩层的下伏煤层时遇到这些水源。例如，开滦煤矿有的矿井就曾经发生过水、砂突入矿井的事故。

（2）裂隙水。往往是在采掘工作面揭露含裂隙水的围岩时，这种地下水就流入工作面。其一般特点是水量虽小，但水压往往很大。当裂隙水和其他水源无水力联系时，在多数情况下，涌水量会逐渐减少，乃至干涸；反之，涌水量便会逐渐增加，造成突水事故。

（3）溶洞水。这种水源在我国华北和华南许多矿区较为常见。如华北石炭二叠纪地层，假整合于岩溶比较发育的奥陶纪石灰岩强含水层之上。不少矿区发生的重大突水事故，其直接或间接水源绝大多数皆为石灰岩含水层中的溶洞水。这类水源突水的特点是水压高、水量大、来势猛、涌水量稳定、不易疏干、危害性较大。其突水规律受岩溶发育程度和规律的控制。

2.根据矿层与充水岩层接触关系分类

（1）间接充水水源。间接充水水源是指充水含水层主要分布于矿床体的周围，但和矿体并未直接接触的充水水源。常见的间接充水水源含水层有间接顶板充水水源含水层、间接底板含水层、间接侧帮含水层或它们之间的某种组合。应该指出，间接充水水源的水只有某种导水构造穿过隔水围岩进入矿井后才能使其作为充水水源。

（2）直接充水水源。直接充水水源是指含水层与矿床体直接接触或矿山生产与建设工程直接揭露含水层，从而导致含水层进入矿井的充水含水层。常见的直接充水水源含水层有矿床体直接顶板含水层、直接底板含水层、露天矿井剥离第四纪含水层及直接穿过含水层。直接含水层中的地下水并不需要专门的导水构造导通，只要采矿或地下工程进行，其必然会通过开挖或采空面直接进入矿井。

此外，根据矿层与充水岩层相对位置不同还可分为顶板水充水矿床、底板水充水矿床和周边水充水矿床。

地下水为主要充水水源的矿床涌水强度特征有三点：①矿井涌水强度与含水层的空隙性及其富水程度有关；②矿井涌水强度与含水层厚度和分布面积有关；③矿井涌水强度及其变化还与含水层水量组成有关。

总之，地下水往往是矿井涌水最直接、最常见的主要水源。突水量的大小及其变化，则取决于围岩的富水性和补给条件。地下水流入矿井通常包括静储量与动储量两部分。开采初期或水源补给不充沛的情况下，往往是以静储量为主。随着生产的发展，长期排水和采掘范围不断扩大，静储量逐渐被消耗，动储量的比例就相对增加。

（二）地表水水源

开采位于海、河、湖泊、水库、池塘等地表水体影响范围内的煤层时，在某种情况下，这些水便会流入坑道成为矿井涌水的水源。

地表水能否进入井下，主要取决于巷道距水体的远近和水体与巷道之间的地层及构造，其次是所采用的开采方法。

我国华北与华南许多煤田分布在山区边缘，矿区中常有小河和湖泊分布，它们多处于渗透良好的砂、砾石层之上，这是地表水体下渗的有利条件。

另外，多数季节性河流，在旱季地表虽然断流，但冲积层中地下水流却依然存在，仍然起到补给基岩含水层的作用。例如，山东淄张煤田，有淄河流过，其最大流量为3200m^3/min，最小流量为27m^3/min。

地表水渗入井下，通常有如下几个途径。

（1）通过第四纪松散砂、砾层及基岩露头，先是渗入补给地下水，然后在适当条件下进入巷道。

（2）通过构造破碎带或古井直接溃入井下。

（3）洪水期间可通过地势低洼处的井口（或冲破围堤）直接灌入。

（4）在水体下采煤时，由于煤层开采后，顶板岩层垮落和产生裂隙，使地表水进入井下。

由于地表水对采矿的威胁很大，所以在开采过程中，必须查清地表水体的大小，距离巷道的远近（垂直、水平），以及最高洪水位淹没的范围等，事先采取有效的措施，以避免地表水的危害。

（三）大气降水水源

大气降水是地下水的主要补给来源，因此在大多数矿区也是矿井水的主要补给来源，有的情况对于开采分水岭段的矿床，降水还是矿井涌水的唯一来源。对于露天开采的煤矿来说，大气降水便成为直接充水水源，矿坑涌水量随季节变化幅度很大。对于地下开采的矿井，降水一般是通过补给含水层后转变为地下水，再进入矿井中，它是间接充水水源。大气降水对矿井的作用取决于降水量本身的大小以及充水含水层接受大气降水的条件，所有矿床充水都直接或间接地与大气降水有关。有的大气降水也会直接流入矿井，造成淹井。

大气降水的渗入量，与该地区的气候、地形、岩石性质、地质构造等因素有关，当其成为矿井涌水主要来源时，有如下特征。

（1）矿井涌水的程度与地区降水量的大小、降水性质、强度和延续时间有相应关系。降水量大和长时间降水对渗入有利，因此矿井涌水量也大。一般来说，我国南方矿区受降水的影响就大于北方的矿区。

（2）矿井涌水量随气候具有明显的季节性变化，但涌水量出现高峰的时间则往往比雨季后延，后延时间的长短，不同条件有所不同。

（3）大气降水渗入量随开采深度的增加而减少，即同一矿井不同的开采深度，影响程度差别很大。

（四）老窑（窿）及淹没井巷水水源

我国许多矿区都分布有古代小窑和现在已停止排水的旧巷道，当井下采掘工作面接近它们的时候，小窑和旧巷的积水便会成为矿井涌水的水源。这种水源涌水时有如下特点：

（1）在短促的时间内可以有大量的水涌入矿井，来势猛，具有很大的破坏性。

（2）水中含有大量的SO_4^{2-}离子，因此具有腐蚀性，容易损坏井下设备。

（3）当其与其他水源无联系时，则易于疏干；若与其他水源有联系时，则可造成量大而稳定的涌水，危害较大。

上述是常见的几种主要水源。在某一具体涌水事例中，常常是由某一种水源起主导作用，但也可能是多种水源的混合。因此，在分析矿井涌水水源时，必须进行充分的调查研究，找出它们的主次关系。

二、矿井充水通道

矿井充水通道是指连接充水水源与矿井之间的流水通道。它是矿井充水因素中最关键，也是最难以准确认识的因素，大多数矿井突水灾害正是由于对矿井充水通道认识不清楚所致。充水通道既有天然的也有人为的，往往前者是后者的基础，后者增强前者的导水性。

（一）天然充水通道

矿床充水天然通道主要包括点状岩溶陷落柱、断裂（裂隙）带、窄条状隐伏露头、面状裂隙网络（局部面状隔水层变薄区）和地震裂隙等。

1.点状岩溶陷落柱通道

岩溶陷落柱在我国北方较为发育，这是由于我国广泛分布的华北石炭二叠纪煤层的基底发育有巨厚的奥陶纪石灰岩含水层（一般厚度在600～800m），巨厚层可溶碳酸岩的存在使得其在漫长的地质历史过程中，在地下水的长期物理和化学作用下，形成了大量巨大的古岩溶空洞，在上覆岩层和矿层的重力作用下，空洞溃塌并被上覆岩层下陷填实，被下塌的破碎岩块所充填的柱状岩溶陷落柱像一导水管道，沟通了煤系含水层中地下水与中奥陶世灰岩水的联系，特别是位于富水带上的岩溶陷落柱，可造成不同充水含水层组中地下水的密切水力联系。

在基岩裸露地区或覆盖层松软较薄地段，岩溶陷落柱的地表特征比较明显，一般陷落柱出露处岩层产状杂乱，无层次可寻，乱石林立，充填着上覆不同地层的破碎岩块。陷落柱周围岩层因受塌陷影响而略显弯曲，并多向陷落区内倾斜。井下陷落柱形态一般呈下大上小的圆锥体，陷落柱高度取决于陷落的古溶洞的规模，溶洞空间越大则陷落柱发育高度也越高，甚至可波及地表。堆积在陷落柱内的岩石碎块呈棱角状，形状不规则，排列紊乱。

陷落柱的导水形式多种多样，有的陷落柱柱体本身导水，有的柱体是阻水的，但陷落柱四周或局部由于受塌陷作用影响，形成较为密集的次生带，从而沟通多层含水层组之间地下水的水力联系，还有的陷落柱柱体内部分导水部分和阻水部分。影响岩溶陷落柱分布的因素较为复杂，其展布规律至今研究有限。但根据目前研究成果，我们认为地质构造是控制岩溶陷落柱分布规律的主要因素之一。

点状岩溶陷落柱涌水通道具有隐蔽性和难以探知性。陷落柱的形成原因决定了其具有点状导水构造的特点，尽管有些陷落柱的直径可达数百米，但和整个地质结构体相比，其仍具有很大的局部性，特别是陷落柱的周边区域，底层层序仍保持着正常状态，这就使得通过地层层序和构造形态分析预测陷落柱十分困难，甚至不可能。陷落柱的隐蔽性和难以探知性，决定了陷落柱具有突发性和难以防范性。

2.断裂（裂隙）带通道

由构造断裂形成的断层破碎带，往往具有较好的透水性，会形成矿井充水的良好通道。对于一些巨大的断裂，由于断层两盘的牵引裂隙广泛发育，该类断层（断层带）除了具有导水性质外，其断裂带本身就是一个含水体，因而还具有充水水源的性质。由于断层面或断层牵引的裂隙带导水而引发的矿井突水灾害，在矿井突水事故中占有绝对主导的位置。但断裂带能否成为充水通道，主要取决于断裂带性质和矿床开采时人为采矿活动的方式与强度，这里重点分析断裂带的性质。

矿床水文地质勘探中要查明断层性质和导水性往往需投入很大工作量，我们应该根据大量勘探及抽水试验资料进行断层水文地质性质分析。根据以往的勘探及矿山开采资料，断层水文地质性质可分为如下几种情况。

（1）隔水断层。一般为压性断层或断层带被黏土质充填，使两侧含水层不发生水力联系。在矿床开采时，由于人为活动，天然状态下隔水断层常变为导水断层。隔水断层处于不同位置其水文地质意义亦不同，隔水断层分布于主要充水岩层内时，常分割充水岩层的水力联系；隔水断层在边界上时，阻止区域地下水补给。

（2）导水断层。导水断层所处位置不同，其水文地质性质亦不同。当导水断层位于区域边界时，常形成充水含水层或临近充水含水层的补给通道；当导水断层与地表水连通时，常形成地表水体补给矿床的主要通道；当充水岩层分布导水断层时，将增加充水岩层与外界的水力联系程度；当导水断层切割矿层隔水顶、底板时，断层常引起顶板或底板突水问题。当断层切过煤层和含水层时，断层两盘的位移会使煤层底板与含水层之间的相对位置和距离发生变化。许多情况下会使两者之间的距离缩短，使隔水层的有效厚度减小，有时甚至使煤层与含水层直接接触。在这种情况下，如果采掘工作面揭露或接近断层带，就会使原来处于封闭状态的承压水突然涌出而形成突水，煤层与含水层之间的距离缩短多少则取决于断层的落差和断层的倾角。断层落差大小的不同可使断层两盘的煤层与含水层之间产生不同的接触关系。如隔水层有效厚度变小或使煤层与含水层的距离增大等。它们都有可能引起突水，但突水时的来水方向、涌水量显然不一样。断层倾角的影响，井田内断层在平面上和垂向上多数位置变化较大。断层面倾角的变化可能会使部分防水煤柱失效，造成煤层与含水层之间距离变短而引起突水。

（3）煤矿断层突水特征。

①大多数突水位置为正断层的上盘。因为在正断层的上盘开采时，产生的矿山压力通过煤柱作用在断层面上，使断层带裂隙产生剪切运动，而下盘开采产生的矿山压力通过煤柱作用在下伏岩层上，对断层面没有明显的影响。

②断层的交会处或尖灭端易突水。断层的交会处和尖灭端是应力集中的地段，由于应力集

中，导致裂隙发育，易于突水。

③小断层密集带也是易发生突水的部位。主断层派生的次级序次的小断层成群出现时，裂隙发育，有利于导水通道的形成，同时因与主断层构造联系，易诱发突水。

④2条及其以上近距离平行的正断层的上盘易突水。由于断层之间的岩层受断层的错动影响，岩石破碎，裂隙发育，断层带较宽，对隔水底板破坏范围较大，因而易突水。

⑤同一条断层越往深部越易发生突水。

⑥采空区周边断层或小断裂地段的岩层易发生底鼓突水。

⑦突水水源多为奥灰水，且突水前水头压力值较大。

⑧断层带突水往往带有岩石碎屑冲出。

⑨有时会发生滞后突水。因为断层不是任何部位都导水，巷道或工作面揭露断层后，也不是立即突水，而是在长时间的矿压作用下，断层带可能活化及相对移动直至与含水层导水裂隙沟通，造成滞后突水。

由于断层面或断层牵引的裂隙带导水而引发的矿井突水灾害在矿井突水事故中占有绝对主导的位置。

在分析断层的导水性时，应特别注意不要轻易将某条断层简单地划分导水断层、隔水断层，而应充分注意断层的水文地质性质具有方向性和局部性，即一条断层可以在某一方向导水，而在另一方向上隔水，或在同一断层的某一部位导水，而在另一部分隔水。有些断层在初次揭露时隔水，但随着采矿扰动可能发生滞后导水。所以，在研究和探测断层的水文地质性质时，一定要将其视为在一个不同部位具有不同岩性对接关系，不同部位具有不同应力状态，不同部位具有不同水理性质的复杂面状地质结构体，进行整体分析和分区评价，而不应以片面的资料就对整条断层做出评价。

3.窄条状隐伏露头通道

在我国大部分煤矿中，煤系薄层灰岩含水层和中厚层砂岩裂隙含水层，以及巨厚层的碳酸盐岩含水层多呈窄条状的隐伏露头形式，与上覆第四纪松散沉积物不整合接触，影响隐伏露头部位多层充水含水层组地下水垂向间水力交替的因素主要有两个：①隐伏露头部位基岩风化带的渗透能力大小；②上覆第四纪底层孔隙含水层组底部是否存在较厚的黏性土隔水层。

一般来说，风化带的风化强度越强或越弱，其渗透性均较弱。而基岩风化强度和深度又与其岩性和裂隙发育程度有关，最易风化的有泥岩、凝灰岩以及分选性差或胶结差的中、粗粒砂岩和长石含量多的砂岩。在岩层风化过程中，水流参与是一个甚为重要的因素，所以风化深度较深者多为裂隙较发育的岩层。泥岩虽然极易风化，但由于它的塑性强，一般裂隙发育有限，因此其风化深度往往较浅。探测隐伏露头基岩风化带的渗透能力一般可采用压（抽）水试验方法。

第四纪沉积类型较为复杂，各种陆相沉积较为广布，如冲积、洪积、湖积、坡积和冰川堆积等，海相和海陆交互相仅在海滨和局部内陆地区可见。因此，第四纪含水层组的沉积结构千变万化。在某些矿山，第四纪含水层组底部沉积了较厚的黏土、亚黏土隔水层，在这些部位，无论煤系和中奥陶世基岩风化带的渗透性能如何强，这些黏性隔水层基本可以完全阻隔多层含水层组地下水之间的垂向水力联系。但在另一部分矿山，第四纪含水层组底部的黏性沉积物由于沉积尖灭或其他原因，沉积厚度极其有限，甚至局部缺失形成“天窗”，这样如果煤系和巨厚层的碳酸盐岩含水层在隐伏露头的风化带部位渗透性较好，高水头的碳酸盐岩承压含水层地下水，首先直接通过“越流”或“天窗”部位补给第四纪孔隙含水层组，而第四纪孔隙水又以同样方式下补被疏降的煤系薄层灰岩含水层或中厚层砂岩裂隙含水层。第四纪含水层组像座畅通无阻的桥梁，在煤系和碳酸盐岩含水层组两个窄条状隐伏露头处，建立了它们彼此间的水力联系。

4.面状裂隙网络（局部面状隔水层变薄区）通道

根据含煤岩系和矿床水文地质沉积环境分析，在华北型煤田的北部一带，煤系含水层组主要以厚层状砂岩含水层组为主，薄层灰岩沉积较少。在厚层砂岩含水层组之间沉积了以细砂岩、粉细砂岩和泥岩为主的隔水层组。在地质历史的多期构造应力作用下，脆性的隔水岩层受力后以破裂形式释放应力，致使隔水岩层产生了不同方向的较为密集的裂隙和节理，形成了较为发育的呈整体面状展布的裂隙网络。这种面状展布的裂隙网络随着上、下充水含水层组地下水水头差增大，以面状越流形式的垂向水交换量也将增加。开平煤田东欢蛇矿位于车轴山向斜收敛翘起部位，西北翼陡立，东南翼舒缓，这种构造形态反映了不对称力源的挤压作用。由于力源强度的不对称性，使得受力较小的东南翼层间滑动速率和错动距离增大，即在平行层面的力偶作用下，形成了垂直层面的共轭剪切破裂面。这种呈缅状分布的垂直裂隙网络系统已被矿山大量地质勘探钻孔和井下采掘工程所证实。

5.地震裂隙通道

根据开滦唐山矿在唐山地震时矿井涌水量和矿区地下水水位观测资料，地震前区域含水层受张力时，区域地下水水位下降，矿坑涌水量明显减少；地震发生时，区域含水层压缩，区域水位瞬时上升数米，矿坑涌水量瞬时增加数倍；强烈地震过后，区域含水层逐渐恢复正常状态，区域地下水逐渐下降，矿井涌水量也逐渐减少。震后区域含水层仍存在残余变形，所以矿井涌水在很长时间内恢复不到正常涌水量。矿井涌水量变化幅度与地震强度成正比，与震源距离成反比。

（二）人为充水通道

矿坑充水人为通道主要包括顶板垮落裂隙带、地面岩溶疏干塌陷带和封孔质量不佳钻孔等。

1.顶板垮落裂隙带

采矿活动对矿井涌水的影响不仅表现为煤层采空后矿山压力对采空区上部岩层的破坏，同时也破坏煤层底板隔水层的完整性。这里只介绍煤层开采后顶板岩层破坏形成的通道。

煤层开采以后，采空区上方的岩层因其下部被采空而失去平衡，产生塌陷裂隙，岩层的破坏程度向下逐步减弱。在缓倾斜煤层的矿井，根据采空区上方岩层变形和破坏的情况不同，可划分三带。

2.地面岩溶疏干塌陷带

随着我国岩溶充水矿床大规模抽放水试验和疏干实践，矿区及其周围地区的地表岩溶塌陷随处可见，地表水和大气降水通过塌陷坑充入矿井。有时随着塌陷面积的增大，大量砂砾石和泥砂与水一起溃入矿坑。

3.封孔质量不佳钻孔

底板充水矿床常因封孔质量不良，某些钻孔变成了人为导水通道，当掘进巷道或采区工作面经过没有封好的钻孔时，顶、底板含水层地下水将沿着钻孔补给矿层，造成涌（突）水事故。

封闭不良钻孔是典型的由于人类活动所留下的点状垂向导水通道，该类导水通道的隐蔽性强，垂向导水通畅，一旦发生该类导水通道的突水事故，不仅初期水量大，而且还会有比较稳定的水补给量。所以在进行矿井设计和生产时，必须查清井巷揭露区或其附近地区各种钻孔的技术参数及其封孔技术资料，以确保不会因钻孔封闭不良而引发突水事故。

三、影响矿井涌水量大小的因素

从上述介绍的内容，可知水源的类型和大小，渗透通道的位置、性质和强弱等都直接控制着流入矿井水量的多少。此外，尚有一些因素也影响矿井涌水量的大小，现分别讨论如下。

（一）覆盖层透水性及煤层围岩出露条件的影响

地表水和大气降水能否渗入地下，其渗入地下的数量多少，与煤层上覆岩层的透水性及围岩的出露条件有着直接关系。

覆岩的透水性好，则补给水量和井下涌水量也大。一般认为矿区内若分布有一定厚度（大于5m）的稳定弱透水层时，就可以有效地阻挡地表水和大气降水的下渗。

如煤层围岩是透水的，其出露地表的面积越大，则接受降水和地表水下渗补给量就越大，井下涌水量也大。

在地形平缓、厚度大的缓倾斜透水层最易得到补给。因此流入井巷水主要为动储量，其涌水量将长期稳定在某个数值上，且不易防治。若缺乏补给水源或煤层上覆岩层透水性弱，则流入井巷的水量主要是静储量，这时涌水特征是水量由大变小，较易防治。

（二）地形的影响

地形直接控制了含水层的出露部位和出露程度，控制着降水和地表水的汇集，因此矿区地形就间接地影响矿井涌水程度。

大气降水和地表水对矿井充水的影响大小，地形因素起着很大作用。地形直接控制了含水层的出露部位和出露程度，以及地下水的补给情况，同时还控制着大气降水和地表水的汇集。

位于侵蚀基准面以上的矿井巷道，矿井的涌水量随降水量的变化而变化，通常矿井的涌水量很小甚至无涌水，且矿井水易于排除。当矿井开采深度低于当地侵蚀基准面时，水文地质条件比较复杂，地下水接受大气降水和地表水的补给，一般情况是矿井涌水量较大，若没有动储量水影响，矿井涌水量也较稳定，但要注意雨季洪水的影响。

（三）地质构造的影响

在煤层分布范围内，受构造体系控制的蓄水构造类型和它的规模，既决定了煤层的赋存规律，也决定了汇集地下水的条件，如动、静储水量的比例和大小，所以地质构造直接影响着矿井涌水量的大小。

1.断裂面对矿井涌水量的影响

（1）压性断裂面对矿井涌水量的影响。由于压性断裂面所受的压应力最大，因此，其结构面内的破碎充填物多为角砾岩和糜棱岩，同时断裂面本身也非常紧密，故其突水性较差，且相对地起隔水作用，所以压性断裂面通常对矿井涌水影响较小。

（2）张性断裂面对矿井涌水量的影响。张性断裂面是由拉伸作用力产生的，张裂程度大，断裂面的充填物多为尖角状或棱角状大小不等的角砾所组成的角砾岩，孔隙多、孔隙度大，而且断裂面两侧常伴有低序次的断裂面，为地下水的运动、赋存创造了良好的条件，因此，对矿井涌水的影响较大。

（3）扭性断裂面对矿井涌水量的影响。扭性断裂面是由剪切作用力产生的（有的也有张应力和压应力）。结构面内有糜棱岩，两侧有规律地排列着破碎角砾岩和棱体。同时，扭裂面一般呈闭合型或较窄的裂缝，但延展较远，发育深度大，低序次的断裂也较发育，因此扭裂面及其两侧也常具有良好的导水性。

2.同一构造体系不同部位对矿井涌水的影响

（1）任一断裂面在形成时，其不同部位受力是不均衡的，因此造成同一断层不同部位破碎程度的不均匀性。另外，就其端点而言，都不是以位移消失应力，而是以破裂、变形消失应力，故在断层的层面部位及某两侧的岩层裂隙发育，为地下水运动、埋藏创造了良好的条件。

（2）一个构造体系的主干断裂与分支断裂的交叉点，应力比较集中，各种裂面均很发育，岩石破裂，充填和胶结程度较差，尤其在石灰岩中，岩溶也特别发育。故在断层的交叉点处，突水性强，导水性也好。采掘工作面接近上述地段，经常发生突水事故。如焦作矿区有些矿井，在断层交叉点处，曾发生过多次突水。

（3）断层密度大的块段，不仅应力集中，且受多次应力作用，造成岩层破碎，裂隙发育，这是地下水运动和赋存的良好场所，一旦采掘工作面接近或通过这些块段时则易发生突水。

（4）断层的形成，是两盘相对运动的结果，在相对运动过程中，必然有主动与被动之分，这种“主动”与“被动”是由于受力的边界条件和重力作用造成的。如高角度断层的发生，因上部临空，故在水平外力作用下，上盘易向上滑动，在重力作用下，它又易向下滑动。所以从作用力与反作用力来看，上盘为“主动”盘，其中低序次的断裂相应比下盘（被动盘）发育，故在上盘部位突水性强。

综上所述，地质构造对矿井涌水的影响是复杂的，是由多种因素决定的。在分析矿井涌水条件时，既要看到地质构造决定地下水的埋藏条件，也要看到地质构造控制了地下水的运动和影响矿井涌水量的大小。所以在分析判断断层导水性及其富水性时，要对每一个断层的具体情况进行具体分析，从而确定每一断层导水与隔水的相对性、可变性和不均一性。

（四）煤层埋藏深度、倾角及厚度的影响

煤层的埋藏深度、倾角及厚度均影响矿井的充水程度。我国华北某些石炭二叠纪煤田，在矿井延深及开采深部煤层时，就受到了奥陶纪灰岩喀斯特自流水的严重威胁，当巷道与自流水含水层之间的隔水岩层强度小于承压水头的压力时，就会使巷道变形，进而引起突水事故。

煤层的倾角和厚度的大小，影响顶板岩层的垮落高度和波及范围。当煤层的倾角很大或煤厚较大时，煤层开采后的垮落高度就较大，塌陷及裂隙可能沟通含水层或达到冲积层甚至地表，引起地下水或地表水大量涌入巷道，造成透水事故。

第三节 矿井水防治

一、地表水的防治

地面防水是指在地表修筑各种防排水工程，防止或减少大气降水和地表水渗入矿井，它是保证矿井安全生产的第一道防线，对于以大气降水和地表水为主要充水水源的矿井尤为重要，既能保证矿井的安全，又能减少矿井的排水费用。

矿层位于地表水面以上，开采时不受地表水影响；但开采位于地表水面以下矿层时，矿层开采受到地表水体的影响，影响程度与地表水体距离有关。一般来说，距离越近影响越大。在既有地表水体又有良好渗透条件的前提下，将对矿井造成严重威胁。在矿层上覆岩层透水性差且无断裂构造破坏情况下，矿层与水体的垂直距离大于矿层厚度50倍时，地表水对矿层开采的影响会消失。

根据矿区不同的地形、地貌及气候，应从下列几个方面采取相应的措施。

（一）地面防水方法

1.挖沟排（截）洪

地处山麓或山前平原的矿井，因山洪或河水流入井下，构成水害隐患或增大矿井排水量，可在井田上方垂直来水方向沿地形等高线布置排洪沟，渠拦截洪水和浅层地下水，并通过安全地段引出矿区。

2.河流改道

矿区范围内有常年性河流且与矿井直接充水含水层接触，河水渗透量大，是矿井的主要充水水源，会给生产带来影响。这种情况可在河流进入矿区的上游地段构筑水坝，将原河流截断，用人工河道将河水引出矿区。若因地形条件不允许改道，而河流又很弯曲，可在井田范围内将河道截弯改直，缩短河流经过矿区的长度，减少河水下渗量。

3.整铺河床

矿区内有季节性河流、冲沟、渠道，当水流沿河床或沟底裂缝渗入井下时，可在渗漏水地段用料石、水泥修筑不透水的人工河床，制止或减少河水渗透。如四川某煤矿，河流在煤层顶板长兴灰岩露头处通过，河水沿岩溶裂隙渗入矿井。通过整铺河床后，雨季矿井涌水量减少了20%~50%。

4.填堵通道

矿区范围内，因采掘活动而引起地面沉降、开裂、塌陷等，经查明是矿井进水通道时，应用黏土或水泥填堵，对较大的塌陷洞或塌陷裂缝，下部填碎石，上部盖以黏土分层夯实，且略高出地表，以防积水。

5.排除积水

有些矿区开采后引起地表沉降与塌陷，常年积水，且随开采面积增大，塌陷区范围广，积水越多，此时可将积水排掉，造地复田，消除隐患。

上述方法，从施工角度都是可行的，但地面防水，应根据矿区的自然地理和水文地质条件而采取适宜的方法，可以采用单一的方法，也可以采取综合措施，以便取得实效。

（二）地面防治水必须掌握的技术资料和气象资料

矿井应当查清矿区及其附近地面水流系统的汇水，渗漏情况，疏水能力和有关水利工程等情况；了解当地水库、水电站大坝、江河大堤、河道、河道中障碍物等情况；掌握当地历年降水量和最高洪水位资料，建立疏水、防水和排水系统。煤矿应当及时掌握可能危及煤矿安全生产的暴雨洪水灾害信息，密切关注灾害性天气的预报预警信息；及时掌握汛情水情。

（三）防治地表水侵入矿井的安全技术措施

井口、工业场地和矿井免受洪水侵入而制定的安全措施。执行时可分以下几种情况。

1.慎重选择井口及工业广场的位置

井口（平硐口）和工业场地内主要建筑物的标高应在当地历年最高洪水位以上。井口和工业场地内建筑物的标高必须高于当地历年最高洪水位；在山区还必须避开可能发生泥石流、滑坡的地段。如井口和工业场地内建筑物的高程低于当地历年最高洪水位，必须修筑堤坝、沟渠或采取其他防排水措施；严禁将矸石、炉灰、垃圾等杂物堆放在山洪、河流可能冲刷到的地段，以免冲到工业场地和建筑物附近或者淤塞河道、沟渠。

2.露头带截洪防渗措施

严禁开采煤层露头的防隔水煤（岩）柱。在地表容易积水的地点，应当修筑沟渠，排泄积水。修筑沟渠时，应当避开露头、裂隙和导水岩层。特别是低洼地点不能修筑沟渠排水的，应当填平压实。如果低洼地带范围太大无法填平时，应当采取水泵或者建排洪站专门排水，防止低洼地带积水渗入井下。

3.漏水的沟渠、河床和塌陷区的处理措施

对于漏水的沟渠（包括农田水利的灌溉沟渠）和河床，应当及时堵漏或者改道。地面裂缝和塌陷地点应当及时填塞。进行填塞工作时，应当采取相应的安全措施，防止人员陷入塌陷坑内。

二、井下探放水

井下探放水系指矿井在采矿过程中用超前勘探方法，查明采掘工作面顶底板、侧帮和前方的含水构造（包括陷落柱）、含水层、积水老窑等水体的具体位置、产状等。生产矿井周围常存在许多充水小窑、老窑、富水含水层以及断层等。当采掘工作面接近这些水体时，可能发生地下水突然涌入矿井，造成水害事故。为了消除隐患，生产中使用探放水方法，查明采掘工作面前方的水情。在有水的情况下，根据水量大小有控制地将水放出，然后再展开采掘工作，以保证安全生产。

（一）探放水原则及程序

1.探放水的原则

探放水工程的布置以保证矿井安全生产为目的，所以，在施工过程中，必须分析推断前方是否有可疑区，有则首先采取超前钻探，探明情况，将水放出，消除威胁后，再掘进，以保证矿井安全生产，对于采掘工作面受水害影响的矿井，应当坚持预测预报、有疑必探、先探后掘、先治后采的原则。水文地质条件复杂、极复杂的矿井，在地面无法查明矿井水文地质条件和充水因素时，应当坚持有掘必探的原则，加强探放水工作。实践证明，探放水原则是防止煤矿井下水害事故的基本保证。采掘施工过程中遇到下列情况之一，矿井必须井下探放水：

（1）接近水淹或可能积水的井巷、老空或者相邻煤矿；

（2）接近或穿过含水层，导水断层、含水裂隙密集带、溶洞和导水陷落柱；

（3）打开防隔水煤（岩）柱进行放水前；

（4）接近可能与河流、湖泊、水库、蓄水池、水井等相通的断层破碎带或裂隙发育带时；

（5）接近有涌（突）水可能的钻孔；

（6）接近水文地质条件复杂的区域；

（7）采掘破坏影响范围内有承压含水层或者含水构造、煤层与含水层间的防隔水煤（岩）柱厚度不清楚可能发生突水；

（8）接近有积水的灌浆区；

（9）接近其他可能涌（突）水的地区。

2.探放水程序

在探水前对探测区域内含水层、含水构造、老窑积水区等进行调查，圈定探测范围，确定积水边界，随后划定探水线，编制探、放水设计，确定掘进超前距离。完成上述内容后进行探水和整理探水资料，随后确定掘进距离掘进，然后再探水。依此类推，循环进行，直到揭露积水区、放尽积水为止。

（二）探水起点的确定

这里以探放老窑水为例，说明探水起点的确定方法，充水断层和强含水层探水起点的确定也可参照该方法。

将调查所得的老窑分布资料，经物探及钻探核定后，划定积水范围，通常按老窑的最深下山划定一条积水线，由该积水线外推60～150m作为探水线。由探水线再平行外推50～150m作为警戒线，巷道进入此线后就应警惕积水的威胁，随时注意掘进巷道迎头有无异常变化，如发现有出水征兆必须提前探放水，如无异常现象则继续掘进，到达探水线时作为正式探水起点。积水线和探水线的外推值，取决于积水边界的可靠程度、积水区的水头压力、积水量的大小，煤层厚度及其抗张强度等因素。

（三）井下钻探

1.探放水的主要参数

（1）超前距。探水时从探水线开始向前方打钻孔，一次打透积水的情况少见，常是探水—掘进—再探水—再掘进，循环进行。而探水钻孔终孔位置应始终超前掘进工作面一段距离，该距离称超前距。超前距一般采用20m，在薄煤层中可适当缩短，但不得小于8m。

（2）允许掘进距离。经探水证实无水害威胁，可以安全掘进的长度称允许掘进距离。

（3）帮距。中心眼终点与外斜眼终点之间的距离，称为帮距。帮距一般与超前距值相同，可略小1～2m。超前距和帮距越大，安全系数越大。安全系数越大，探水工作量也越大，从而会影响掘进速度；若超前距和帮距过小，则不安全。

（4）钻孔密度（孔间距）。指允许掘进距离终点横剖面上探水钻孔之间的间距，不超过3m，以免漏掉含水区。钻孔密度主要由钻孔夹角及钻孔的倾角控制。钻孔水平夹角分大夹角与小夹角两种，大夹角一般为7°～15°，小夹角一般为1°～3°。钻孔夹角的确定视含水区的规模而定，一般含水区规模大时取大夹角，规模小时取小夹角。钻孔的倾角按地层产状换算确定。

2.探水钻孔布置

（1）钻孔布置原则。巷道掘进所占空间应有钻孔控制，且钻孔间距小于巷道高度、宽度或煤层厚度。探水钻孔的布置一般不少于三组，每组1～3个钻孔。一组为中心眼，另两组为斜眼。钻孔的方向应保证在工作面前方的中心及上下左右都能起到探水作用。

（2）布置方式。探水钻孔的布置方式与巷道类型、矿层厚度和产状有关，情况不同时，布置方式也有所不同，主要有扇形和半扇形两种。上山巷道常布置成扇形，倾斜巷道常布置成半扇形。探放水还应采用深孔、中深孔、浅孔相结合的方式。

扇形布置。巷道处于三面受水威胁的地区，进行搜索性探放水，其探水钻孔多按扇形布置，探水钻孔之间的平面夹角，一般在7°～15°，使巷道掘进方向及左右两侧需要保护的煤层空间均有钻孔控制。

半扇形布置。对于积水肯定在巷道一侧的探水地区，探水钻孔可呈半扇形布置。半扇形的钻孔向巷道一侧散开，使巷道一侧需要保护的范围内的煤层空间有钻孔控制。

深、浅钻孔相结合布置。深孔：每次探水应打3个深孔（中心眼和两个外斜眼），为提前探到积水，只要不脱离煤层应尽量打深（因为深孔放水较安全）。由于外斜眼深度大，控制的帮距也大，使继续探水掘进安全性提高。

中深孔：每次探水在3个深孔之间或外斜眼外侧布置一些深孔，孔深能满足超前距、帮距和孔间距的要求即可。

浅孔：薄矿层探水，由于倾角的变化或打深孔，钻孔先穿过矿层顶、底板岩层，然后沿矿层钻进时，应布置浅孔，把沿岩层钻进的范围补充探明。其钻孔的深度根据需要确定。

对于厚矿层、急倾斜矿层探放水钻孔的布置应考虑前人开采情况，不仅在平面上布置成扇形，而且在剖面上也应为扇形，以防漏掉老空巷道。

3.探水与掘进的配合

（1）双巷掘进交叉探水。因积水区在上方，上山巷道三面受水威胁，一般应双巷掘进。其中一条适当超前探水、泄水；另一条随后，用来安全撤人。双巷之间每隔30～50m掘一联络巷，并设挡水墙，以便在其中一条上山出水时，水不会窜到另一条上山中。

（2）双巷掘进单巷超前探水。在倾斜矿层中掘进平巷时，一般是用上方巷道超前探水，探水钻孔布置成扇形，下方巷道为泄水巷，两巷之间每隔30～50m掘一联络巷。

（3）平巷与开切眼配合探水。准备采煤工作面时，上部的回风巷应先探水，掘到位置后，然后施工运输巷和开切眼，这样既降低开切眼掘进的危险性，又减少开切眼掘进时的探水工作量。

（4）隔离式探水。在水量大、水压高、煤层松软和节理发育的情况下，直接探水很不安全，需要采取隔离式探水，如开掘石门时，在石门中预先探放水或在巷道迎头砌隔水墙，在墙外探水。此外，当相邻矿层间距大于20m时，还可采用隔层打孔的方法，探放另一矿层的老空水。

4.探水作业安全注意事项

为保证探水作业的安全，施工中必须采取以下安全技术措施：加强探水工作面的支护；检查排水系统，疏通排水沟，加大排水能力，增设临时水仓；水大的矿井应在工作面附近设置临时水闸门；加强通风和瓦斯检查，预防有害气体；规定联络信号，确定避灾路线；探水时遇有异常，应立即将钻杆固定，切忌旋动拔起。

5.探放水作业注意事项

在探放水工作中，当水量和水压不大时，积水可通过探水钻孔直接放出；在探放水量和水压很大的积水或强含水层时，为保证安全和便于搜集放水资料，应安装专门的孔口安全装置。钻孔放水前，应当估计积水量，并根据矿井现有排水能力、水的动力补给量，水质和水仓容量，控制放水流量，防止淹井；放水时，应当设有专人监测钻孔出水情况，测定水量和水压，并做好记录。如果水量突然变化，应当及时处理。

（四）矿井物探

矿井物探是20世纪50年代发展起来的地质勘探新技术，我国矿井物探技术是20世纪70年代以后逐渐发展的。目前，我国已开发的矿井物探方法有10余种，其中电法类有无线电波透视法、矿井地质雷达，矿井直流电法；地震类有槽波地震法、瑞利波地震法、井下高分辨地震勘探和岩体声波探测；此外，还有磁法、微重力法，红外遥感等。

矿井物探技术与常规探测手段相比，具有设备投资少、仪器轻便、作业机动灵活、工作周期短、成本低和见效快等优点，而且仪器防爆性能好，使用条件不受限制。因此近年在全国煤矿推广较快，在北方大型矿山应用较多，在矿井地质探测中正发挥着越来越大的作用。

三、井下疏放水

疏放地下水是从消除水源威胁着手防治矿井水的积极措施。疏放降压是指受水灾威胁和有突水危险的矿井或采区借助于专门的疏水工程（疏水石门、疏水巷道、放水钻孔、吸水钻孔等），有计划、有步骤地将矿层上覆或下伏强含水层中地下水进行疏放，使其水位（水压）值降至安全采矿时的水位（压）值以下的过程。其目的是预防地下水突然涌入矿井造成水灾事故，同时也改善劳动条件、提高劳动生产率，是防治水害、消除水患的有效措施之一。

（一）疏放程序

矿井疏放可分为疏放勘探、试验性疏放和经常疏放三个程序，应与矿井生产建设密切配合。

1.疏放勘探

疏放勘探是以疏放为目的的补充水文地质勘探，其主要目的是：

（1）进一步查明矿区疏放所需要的水文地质资料。主要包括：地下水的补给条件及运动规律；水文地质边界条件，包括对补给边界及隔水边界的评价；地下水的涌水量预测，包括单一充水含水层或充水含水层组的天然补给量、存储量及其长年季节性的变化；被疏放含水层与地表水体或其他充水含水层之间的水力联系以及可能产生的变化；含水层的导水系数和储水系数等。

（2）确定疏放的可能性，提出疏水方案。疏放方案的制定一般应遵循下列原则：应与矿井生产建设阶段相适应，疏放能力要超过充水含水层的天然补给量；疏放工程应靠近防护地段，并尽可能从充水含水层底板地形低洼处开始；疏放钻孔数应采用多种方案进行试算，孔间干扰要求达到最大值，水位降低能满足安全采掘要求；水平充水含水层应采用环状疏放系统，倾斜充水含水层采用线状疏放系统。

疏放勘探往往要依靠抽水试验、放水试验、水化学试验、水文物探试验及室内试验来完成，在有条件的矿区，应采用防水试验方法。

2.试验性疏放

试验性疏放方案的正确制定表现在矿井开采初期降低水位，并能经过6～12个月，特别是雨季的考验。要尽可能利用疏降勘探工程，并补充疏降给水装置。通过试验，了解干扰效果及残余水头等情况，在此基础上，进行疏放勘探工程的适当调整。

3.经常性疏放

经常性疏放是生产矿井日常性的疏放工作。随着开采范围的扩大和水平的延深，疏放工作要不断地进行调整、补充，甚至重新制定疏放方案，以满足矿井生产的要求。水文地质人员要定期对疏放孔进行水量观测和水位观测，编制疏放水量、水位动态、疏放降落漏斗平面图；定期进行水质分析，掌握水质动态，及时分析有无可能出现新的补给水源，围绕不同开采阶段修改补充疏放方案和施工设计，保证疏放工作顺利进行。

（二）疏放方式

疏放工程按疏放降压进行的阶段可分为预先疏放和平行疏放。预先疏放是在井巷掘进开始前进行，待地下水全部或部分降低后再开始采掘工作。平行疏放是指与掘进工作同时进行，直到全部采完为止。疏放方式按其疏放工程所处的位置来分，有地表疏放、地下疏放和联合疏放三种方式。

1.地表疏放

地表疏放主要用于预先疏放阶段，是指在需要疏放的地段在地表施工大口径钻孔，安装深井泵或深井潜水泵进行抽水，预先降低含水层水位或水压的一种疏降方法。该方式适用于疏降渗透性良好含水丰富的含水层，一般渗透系数为5～150m/d的含水层最为有效，疏放降压深度不超过水泵的扬程。地表疏放的优点是施工简单、施工期较短；地表施工劳动和安全条件好；疏放工程的布置可根据水位降低的要求，分期施工或灵活地移动疏水设施。

疏放降压孔的布置方式主要取决于矿区地质、水文地质条件、疏降地段的轮廓等因素。常用的地表疏放钻孔布置方式有三种。

（1）线形孔排：适合于地下水为一侧补给的矿区，疏降孔排垂直地下水流向布置于进水一侧；

（2）环形孔排：适于地下水从各个方向补给的矿区；

（3）任意孔排：当疏放地段的平面几何形状比较复杂时，常采用任意排列的孔群。

2.地下疏放

地下疏放主要用于平行疏放阶段。它是直接利用巷道或在巷道中通过各种类型的疏水钻孔，来降低地下水位或水压的一种疏放方法。如美国双峰铜矿井下疏放排水系统总长度达1020m，巷道内共布置12个放水孔，放水结果使充水含水层水压下降67%；我国湖南斗笠山矿香花台井的运输大巷位于灰岩充水含水层中，掘进时超前探水，并在大巷中控制出水点水量，放水量达2160m³/h，满足了降压要求。

（三）联合疏放

水文地质条件复杂的矿井，单一方式的疏放不能满足矿井生产的需要时，采用地表疏放和地下疏放相结合的疏放方式称联合疏放。如果一个矿井疏放达不到疏放目的时，可几个矿井同时疏放，总排水量达到8000m³/h，形成区域降落漏斗，顶板长兴灰岩水位降低196m，底板茅口灰岩降低257m，从此不再发生淹井事故，取得良好的疏放效果。

（三）疏放方法

在地下开采的矿山中，疏放水主要在井下巷道中进行，这里主要介绍井下疏放含水层中地下水的基本方法。

1.顶板水的疏放

（1）利用巷道或石门疏放。利用石门疏水通常布置在开采水平的中心区域，当石门穿过所需疏水的含水层时，使含水层中的水通过石门穿过段直接流入石门而达到集中疏水的目的。直接利用石门疏水时，要分析含水层的水文地质性质，确保石门穿过段直接流入石门的水量处于受控状态，避免瞬间水量过大而造成水害事故。石门疏水最大优点是可同时疏放多个切穿的含水层且兼作运输使用。

利用“采准”巷道疏水通常是在矿层直接顶板为含水层时，将采区巷道或采面准备巷道提前开拓出来，预先疏放顶板水。利用采准巷道预先疏放顶板水是一种经济有效的方法，既不需要专门的设备和额外的巷道工程，又能保证疏水效果，在有利的条件下，还可以自流排水。

（2）钻孔放水。放水钻孔的作用是使顶底板含水层中的水以自流方式进入巷道。顶板放水钻孔用于疏放煤层或巷道上方的含水层。其方法是在巷道内向顶板含水层打仰孔、直孔或水平孔进行放水。

顶板放水孔应布置在裂隙发育位置较低处，间距一般为30～50m，孔深取决于煤层开采裂高，一般为40～50m，钻孔方向最好垂直顶板含水层，施工时间应与采煤工作面工作相衔接，一般超前于回采1～2个月。

（3）直通式放水钻孔。当煤层顶板以上有较平缓并距地表较近的多个含水层，且巷道顶板隔水层相对稳定时，可从地表穿过含水层向巷道打钻孔，使含水层水通过钻孔流入巷道，达到疏放多个含水层的目的。当钻孔穿过疏松含水层时，需安装过滤器。

2.底板水的疏放

（1）利用巷道疏放。将巷道布置在强含水层中，利用巷道直接疏放。如湖南一些煤矿开采龙潭组下层煤，底板为茅口灰岩，隔水层很薄，原先将运输巷道布置于煤层中，水大，压力也大。后来将运输巷道直接布置在底板茅口灰岩的岩溶发育带中，既收到了很好的疏放水效果，也解决了巷道布置在煤层中支护困难的问题。但是，这种方法只有在矿井具有足够的排水能力时才能使用，否则在强含水层中掘进巷道是不可行的。

（2）底板放水钻孔。底板放水钻孔的作用在于降低底板下承压含水层的水压，以降低突水系数或增加底板的相对抗水压能力，防止底板突水。底板放水钻孔是从巷道内向下施工，它既可比地面施工节省进尺，又可利用承压水的自流特征直接由钻孔流出，不需要安装专门的抽水设备，同时可借助孔口装置控制水量、测量水压。但钻孔施工比较困难，需要采取必要的安全措施。

在我国华北型煤田的矿井中，为了疏放太原群灰岩含水层水，常常采用疏干巷道和放水钻孔相结合的方法。在石门与疏放钻孔的基础上，还发展了具有独特风格的逐层分水平疏放降压方法，即由上而下每个水平、每个含水层逐步放水降压，以保证矿井的安全延深和煤层的顺利开采。

3.吸水钻孔疏放

吸水钻孔是将矿层上部含水层中的水放入矿层下部含水层中的钻孔，也称漏水孔。利用吸水钻孔疏放水的特定条件是：

（1）矿层下部含水层的水位低于矿层底板或干燥无水，具有一定的吸水能力。

（2）矿层下部含水层的吸水能力大于矿层上部含水层的泄水量。

吸水钻孔疏放不仅经济简便，不需要任何排水设备，且不会增大矿井排水量。但这种方法要求的条件苛刻，我国的煤矿中只有一些矿区具备这种条件。

（四）疏放设计及疏放水文地质计算

大型疏放工程需要进行专门的疏放设计。疏放设计的主要内容有：疏放工程的布置、数量、规格、深度及间距等；疏放工程的涌水量、疏放时间、过滤器的类型、水泵的选择、疏放所需的动力设备及电源等。为此，需要借助水文地质计算确定疏放降水量及疏放时间，以保证在规定时间内用最少的疏放工程达到最好的疏放效果。

四、矿井排水

在矿井建设和生产过程中，各种水源如大气降水、含水层水、断层水、老窑水等涌入矿井，形成矿井水。为了确保矿井安全生产，必须建立与矿井涌水量相匹配的矿井排水系统，保证矿井能够正常排水。矿井排水系统始终伴随着矿井生产，直到矿井报废。在矿井永久排水系统形成之前，必须设置足够排水能力的临时排水系统，确保矿井安全。

（一）排水方式

1.自流式排水

自流式排水是使坑内水，借助平硐内的排水沟或专门开掘的泄水平硐自行流到地面，是最经济的排水方法，但只适用于一些开采当地侵蚀基准面以上矿层的平硐开拓的矿井。

2.扬升式排水

将井下涌水或通过井下疏降设备疏放出的水，经过排水沟或管道系统汇集于井下水仓，然后供助水泵将水排至地面。

（二）排水系统

（1）直接排水：聚集全部坑道的水于井底车场附近的水仓中，而后由排水装置将水直接排至地面。

（2）分段排水：由下部水平依次排至上一水平，最后由最上部水平集中排至地表。

（3）混合排水：当某一水平具腐蚀性的酸性水时，可将该水平的水直接排至地表，以避免腐蚀其他水平的排水设备和排水管路，而其他水平的水仍可按分段接力方式排至地表。

（三）排水设施、设备

矿井排水设施和设备主要有水泵房、水泵、水管、水仓（简称一房、三泵、两管、两水仓）。

（1）水泵房：矿井主要水泵房应至少有2个出口，一个出口用斜巷通到井筒，另一个出口通到井底车场，在此出口通道内，应设置易于关闭的既能防水又能防火的密闭门。泵房和水仓的连接通道，应设置可靠的控制闸门。

（2）水泵：主水泵房中必须有工作、备用和检修的水泵。工作水泵的能力，应能在20h内排出矿井24h的正常涌水量（包括其他用水）。备用水泵的能力应不小于工作水泵能力的70%。工作和备用水泵的总能力，应能在20h内排出矿井24h的最大涌水量。检修水泵的能力应不小于工作水泵能力的25%。

水文地质条件复杂和极复杂矿井，可在主水泵房内预留安装一定数量水泵的位置，或另外增加排水能力。有突水淹井危险的矿井，可另行增建抗灾强排水能力泵房。

（3）排水水管：矿井必须有工作和备用排水管。工作水管的能力应能配合工作水泵在20h内排出矿井24h的正常涌水量；工作和备用水管的总能力应能配合工作和备用水泵在20h内排出矿井24h的最大涌水量。

（4）水仓：水仓的作用是存储矿井涌水量和沉淀杂质。矿井水仓必须有主仓和副仓，当一个水仓清理时，另一个水仓能正常使用。

（四）保障矿井排水顺畅的措施

（1）井下排水沟、水仓及时清淤。

（2）定时疏通排水管路以保证过水量。

（3）优化排水系统，科学安设排水设备。

（4）实现水泵自动化控制。

五、井下防隔水煤（岩）柱防水闸门（墙）的设置

煤层在水体下、含水层下、承压含水层上或在导水断层附近进行采掘工程时，为了防止地表水或地下水突出，溃入工作地点，需要利用水闸墙、水闸门和防水煤（岩）柱等措施，临时或永久地截住涌水，将采掘区与水源隔离，使某一地点突水不致危及其他地区。

（一）防隔水煤（岩）柱的留设原则

（1）有突水威胁又不宜疏放的地区，采掘时必须留设防水煤（岩）柱。

（2）防水煤（岩）柱留设应在安全可靠的基础上，把煤柱宽度降到最低以提高资源的利用率。

（3）一个井田或一个水文地质单元内的防水煤（岩）柱，应在总体开采设计中确定，即开拓方式和采区布局与各种煤（岩）柱留设相适应，避免在以后煤柱留设中造成困难。

（4）多煤层地区防水煤（岩）柱留设，必须统一考虑，以免某一煤层所留煤柱因开采而遭到破坏，致使整个防水煤（岩）柱失效。

（5）留设防水煤（岩）柱所需数据必须就地选取，邻区或外区数据仅供参考，若需采用时应适当加大安全系数。

（二）防隔水煤（岩）柱的尺寸确定方法

确定防隔水煤（岩）柱的尺寸是一个相当复杂的问题，涉及的不确定因素较多，目前还没有一套比较完善、合理、精确的确定办法，尚有待在生产实践中进一步研究解决。

1.影响防隔水煤（岩）柱的尺寸大小的主要因素

（1）静水压力。煤（岩）柱直接和富水层接触时，煤（岩）层承受巨大的水压力，当煤层被开采后，原始应力平衡被破坏，如果水压力大于煤（岩）柱所能承受的压力时，煤（岩）柱有可能被水压力所破坏，造成突水。

（2）煤层本身的强度。煤层强度越大，同样尺寸的煤（岩）柱所能承受的静水压力就越大。煤的强度大小和煤的变质、风化、氧化及裂隙发育程度等因素有关。

（3）当强含水层位于煤层顶板之上或底板之下时，还与采空后煤层顶板上方的导水裂隙发育高度、矿山压力及静水压力对隔水底板破坏深度、岩移角度有关，而这些因素又取决于采厚、矿层产状要素，围岩物理力学性质等。

（4）开采方式以及其他人为因素。

2.确定防水煤（岩）柱尺寸常用的方法

水淹区或老窑积水区下采掘时防隔水煤（岩）柱的留设：①巷道在水淹区下或老窑积水区下掘进时，巷道与水体之间的最小距离，不得小于巷道高度的10倍。②在水淹区下或老窑积水区下同一煤层中进行开采时，若水淹区或老窑积水区的界线已基本查明，防隔水煤（岩）柱的尺寸应当按式留设。③在水淹区下或老窑积水区下的煤层中进行回采时，防隔水煤（岩）柱的尺寸，不得小于导水裂缝带最大高度与保护带高度之和。

3.保护通水钻孔防隔水煤（岩）柱的留设

根据钻孔测斜资料换算钻孔见煤点坐标，按式留设，如无测斜资料，应当考虑钻孔可能偏斜的误差，然后计算保护导水钻孔的防水煤柱宽度。

4.相邻矿（井）人为边界防隔水煤（岩）柱的留设

（1）水文地质简单型到中等型的矿井，可采用垂直法留设，但总宽度不得小于40m。

（2）水文地质复杂型到极复杂型的矿井，应当根据煤层赋存条件、地质构造、静水压力、开采上覆岩层移动角、导水裂缝带高度等因素确定。

（3）多煤层开采，当上、下两层煤的层间距小于下层煤开采后的导水裂缝带高度时，下层煤的边界防隔水煤（岩）柱，应当根据最上一层煤的岩层移动角和煤层间距向下推算。

（4）当上、下两层煤之间的垂距大于下煤层开采后的导水裂缝带高度时，上、下煤层的防隔水煤（岩）柱，可分别留设。

5.以断层为界的井田防隔水煤（岩）柱的留设

以断层为界的井田，其边界防隔水煤（岩）柱可参照断层煤柱留设，但应当考虑井田另一侧煤层的情况，以不破坏另一侧所留煤（岩）柱为原则。

（四）防水闸门和水闸墙

防水闸门和水闸墙是井下防水的主要安全设施。凡水患威胁严重的矿井，在井下巷道设计布置中，应在适当地点预留防水闸门硐室和水闸墙的位置，使矿井形成分翼，分水平或分采区隔离开采。在水患发生时，能够使矿井分区隔离，缩小水灾影响范围，控制水势危害，确保矿井安全。

1.防水闸门

防水闸门一般设置于井下运输巷内，正常生产时防水闸门敞开着，当突然发生水患时，闸门关闭将水阻挡于闸门之外。

（1）防水闸门位置的选择。防水闸门应设置在对水害具有控制作用的部位和井下重要设施部位（如井底车场出入口处），能将水害控制在尽可能小的范围内，并考虑即使水害发生后也能恢复生产及绕过事故地点开拓新区。

（2）防水闸门应设置在不受邻近采动影响的地点，以免破坏防水闸门的结构和修筑地点围岩的隔水性和稳定性，防止防水闸门关闭后高压水通过裂缝外泄。

（3）尽量避免在较弱岩层或煤层内砌筑，应建在围岩稳定性与隔水性好的地段，要求围岩硬度系数不许大于4；若必须在煤层中砌筑时，必须掏槽使闸身的混凝土结构和基岩结合为一体。

防水闸门的构筑、使用管理中应注意的问题：

（1）施工材料必须保证质量，并按设计进行。闸槽中的松动岩石必须清除，应保证围岩灌浆质量。

（2）水闸门下所设短节易拆道轨，应具有遇事能够快速拆除的特点。

（3）通过水闸门的水沟，应与有闸门的水管相通，管口加铁篦子，并留设观测管孔。

（4）水闸门不能乱开硐口，以免水闸门失去应急效能。

（5）平时应加强维护，一旦出现水害事故，要对水情做出正确判断，抓住时机关闭水闸门。

防水闸门的关闭。当井下发生突然涌水或出现突水征兆，危及矿井安全时，必须立即做好关闭防水闸门的准备工作。

关闭防水闸门之前需做好以下工作。

（1）将水害影响地区的人员全部撤退，并在各通道口设岗警戒，防止人员误入封闭区。防水闸门附近的临时通风扇和临时直通地面的电话安装妥当。

（2）防水闸门硐室的所有设施（如放水截门、水压表、管子堵头板、活动短轨等）全部准备妥当。防水闸门附近和水沟内杂物清理干净。

（3）防水闸门以里的栅栏门全部关好。防水闸门以外的防水避灾路线畅通无阻。

（4）检修排水设备，每台均要达到完好标准；清挖水仓，将水仓内的积水排至最低水位。

（5）认真贯彻落实意外应变措施。

防水闸门的开启：

（1）防水闸门开启前，要对井下排水、供电系统进行一次全面检查。

（2）开启防水闸门要首先打开放水管，有控制地泄压放水。

2.防水闸墙

防水闸墙是用不透水材料构成的永久性构筑物，用于隔绝有透水危险的区域。防水闸墙一般用来封闭充水工作面、出水的掘进头，老采区，与地表水相连的巷道小窑充水水体以及断层水等。

防水闸墙的构筑中应注意以下问题。

（1）防水闸墙的构筑地点和防水闸门一样，应选在围岩坚硬完整、断层裂隙较少、不受干扰、稳固的地方。如建在巷道内，则应选在断面小的部位。如果出水水源未被堵死，则应留设疏水管。

（2）报废巷道封闭时，在报废的暗井和倾斜巷道下口的密闭防水闸墙必须留泄水孔，每月定期进行观测，雨季加密观测。

（3）防水闸墙的壁后注浆加固很重要。

（4）建筑防水闸墙的目的，有的是圈定水患区，有的则需要封死水源彻底消患。

（5）采用防水闸墙封水除考虑墙体牢固外，还要考虑整个封堵环境有无可能出现溃决绕流等薄弱地带，以免造成工程失败。如某矿所建防水闸墙尽管施工细致、工程牢固，但由于煤壁渗漏，致使工程失效。最后采用注浆堵水来代替。

六、注浆堵水

注浆堵水就是将一定材料配制成浆液，用压送设备将其灌入地层或岩层空隙中，使其扩散、凝固和硬化，以达到加固地层或防渗堵漏的目的，从而改善受注地层的水文地质或工程地质条件，是矿井防治水害的重要手段之一。

（一）注浆材料

注浆材料是注浆技术中不可缺少的一部分，注浆之所以能够起到堵水和加固的作用，主要是由于注浆材料在注浆过程中发生了液相到固相转变的结果。因此，凡是一种液体在一定条件下可以变成固体的物质，一般来讲都可以作为注浆材料，所以，注浆材料是很多的。在注浆施工中，能否正确合理地选择一种或几种注浆材料必将直接影响注浆工程的成败和是否达到经济技术指标。

注浆材料的配制和作用一般包括原材料、浆液和结石体三个阶段。原材料包括一种或几种主剂和助剂（可能没有，也可能有一种或几种），助剂根据其在浆液中的作用，可分为固化剂、催化剂、速凝剂及悬浮剂等；在原材料中加入水或其他溶剂就可以配制浆液；浆液经过一定的化学反应或物理反应之后所形成的固体称为结石体，结石体用于充填、堵塞地层中的裂隙或孔隙，起到堵水和加固的作用。

注浆材料品种繁多，一种理想的注浆材料应满足以下要求：①浆液黏度低，流动性好，可注性好，能够进入细小缝隙和粉细砂层；②浆液凝固时间可以在宽域时间内任意调节，并能人为地加以准确控制；③浆液的稳定性好，常温、常压下存放一定时间而不改变其基本性质，不发生强烈的化学反应；④浆液无毒、无臭，不污染环境，对人体无害，属非易燃易爆物品；⑤浆液固化时，无收缩现象，固化后有一定的黏结性，能牢固地与岩石、混凝土及砂子黏结；⑥浆液对注浆设备、管路、混凝土建筑物及橡胶制品无腐蚀性，并且容易清洗；⑦浆液结石率高，结石体有一定的抗压强度与和抗拉强度，不龟裂，抗渗性好；⑧结石体应具有良好的耐老化特性和耐久性，能长期耐酸、碱、盐、生物菌等腐蚀，并且其温度、湿度特性与被注体相协调；⑨注浆后材料颗粒应有一定的细度，以满足注浆效果，但颗粒越细，浆液成本也就越高；⑩浆液配制方便，操作简单，原材料来源丰富，价格合理，能大规模使用。

注浆材料分类的方法很多，根据注浆材料主剂性质分为无机系列和有机系列两大类。无机系列有单液水泥类浆液、水泥黏土类浆液、可控域黏土固化浆液、高水速凝材料浆液、水泥—水玻璃类浆液、水玻璃浆液等。有机系列有丙烯酰胺类浆液、木质素类浆液、尿醛树酯类浆液及聚胺酯类浆液、其他有机类浆液等。

（二）注浆设备与机具

注浆设备及机具包括钻机、钻具、注浆泵、搅拌机、注浆管线、止浆塞和混合器等，其中钻机与钻具是成孔设备，而注浆泵、搅拌机等其他设备、器具则是制备、输送浆液等，并将浆液注入地层空隙或软土地层中的机具。

（1）钻孔设备。钻机的选择应根据地层条件和注浆深度来确定，地面常用钻机有TXB-100型、红旗-700型、红旗-500型、XJ-100型、DPP-100型汽车钻机等。在矿山、交通、水利等工程的地下建筑注浆工程中，如在井筒和巷道壁内、壁后及工作面注浆中，也常用百米钻机或凿岩机施工注浆孔。

（2）注浆泵。注浆泵是根据设计的注浆压力及注浆量选型，应尽量选用压力、流量可调节的注浆泵；根据单液或双液注浆系统及备用量确定台数，根据注浆材料及灌注骨料等选泵。

（3）止浆塞。止浆塞是将注浆孔的任意两个注浆段隔开，只让浆液注入止浆塞以下的岩石空隙中去的工具。止浆塞的选取应以能达到合理使用注浆压力、有效控制浆液分布范围、实现分段注浆、确保注浆质量等为原则。常用的止浆塞类型有：孔内双管混合止浆塞、单管止浆塞及水力膨胀止浆塞等。

（4）其他注浆设备包括搅拌机、流量计、疏浆管路、孔口密封装置、阀门和压力表等，这些注浆设备应根据注浆工艺要求进行选择和配备。

（三）注浆工作的基本程序

注浆工作的基本程序包括：注浆前的水文地质调查、注浆方案设计、注浆孔施工，建立注浆站、注浆系统试运转和对管路做耐压试验、钻孔冲洗与压水试验、造浆注浆施工注浆结束后压水、关孔口阀、拆洗孔外注浆管路及设备，打开孔口阀以及提取止浆塞或再次注浆，封孔和检查注浆效果。现简介一些重要程序。

1.注浆前的水文地质调查

注浆前的水文地质调查是正确选择注浆方案、注浆材料、确定注浆工艺和进行注浆设计的依据。一般应查明的情况是：岩层地质条件，包括掘进井筒所穿过的岩层的含水性、透水性，以及含水层的裂隙、岩溶发育程度等；含水层的埋藏条件、厚度、位置及其相互联系；地下水的静水压力、流向、流速、化学成分，不同含水层、不同深度的涌水量及渗透系数；附近有无溶洞、断层、河流、湖泊及其与含水层的联系。

2.注浆方案设计

注浆方案的选择，应考虑岩层的水文地质条件、设备能力、工期要求及技术经济指标等因素。设计内容一般包括：确定堵水范围，注浆层段和部位以及注浆孔，观测孔的数目及布置方式，注浆深度确定，注浆段划分，注浆方式确定，注浆材料选择和配方试验要求，注浆参数确定和检查评价方法，注浆设备选择及注浆站布置，材料消耗量估算，设备和资金概算，劳动组织和工期安排，以及主要安全技术措施和操作规程等。

3.注浆施工

根据含水层特点，注浆施工可分为分段式注浆和全段式注浆。

（1）分段式注浆：当注浆深度较大，穿过较多含水层，且裂隙大小不同，在一定的注浆压力下，浆液的流动和扩散在大裂隙内远些，在小裂隙近些。同时，静水压力随含水层埋藏深度增加而增加，在一定的注浆压力下，上部岩层的裂隙进浆多、扩散远，下部岩层的进浆少、扩散近，或几乎不扩散。因此，为使浆液在各含水层扩散均匀，提高注浆质量，应分段注浆。

注浆段高指一次注浆的长度。注浆段高与注浆目的与工程性质有关，不同的工程其注浆段高不同，一般为5 ~ 10m，如受注层厚度小于10m，则不分段。

根据钻进与注浆的相互关系，分段注浆又分为下行式和上行式注浆两种方式。

下行式注浆是指从地表钻进含水层，钻进一段注一段，反复交替直至终孔。其优点是上段注浆后下段高压注浆时不致跑浆而引起地面破坏，同时上段可得到复注，注浆效果好。其缺点是钻进与注浆交替进行，总钻进工作量大、工期长。

上行式注浆是指钻进一次到终孔，然后使用止浆塞自下而上逐段注浆。其优点是无须反复钻进，可加快注浆速度，缺点是需要性能良好、工作可靠的止浆塞。在煤矿堵水中，由于裂隙、岩溶发育，一般采用下行式注浆。

（2）全段式注浆：指注浆孔钻进至终深，一次注全段，其优点是不需要反复交替钻进，减少安装及起拔止浆塞的工作量，从而缩短施工工期。缺点是由于注浆段高且大，不易保证注浆质量，岩层吸浆量大时要求注浆设备能力大，所以一般只在含水层距地表近且厚度不大，裂隙较发育的岩层中采用全段注浆方式。

4.注浆孔的钻进

（1）浆孔深度一般要选在含水层以下3 ~ 5m的位置。

（2）注浆孔结构要根据通过岩层的条件和注浆方法确定。应力求简单、变径次数少、孔斜小。对于地面预注浆，注浆孔段直径不小于110mm为宜。孔径越大，揭露岩石裂隙的概率越多，对注浆越有益，钻孔通过第四系和采空区的地段，应下套管，并保证固结质量。

（3）在注浆孔钻进时，应取岩芯进行岩层裂隙及破碎程度的鉴定。钻进中所用的冲洗液，在冲积层中可用泥浆，基岩注浆段需要用清水钻进。在钻进过程中，应注意防斜与纠偏。

（4）注浆孔冲洗、注浆孔钻至设计深度以后要进行钻孔的冲洗，冲洗的目的是将残留于孔底和黏滞与孔壁的岩粉冲出孔外。钻孔的冲洗可以分为冲孔、抽水洗孔及压水三个步骤进行。

5.注浆扩散、充塞阶段

注浆的基本原理是通过一定的压力将浆液推入岩层的空隙，使之流动、扩散，在空隙中形成具有一定强度和弱透水性的结石体，从而堵塞空隙、截断导水通道。

如水泥浆在岩层空隙中的充塞作用包括机械充塞和化学充塞，其扩散充塞过程大体可分为四个阶段：①注浆压力克服静水压力和流动阻力，推动浆液进入空隙。②浆液在空隙内流动扩散和沉析充塞。大孔隙和大裂隙逐渐缩小，小孔隙和细裂隙被充填，注浆压力徐徐上升。③在注浆压力的进一步推动下，浆液冲开或部分冲开充塞体，再次沉析充填，逐渐加厚充填体，此时注浆压力先降后升。④浆液在注浆终压下进一步充塞、压实、脱水，直至完全封闭裂隙。

6.注浆效果检查

为保证注浆质量和堵水效果，应从施工一开始，直接至注浆结束，对注浆全过程的每个环节，都要注意质量的检查和鉴定，以便随时采取措施，确保注浆质量。注浆质量监督检查方法主要有以下几种。

（1）施工情况及技术资料的分析。对注浆过程的施工情况及有关施工记录等技术资料应进行详细分析。如钻孔偏斜是否造成漏洞、缺口的可能；分析注浆过程中的压力、浆液浓度、吸浆量的变化，判断注浆工作是否正常。此外，对每个钻孔分段注浆的注入量、注浆事故、跑浆情况和范围、处理措施及效果等，也应进行综合分析和评价。

（2）钻孔抽水检查。一般采用检查孔与注浆孔合一的方式，即检查孔与注浆孔兼用。当第一组孔注浆结束后，于第二组孔或其中1～2个钻孔进行抽水试验，以检查第一组孔的注浆效果。以后，待第二组孔注浆结束后，从第三组孔或其中1～2个钻孔中抽水，以检查前两组孔的注浆质量。有时在注完浆后，于注浆地段内水流上方或注浆效果较差的钻孔附近，布置1～2个检查孔进行抽水（或压水）检查。当质量不合乎要求时，可将检查孔作注浆孔继续注浆，以确保注浆效果。

（3）钻孔取芯检查。根据注浆钻孔施工的先后不同，即先期施工钻孔的注浆效果，可通过后期施工钻孔取芯，检查裂隙被浆液充填的情况。通过取芯和裂隙充填情况的分析，找出注浆地段的薄弱环节，从而通过后期施工的钻孔加以弥补。少数情况下，也可在注浆结束后，在注浆地段专门布置钻孔取芯，以了解注浆效果和浆液扩散范围。

（4）注浆地段掘进时的观察。井巷掘进时，对注浆地段实地观察是最有效的检查，除可了解浆液充填及结石情况外，还可为以后的注浆施工提供宝贵的经验和资料。

（四）矿山注浆堵水类型

1.井筒、巷道预注浆

（1）井筒预注浆。通常，对于复杂条件下的基岩井筒，当其通过含水层或导水构造带前，常采用预注浆对含水层或导水构造进行封堵，以避免水害事故，改善作业条件，简化施工工序，加快建井速度，降低施工成本。

井筒预注浆分为地面预注浆与工作面预注浆。前者是指在井筒开凿前，从地面施工钻孔，对含水层进行预先注浆；后者是当井筒掘进工作面接近含水层时，预留隔水岩柱（也可以在出水后打止水垫），向含水层施工钻孔，进行预注浆。

井筒工作面预注浆与井筒地面预注浆相比较，优点在于前者钻探工程量少、节省管材，而且可使用轻便钻机。由于钻孔浅，易控制方向；孔径小，孔数多，易与裂隙沟通，浆液易于控制，堵水效果好。缺点是工作面狭小，施工不便，且影响建井工期。地面预注浆的优点是既可在井筒开工前进行，也可与井筒掘进平行作业，不占用建井工期。

（2）巷道预注浆。巷道过含水层或导水构造带的预注浆宜采用边掘边超前预注浆的方法，与超前探查孔相结合，既可以在工作面打钻预注浆，又可以在巷道边缘专门施工的盲硐室打钻注浆。

2.井筒壁后注浆和巷道淋水（涌）的封堵

井筒淋水或巷道淋水都采用壁后注浆，即用风锤打透井（巷）壁，下好注浆管，待其与井壁固定固牢后，接管向壁后压注浆液封水。若井筒、巷道有较大涌水时，宜用水泥、水玻璃双液浆临时止水，待水止住后再延伸注浆钻孔，进入含水层内一定深度，压入单液水泥浆，以保证长期使用中不致再度淋水。

如为个别较大的裂隙通道涌水，应向裂隙深部打钻，进行专门封堵。具体做法是用较深钻孔打透大的裂隙，插入注浆管进行引流疏水，用浅孔封好大裂隙口，并使注浆管固定，然后对引流孔加压注浆封堵。

3.注浆帷幕截流

对具有充沛补给水源的大水矿区，为减少矿井涌水量，可在矿区主要进水边界或浅部垂直补给带施工一定间距的钻孔排，向孔内注浆，形成连续的隔水帷幕，阻截或减少地下水对矿区的影响，提高露天边坡的稳定性，防止矿井疏降排水引起的地面沉降或岩溶塌陷等环境问题，保护地下水资源。

从理论上说，注浆帷幕在任何情况下都能采用，但从技术济济原则出发，帷幕线的选定应考虑：线的走向应与地下水流向垂直，线址应选择在进水口宽度狭小、含水层结构简单、地形平坦的地段；帷幕线应尽可能设置在含水层埋藏浅、厚度薄、底板隔水层帷幕线两端隔水边界稳定的地段；帷幕注浆段岩层的裂隙、岩溶发育且连通性好，以保证注浆时具有较好的可灌性和浆液结石后能与围岩结成一整体，帷幕线应选定在矿区开采影响范围或露天开采场最终境界线以外。

4.含水层改造与隔水层加固技术

华北开采下组煤时，受奥陶纪灰岩含水层的威胁。如肥城矿区主要含水层有7层，由于第四系底部有一层隔水性能良好的黏土层，故第四系含水层基本不与基岩含水层发生水力联系，山西组砂岩，太原组一灰、二灰及大部分四灰含水层都可以直接疏干。肥城矿区从20多年的防治水生产实践中得到如下认识：五灰水是直接威胁安全开采九、十煤层的主要含水层，但其厚度仅10m左右，可以直接治理。奥灰水是间接威胁矿井安全的水源层，厚度大，富水性强，难以直接治理。因此，防治水的原则是：奥灰水以防为主，五灰水以治为主。对五灰水治理的方法是“疏堵结合，综合治理”。具体来说，若五灰富水性较弱，但水压高，采用疏水降压的方法；若五灰富水性强，水压高或底板存在变薄带、构造破碎带、导水裂隙带，疏水降压采煤费用高，经济上不合理，浪费地下水资源时就对五灰进行注浆改造。

注浆改造的目的：变强含水层为弱含水层或隔水层，增加隔水层的厚度；堵截奥灰水补给五灰的垂直通道；堵塞底板的导水裂隙，消除导高，强化底板。

注浆改造的方法是在工作面的轨中巷打注浆孔，然后通过注浆孔向五灰灌注水泥浆或其他浆液。

第五章
矿井水文地质工作

第一节　矿井水文地质类型的划分

矿井水文地质工作是指矿井建设和生产过程中所做的水文地质工作，它是矿井地质工作的重要组成部分。

矿井水文地质工作是在勘探阶段水文地质工作的基础上进行的。为了多快好省地发展我国煤炭工业，做到安全生产，必须研究、解决矿井建设和生产过程中实际存在的水文地质问题，以便经济合理地回收国家资源。为此，矿井水文地质工作的基本任务也就在于：在深入了解矿区（井）水文地质条件的基础上，有效地与矿井水作斗争。其主要任务：①研究矿区（井）的水文地质条件，查明影响正常建设和生产的水文地质因素；②研究和预测矿井涌水量；③开展防治水工作；④研究和解决矿区供水水源及矿井水的综合利用问题；⑤认真推广和应用先进技术，不断提高矿井水文地质工作水平。

上述几项任务，是根据矿井建设和生产的特点及要求提出来的，它贯穿于调查、勘探、建设和生产的始终。可以认为，矿井水文地质工作是调查勘探阶段水文地质工作的继续，只是对象更加具体，要求更加明确，工作更加深入细致，并且更为讲究实际效果。

为了有针对性地做好煤矿防治水工作，从矿区水文地质条件和井巷充水特征出发，根据矿井受采掘破坏或影响的含水层及水体、矿井及其周边是否存在老空积水、矿井受采掘破坏或影响的含水层性质和富水性及补给条件、矿井涌水和突水分布规律及水量大小、煤矿开采受水害威胁程度以及防治水工作难易程度等，把矿井水文地质划分为简单、中等、复杂、极复杂四种类型。

第二节　矿井勘探阶段水文地质工作

在一个矿井设计、建井和投产之前，必须进行一系列地质勘探工作，提供一整套必要的地质资料，其中水文地质资料，一般应阐明以下几方面问题。

（1）勘探区内主要含水层的分布范围、埋藏条件、含水层的一般特征及补给和排泄条件、含水层之间的水力联系，以及勘探区内井、泉调查资料和地表水体的分布情况。

（2）井田范围内含水层岩性、埋藏深度、厚度及其变化规律、裂隙及溶洞的发育程度，以及含水层的水量大小、水位、水质和地下水动态资料。

（3）矿区（井）有关地表水体的受水面积、最大洪水量和最高洪水位，以及洪水淹没矿区范围和持续时间。

（4）地表水体（主要河流、沟渠、湖泊、水库等）对含水层及采空塌陷区、老空区的补给范围和渗漏量。

（5）主要含水层对矿井的影响程度。

（6）不同成因类型的断裂构造分布规律及其在地表水和地下水以及各含水层之间发生水力联系上所起的作用，确定最可能的导水和含水地段。

（7）穿过含水层、老空区和含水断层的钻孔封闭情况。

（8）预计矿井涌水量及其随季节、开采范围及深度的变化关系。

（9）邻近矿井的开发情况，矿井涌水量、水质、水温、矿井充水条件、地下水出露情况、矿井突水现象及原因，涌水量与开采面积、深度、产量、降水量的关系等。

矿井水文地质的首要工作，就是搜集和整理上述资料，并对其进行分析、对比、验证，从而在此基础上去伪存真，对即将建设的矿井或采区的涌水条件给出明确的结论，指出矿井涌水的水源、通路和水量，提出今后防治水的措施和方法，并对供水水源做出评价。

但是勘探阶段所获得的水文地质资料，常常由于该阶段所做工作的局限性，与实际情况有较大的出入，不能完全满足上述要求。在这种情况下，一般需要在矿区（井）建设和生产的同时，进行补充水文地质调查及勘探。有时，由于国民经济的迫切需要，部分矿井在缺乏资料的情况下，就开始设计和建设，或者在老矿井延深以及扩大井田边界等情况下，补充水文地质调查及勘探的工作就显得更加必要。

第三节 矿区（井）水文地质补充调查

当矿区或者矿井现有水文地质资料不能满足生产建设的需要时，水文地质条件复杂，采掘工作经常受水害威胁的矿井，应当针对存在的问题进行专项水文地质补充调查。其主要的工作如下所述。

一、泉、井及地表水体的调查

调查井泉的位置、标高、深度、出水层位、涌水量、水位、水质、水温、有无气体溢出、溢出类型、流量（浓度）及其补给水源，并描绘泉水出露的地形地质平面图和剖面图。

二、第四纪地质及物理地质现象的调查

对第四纪地层研究的内容主要是：定出土石的名称（如砾石、砂、亚砂土、亚黏土和黏土等），描述颜色、组织结构，确定其成因和时代，并在图上画出第四纪地质界线（时代、成因及岩性的界线）。

对一些与地下水活动有关的自然地质现象，如滑坡、潜蚀、岩溶、沼泽、古河道等，也要进行详细的调查研究，并将其标在地形地质图上。

三、基岩含水层和地质构造调查

根据地层岩性，地质时代，岩石的孔隙性，以及泉、井等地下水的露头情况，确定基岩地层的富水性，划分出含水层和隔水层（相对隔水层）。

对地质构造的调查，主要是查明断裂构造的方向、规模、性质，破碎带的范围、充填或胶结情况，导水性以及有否泉水出露、水量大小等。在裂隙发育带要选择有代表性的地段，进行裂隙统计。

四、小窑老空积水的调查

调查古井老窑的位置及开采、充水、排水的资料及老窑停采原因等情况，察看地形，圈出采空区，并估算积水量。

老空有现代生产矿井（包括已报废的矿井）的老空和小窑老空之分，前者可由采矿工程平面图和有关资料准确地确定其分布范围，后者则由于年代已久，缺乏可靠的资料，积水范围往往难以确定。小窑老空的存在常常会给矿井的建设和生产带来很多困难，甚至会造成矿井突水事故。为了保证矿井建设和生产的安全，做好对小窑老空积水的防范工作，就必须首先把小窑老空的分布情况和积水特点了解清楚。

（一）小窑老空积水的特点

（1）由于采掘条件的限制，古代小窑只能开采浅部煤层，因此小窑老空多分布于煤层标高较高的地方。

（2）由于排水能力的限制，古代小窑开采顶、底板为含水层的煤层时，小窑老空多数在含水层的水位标高以上。

（3）小窑老空的积水量取决于小窑的标高，开采范围，顶、底板岩性，地质构造情况及小窑与其他水源的关系等。小者可能无水，大者水量可达数万、数十万立方米。

（4）小窑老空积水一般补给来源少，水量以静储量为主。

（5）由于小窑老空积水长期处于停滞状态，一般呈黄褐色，具有铁锈味、臭鸡蛋味或涩味，酸性较大。

（6）老空内经常积存有大量CO_2、CH_2和H_2S等有害气体，突水时会随水逸出。

（7）由于小窑老空多分布在井田的浅部及周围，其积水具有一定的静水压力。在采掘过程中，当工作面接近老空时由于静水压力的作用，在一定条件下往往会突然涌进巷道，造成事故。

（二）小窑老空积水的调查内容

（1）小窑位置及开采概况。如井深及井上下标高，井筒直径，开采煤层层数及名称，各煤层的开采范围和巷道布置情况、产量，采煤方法和顶板控制方法，通风、运输、提升、排水情况、巷道规格以及停采原因等。

（2）地质情况。如煤层（及各分层）厚度及其变化，层间距，产状及其变化，顶底板岩性及厚度，煤层的物理机械性质，断层的产状、落差及其变化，地质储量及残留煤柱的大小，与相邻小窑采空的关系。

（3）水文地质情况。如出水原因，来源和水量大小，水头高度，相邻小窑间及小窑与地表水或泉井的水力联系。

（4）小窑采空造成的地表塌陷深度、裂缝的分布情况、塌陷的范围大小等。

通过上述调查，必须弄清小窑开采的是哪一层煤，开采范围有多大，以及小窑的积水量，水头压力和相互连通关系，作为确定老空边界和布置防治老空积水工程的依据。

对小窑老空的调查，可采用“走出去请进来”的方法，或登门拜访，或邀请熟悉情况的人员开座谈会。最好是根据上述内容拟定提纲，邀请老工人及熟悉小窑情况的人员到现场进行调查，并根据地面的遗迹（地形、矸石堆等）确定小窑位置。调查情况应进行详细记录和初步测绘草图。而后将搜集到的资料加以分析整理，绘制成适当比例尺（1∶1000、1∶2000或1∶5000）的平面图和剖面图。此外，还可以采用电测剖面结合钻探的手段，对小窑老空进行探查。

五、地貌地质的情况

调查收集由开采或地下水活动诱发的崩塌、滑坡、人工湖等地貌变化、岩溶发育矿区的各种岩溶地貌形态。对第四纪松散覆盖层和基岩露头，查明其时代、岩性、厚度、富水性及地下水的补排方式等情况，并划分含水层或相对隔水层。查明地质构造的形态、产状、性质、规模、破碎带（范围、充填物、胶结程度、导水性）及有无泉水出露等情况，初步分析研究其对矿井开采的影响。

六、地表水体的情况

调查与收集矿区河流、水渠、湖泊、积水区、山塘和水库等地表水体的历年水位、流量、积水量、最大洪水淹没范围、含泥砂量、水质和地表水体与下伏含水层的水力关系等。对可能渗漏补给地下水的地段应当进行详细调查，并进行渗漏量监测。

七、生产矿井的情况

调查研究矿区内生产矿井的充水因素、充水方式、突水层位、突水点的位置与突水量，矿井涌水量的动态变化与开采水平、开采面积的关系，以往发生水害的观测研究资料和防治水措施及效果。

八、周边矿井的情况

调查周边矿井的位置、范围、开采层位、充水情况、地质构造、采煤方法、采出煤量、隔离煤柱以及与相邻矿井的空间关系，以往发生水害的观测研究资料，并收集系统完整的采掘工程平面图及有关资料。

九、地面岩溶的情况

调查岩溶发育的形态、分布范围。详细调查对地下水运动有明显影响的补给和排泄通道，必要时可进行连通试验和暗河测绘工作。分析岩溶发育规律和地下水径流方向，圈定补给区，测定补给区内的渗漏情况，估算地下水径流量。对有岩溶塌陷的区域，进行岩溶塌陷的测绘工作。

十、搜集和整理历年的水文气象资料

主要是从矿区或附近的水文、气象站搜集水文、气象资料。搜集降水量、蒸发量、气温、气压、相对湿度、风向、风速及其历年月平均值和两极值等气象资料。搜集调查区内以往勘察研究成果，动态观测资料、勘探钻孔、供水井钻探及抽水试验资料；然后分析整理成各种关系曲线图（如降水量与蒸发量曲线图等），以便了解和掌握矿区的水文、气象变化规律，为分析矿井充水条件，以及为矿井防排水提供依据。

上述工作结束之后，应将所获得的资料进行整理、分析和研究，结合矿区（井）的具体情况，写出简要的文字报告，并编制相应的图表。

第四节　矿井水文地质勘探

矿井建设生产阶段所进行的水文地质勘探，为煤炭资源勘探阶段水文地质工作（以下简称煤田水文地质勘探）的继续与深入，多带有补充勘探的性质。煤田水文地质勘探的基本任务是，为煤炭工业的规划布局和煤矿建设，正常安全生产提供水文地质依据，并为水文地质研究积累资料。它一般应分阶段循序进行。矿井水文地质勘探为矿井建设、采掘、开拓延深、改扩建提供所需的水文地质资料，并为矿井防治水工作提供水文地质依据，它是在煤田水文地质勘探的基础上进行的。矿井水文地质勘探是在矿井建设和生产过程中进行的，既可以验证和深化煤田水文地质勘探对井田（矿井）水文地质条件的认识，又可以根据矿井建设生产过程中遇到的水文地质问题，充分利用矿井的有利条件，进行有针对性的矿井水文地质勘探，为矿井建设生产和矿井防治水工作提供依据。可见，矿井水文地质勘探是煤田水文地质勘探所不能取代的。对于水文地质条件复杂和极复杂的大水矿井，尤其是这样。

一、水文地质勘探范围

矿井有下列情形之一的，应当在井下进行水文地质勘探。

（1）采用地面水文地质勘探难以查清问题，需在井下进行放水试验或者连通（示踪）试验的。

（2）煤层顶、底板有含水（流）砂层或者岩溶含水层，需进行疏水开采试验的。

（3）受地表水体和地形限制或者受开采塌陷影响，地面没有施工条件的。

（4）孔深或者地下水位埋深过大，地面无法进行水文地质试验的。

二、水文地质勘探应当符合的要求

（1）钻孔的各项技术要求、安全措施等钻孔施工设计，经矿井总工程师批准后方可实施。

（2）施工并加固钻机硐室，保证正常的工作条件。

（3）钻机安装牢固。钻孔首先下好孔口管，并进行耐压试验。在正式施工前，安装孔口安全闸阀，以保证控制放水。安全闸阀的抗压能力大于最大水压。在揭露含水层前，安装好孔口防喷装置。

（4）按照设计进行施工，并严格执行施工安全措施。

（5）进行连通试验，不得选用污染水源的示踪剂。

（6）对于停用或者报废的钻孔，及时封堵，并提交封孔报告。

三、水文地质勘探工程的布置原则

（1）矿井水文地质勘探工作应结合矿区的具体水文地质条件，针对矿井主要水文地质问题及其水害类型，做到有的放矢。从区域着眼，立足矿区，把矿区水文地质条件和区域水文地质条件有机地结合起来进行统一、系统的勘探研究，确保区域控制、矿区查明。牢记地下水具有系统性和动态性的特点，实行动态勘探、动态监测和动态分析的矿井水文地质勘探理念。

（2）在水文地质条件勘探方法的选择上，应坚持重点突出、综合配套的原则。在勘探工程的布置上，应立足于井上下相结合，采区和工作面应以井下勘探为主，配合适量的地面勘探。对区域地下水系统，应以地面勘探为主，配合适量的井下勘探。

（3）无论是地面勘探还是井下勘探，都应把勘探工程的短期试验研究和长期动态监测研究有机地结合起来，达到勘探工程的整体空间控制和长期时间序列控制。应重视水文地质测绘和井上下简易水文地质观测与编录等基础工作，应把矿井地质工作与水文地质工作有效地结合起来。

（4）地球物理勘探应着重于对地下水系统和构造的宏观控制，钻探应对重点区域进行定量分析并为专门水文地质试验和防治水工程设计提供条件和基础信息，专门水文地质试验（包括抽放水试验、化学检测与示踪试验、岩石力学性质试验、突水因素监测试验及其相关的计算分析）是定量研究和分析矿井水文地质条件的重要方法。

（5）水文地质勘探工程的布置，应尽量构成对勘探区地质与水文地质有效控制的剖面，既要控制地下水天然流场的补给、径流、排泄条件，又要控制开采后地下水系统与流场可能发生的变化，特别是导水通道的形成与演化。

（6）进行抽放水试验时，主要放水孔宜布置在主要充水含水层的富水段或强径流带。必须有足够的观测孔（点），观测孔布置必须建立在系统整理、研究各勘探资料的基础上，根据试验目的、水文地质分区情况、矿井涌水量计算方案等要求确定。应尽可能利用地质勘探钻孔或人工露头作为观测孔（点）。

四、常用勘探方法

（一）物探

地球物理勘探技术经过多年的发展，其在地质、水文地质探查中的地位和作用越来越明显，越来越重要。加上其方便、快捷的优势，近几年在煤矿防治水领域得到了极大推广和应用，常用的效果比较好的方法有：①地震勘探，包括二维和三维地震勘探；②瞬变电磁探测技术；③高密度高分辨率电阻率法探测技术；④直流电法探测技术；⑤音频电穿透探测技术；⑥瑞利波探测；⑦钻孔雷达探测技术；⑧坑透；⑨地震槽波探测技术。

（二）水文地质钻探

水文地质钻孔的类型有地质及水文地质结合孔、抽水试验孔、水文地质观测孔、探采结合孔、探放水孔。

（三）钻孔抽水试验

抽水试验可以获得含水层的水文地质参数，评价含水层的富水性，确定影响半径和了解地表水与地下水以及不同含水层之间的水力联系。这些资料是查明水文地质条件、评价地下水资源、预测矿坑涌水量和确定疏干排水方案的重要依据。

水文地质试验类型按抽水孔与观测孔的数量可分为单孔抽水试验、多孔抽水试验和群孔抽水试验。按试段含水层的多少可分为分层抽水试验、分段抽水试验和混合抽水试验。

（四）钻孔压水试验

矿山生产中压水试验的主要目的在于测定矿层顶底板岩层及构造破碎带的透水性及变化，为矿山注浆堵水、帐幕截流及划分含水层与隔水层提供依据。

按止水塞堵塞钻孔的情况分为分段压水和结合压水两类。

（1）分段压水：自上而下分段压水，随着钻孔的钻进分段进行；钻孔结束后自下而上分段止水后进行。

（2）结合压水：在钻孔中进行统一压水，试验结果为全孔结合值。

（五）坑道疏干放水试验

（1）水文地质勘探：已进行过水文地质勘探的矿床，在基建过程中发现新的问题，需要进行补充勘探。此时，水泵房已建成，可以把工程布置在坑内，以坑道放水试验代替地面水文地质勘探，计算矿坑涌水量。

（2）生产疏干：以矿床地下水疏干为主要防治水方法，矿床水文地质条件比较复杂时，在疏干工程正式投产前，选择先期开采地段或具有代表性的地段，进行放水试验，了解疏干时间、疏干效果，核实矿坑涌水量。

（六）连通试验

连通试验的目的：

（1）查明断层带的隔水性。

（2）查明断层带的导水性，证实断层两盘含水层有无水力联系，证实断层同一盘的不同含水层之间有无水力联系。

（3）查明地表可疑的泉、井、地表水体、地面潜蚀带等同地下水或矿坑出水点有无水力联系。

（4）查明河床中的明流转暗流的去向及其与矿坑出水点有无水力联系。

（5）检查注浆堵水效果并研究岩溶地下水系的下述问题：①补给范围、补给速度、补给量与相邻地下水系的关系；②径流特征，实测地下水流速、流向、流量；③与地下水源的转化、补给等关系；④配合抽水试验等，确定水文地质参数，为合理布置供水井提供设计根据；⑤查明渗漏途径、渗漏量及洞穴规模、延伸方向以及为截流成库、排洪引水等工程提供依据。

试验段（点）的选择原则：

（1）断层两侧含水层对接相距最近的部位。

（2）根据水文地质调查或勘探资料分析，认为有连通性的地段（点）。

（3）针对专门的需要进行水力连通试验的地段（点）。

第五节 矿区（井）水文地质补充勘探

矿井进行水文地质补充勘探时，应当对包括勘探矿区在内的区域地下水系统进行整体分析研究：在矿井井田以外区域，应当以水文地质测绘调查为主；在矿井井田以内区域，应当以水文地质物探、钻探和抽（放）水试验等为主。

矿井水文地质补充勘探工作应当根据矿井水文地质类型和具体条件，综合运用水文地质补充调查、地球物理勘探、水文地质钻探、抽（放）水试验、水化学和同位素分析、地下水动态观测、采样测试等各种勘查技术手段，积极采用新技术、新方法。

矿井水文地质补充勘探应当编制补充勘探设计，经煤矿企业总工程师组织审查后实施。补充勘探设计应当依据充分、目的明确、工程布置针对性强，并充分利用矿井现有条件，做到井上、井下相结合。

一、水文地质补充勘探的任务

水文地质补充勘探，是在水文地质勘探的基础上，进一步查明矿区（井）水文地质条件的重要手段，其任务主要是通过水文地质钻探和水文地质试验（主要是抽水试验、注水试验和连通试验）解决以下五个方面问题。

（1）研究地质和水文地质剖面，确定含水层的层位、厚度、岩性、产状、空隙性（孔隙性、裂隙性、岩溶性），并测定各个含水层的水位（初见水位和静止水位）。

（2）确定含水层在垂直和水平方向上的透水性和含水性的变化。

（3）确定断层的导水性，各个含水层之间，地下水和地表水之间，以及其与井下的水力联系。

（4）求出钻孔涌水量和含水层的渗透系数等水文地质参数。

（5）对不同深度的含水层取水样，分析研究地下水的物理性质和化学成分，对某些岩层采取岩样、土样，测定其物理力学性质。

二、水文地质补充勘探钻孔的布置原则及要求

为多快好省地完成上述任务，除了根据具体的地质和水文地质条件，正确地选择钻进方法、钻孔结构、组织观测、取样、编录等工作以外，首要的问题就是正确地布置勘探钻孔。

（一）补充勘探钻孔布置的原则

水文地质补充勘探钻孔的布置，应在水文地质补充调查的基础上，结合建设、生产和设计部门提出的任务和要求，综合考虑。具体布置钻孔时，一般应遵循下列原则。

（1）布置在含水层的赋存条件、分布规律、岩性、厚度、含水性、富水性以及其他水文地质

条件和参数等不清楚或不够清楚的地段。

（2）布置在断层的位置、性质、破碎情况、充填情况及其导水性不清楚或不够清楚的地段。

（3）布置在隔水层的赋存条件、厚度变化，隔水性能没有掌握或掌握不够的地段。

（4）布置在煤层顶、底板岩层的裂隙，岩溶情况不清楚或不够清楚的地段。

（5）布置在先期开发地段。

（6）根据建设和生产上某项工程的需要布置，如井下放水钻孔、注浆堵水钻孔、导水裂隙带观测孔、动态观测孔、检查孔等。

（7）尽可能做到一孔多用，井上、井下相结合。

（二）补充勘探钻孔布置要求

补充勘探钻孔的数目，要根据具体情况而定。为达到不同的目的，钻孔的布置有不同的要求。

（1）假如是为了确定主要含水层的性质，往往要布置多个钻孔，这时要将钻孔布置在水文地质条件不同的地段，以便有效地控制含水层的性质。例如，对于单斜岩层，应顺倾向布置钻孔，因为在这个方向上含水层埋藏由浅而深，透水性、富水性随深度变化最显著，地下水的化学成分、化学类型以及水位的变化也以此方向为最大。这样布置钻孔，对确定主要含水层的性质，能取得最好的资料。同样，对于向斜构造，钻孔应垂直向斜轴，在其轴部及两翼布置。

（2）为确定断层破碎带的导水性而布置的钻孔，应当通过断层破碎带，最好能通过上、下盘的同一含水层或不同含水层，这样在一个钻孔中既能了解到断层带的资料，又可以了解到更多的含水层资料，并且还便于确定含水层之间有无水力联系。当断层两侧的含水层有水力联系时，则断层上下盘含水层中的水位、水温、水质都应当相似。

为了可靠地判定断层两盘含水层的水力联系（这实际上就是断层是否导水的问题），可以在断层一侧的含水层中布置观测孔，而在另一侧的含水层中抽水。如果在抽水过程中，观测孔的水位下降，就证明二者之间有联系，并证明断层是导水的。显然，如果断层两盘含水层的水位、水温、水质都有显著的差别，则说明断层是不导水的，至少也是导水性很差。

（3）假如各个含水层发生水力联系的不是断层，而是由于含水层的底板变薄、尖灭或者透水性变好，那么，为查明含水层间的水力联系而布置的钻孔与上述相同，钻孔要通过可能有联系的那些含水层，并观测其水位、水温、水质的变化。必要时，也可以在一层中抽水，在另一层中布置观测孔进行观测。

（4）为查明地表水与地下水之间的水力联系，就要在距地表水远近不同的地段，布置几个孔，然后逐一抽水，抽水时的降深要尽可能大。一般地表水都是低矿化度的重碳酸型水，水温与地下水也不相同，因而可借助于抽水过程中水温、水质和水量的变化，判定是否有地表水流入。但要可靠地确定地表水与地下水的水力联系，则应进行长期观测。

（5）为确定地下水与井下的水力联系，最好将钻孔布置在井下出水点附近的含水层中，然后做连通试验，从钻孔中投入试剂（如食盐、荧光试剂、氯化铵、放射性同位素等），在井下出水点取样测定是否有试剂反应，根据有无试剂反应来确定水力联系情况。

（6）用于查明岩层岩溶化程度的钻孔，要布置在能够控制其变化规律的地段。例如，有些地区离河流越近，岩溶越发育，那么，应垂直河流布置钻孔，并且距河流越近，钻孔应布置得越密。

矿井进行水文地质钻探时，每个钻孔都应当按照勘探设计要求进行单孔设计，包括钻孔结构、孔斜、岩芯采取率、封孔止水要求、终孔直径、终孔层位、简易水文观测、抽水试验、地球物理测井及采样测试、封孔质量、孔口装置和测量标志要求等。

三、水文地质补充勘探资料的整理

矿区（井）水文地质补充勘探工作结束之后，必须将所搜集到的资料进行整理、分析和研究。在此基础上，修改原地质报告或原地质报告中的水文部分，同时修改或补充矿井水文地质图及其他图件。如果经过补充水文地质勘探之后，发现资料与原地质报告出入很大，在这种情况下，就必须重新编制矿区（井）水文地质报告书及相应的水文地质图件。报告书的内容和要求，以及所提出的图件资料，与勘探阶段相同，应尽可能地结合矿区（井）建设和生产的特点，满足建设和生产的要求。

第六节　矿区（井）水文地质观测

水文地质观测，是矿井水文地质工作的主要项目，是长期提供水文地质资料的重要手段。通过水文地质观测所获得的资料，有助于解决如下几个方面的问题：①地下水的动态与大气降水的关系；②各含水层之间的水力联系；③各含水层与矿井涌水的关系，分析矿井涌水水源；④分析断层的导水性；⑤研究含水层的富水性，以便对含水层疏干的可能性做出评价；⑥研究矿井涌水量与开采面积、深度、巷道掘进长度的关系，预计矿井涌水量；⑦为防治矿井水提供依据，以指导采掘工作的进行；⑧对矿井水文地质条件作综合性的评价。

矿井水文地质条件，不仅受自然因素的影响，同时受采矿活动的影响。在矿井建设和生产过程中，为了及时掌握地下水的动态，保证工作安全，就必须经常了解水文地质条件的变化情况。因此，矿井水文地质观测是矿井水文地质工作必不可少的项目。

矿区（井）建设和生产过程中的水文地质观测工作，一般包括两部分内容，即地面水文地质观测和井下水文地质观测。现分别介绍如下。

一、地面水文地质观测

地面水文地质观测包括气象观测、地表水观测、地下水观测，以及采矿后形成的垮落带和导水裂隙带高度的观测。

（一）气象观测

气象观测主要是降水量的观测。一般情况下可以搜集矿区附近气象站的观测资料。但有些矿区（井）与气象站相距较远，当其资料不能说明矿区（井）的气象特征时，应设立矿区（井）气象站。观测内容除降水量外，还应包括蒸发量、气温、相对湿度等。观测时间和要求应与气象站一致。

气象观测资料，应整理成气象要素变化图，以说明矿区（井）范围内气象要素变化情况。此外，还应当把气象要素变化同矿井建设和生产的实践结合起来分析研究，如绘制降水量与矿井涌水量变化关系曲线图，以帮助分析矿井涌水条件。

（二）地表水观测

地表水主要是指河流、溪流、大水沟、湖泊、水库、大塌陷坑积水等。对分布于矿区（井）范围内的地表水，都应该对其进行定期观测。

对于通过矿区（井）的河流、溪流、大水沟一般在其出入矿区（井）或采区、含水层露头区、地表塌陷区及支流汇入的上下端设立观测站，定期地测定其流量（雨季最大流量）、水位（雨季最高洪水位），通过矿区（井）、地表塌陷区、含水层露头及构造断裂带等地段的流失量，河流泛滥时洪水淹没区的范围和时间。

对分布在矿区（井）范围内的湖泊、水库、大塌陷坑积水区，也必须设立观测站进行定期观测。观测的内容主要是积水范围、水深、水量及水位标高等。

上述观测内容，在正常情况下，一般每月观测一次，但如果采掘工作面接近或通过地表水体之下，或者通过与地表水有可能发生水力联系的断裂构造带时，观测次数则应根据具体情况适当增加。

应将通过上述观测获得的资料整理成曲线图，以便研究其流量（水量）、水位的变化规律，找出其变化原因，并预测地表水对矿井涌水的影响。此外，还应将河水漏失地段、洪水淹没范围等标在相应的图纸上。

（三）地下水观测

地下水观测是研究地下水动态的重要手段。在矿区（井）建设和生产过程中，应该选择一些具有代表性的泉、井、钻孔、被淹矿井以及勘探巷道等作为观测点，进行地下水的动态观测。如果已有的观测点不能满足观测要求时，则需根据矿区（井）的水文地质特征和建设及生产要求，增加新的观测点，与已有的观测点组成观测系统（如观测线或观测网）。

1.观测点的布置

观测点的布置，除根据矿区（井）的水文地质特征、地质构造、地表水的分布等情况外，还应该根据矿井建设和生产的分布情况及要求来确定。一般应考虑布置在以下地段。

（1）对矿井生产建设有影响的主要含水层；

（2）影响矿井充水的地下水集中径流带（构造破碎带）；

（3）可能与地表水有水力联系的含水层；

（4）矿井先期开采的地段；

（5）在开采过程中水文地质条件可能发生变化的地段；

（6）人为因素对矿井充水有影响的地段；

（7）井下主要突水点附近或具有突水威胁的地段；

（8）疏干边界或隔水边界处。

此外，观测孔要尽可能做到一孔多用，井上井下、矿区与矿区、矿井与矿井之间密切配合，先急后缓、短期使用与长期使用相结合。同时，观测孔的布置应尽量少占或不占农田，不影响农业生产。

布孔建网，必须有详细的设计。在设计中对每一个观测孔，都应该提出明确的目的和要求。如观测项目、观测层位、钻孔深度、钻孔结构、施工要求、止水方法、止水深度以及孔口装置等。在施工过程中，设计人员必须经常深入现场，与施工人员紧密配合，发现问题及时研究处理。

2.观测要求

（1）根据矿区（井）水文地质特征和要求，对观测线或观测网上的每一个观测点进行观测时，观测项目视具体情况而定。如对泉水观测，一般只要求观测其流量、水温、水质；对于井及钻孔等的观测，除在特殊情况下，要进行水文地质试验测定其流量外，一般也只要求观测其水位、水温及水质。

（2）在未掌握地下水的动态规律以前，一般每5～10d观测一次。在雨季或其他特殊情况下（如矿井发生突水等），则要根据具体情况，适当增加观测次数。掌握规律后，观测的时间间隔可适当延长。

（3）观测点要统一编号，测定其坐标和标高，设置固定标高的观测标志。这个标志不得损坏和移动，并须每年复测标高一次。

（4）观测流量或水位时，同时观测水温。在观测水温时，温度计沉入水中的时间，一般不应少于10min。

（5）为了减少误差，每次水位观测至少有3个读数，其误差不能超过2cm；水温误差不超过0.2℃，如果发现有异常现象，要立即分析，必要时进行重测。

（6）每次观测最好能固定人员，并且尽可能在同一时间或在最短的时间内观测完毕，也可按固定时间和顺序，沿一定的路线进行，并用同一测量工具。测量工具必须在观测前进行检查校正。

（7）观测钻孔，一般每半年到一年检查一次孔深，如果发现有淤塞现象，应及时加以处理。

3.观测资料的整理

进行地下水动态观测的目的在于通过日常观测，了解一个矿区（井）水文地质条件随时间的延续所发生的变化规律。为此，对地下水的观测资料，应及时进行整理和分析。对每一个观测点的资料，应编制成水位变化曲线图、流量变化曲线图等，以便掌握该点地下水的动态。对整个观测系统的资料，应定期整理，绘制成综合图件，如等水位线图（等水压线图）、水化学剖面图等，以掌握整个矿区（井）范围内某一个时期的水文地质条件变化情况，以便分析矿井的涌水条件及其变化。

二、井下水文地质观测

井下水文地质观测工作随矿井巷道掘进及回采工作同时进行，其主要内容有以下几个方面。

（一）巷道充水性观测

1.含水层观测

当井巷穿过含水层时，应当详细描述其产状、厚度、岩性、构造、裂隙或者岩溶的发育与充填情况，揭露点的位置及标高、出水形式，涌水量和水温等，并采集水样进行水质分析。

2.岩层裂隙发育调查及观测

对于巷道遇含水层裂隙时，应进行裂隙发育情况调查，测定其产状、长度、宽度、数量、形状、成因类型、张开的或是闭合的、尖灭情况、充填程度及充填物等，观察地下水活动的痕迹，绘制裂隙玫瑰图，并选择有代表性的地段测定岩石的裂隙率。

3.断裂构造观测

断裂构造往往是地下水活动的主要通道。因此，遇断裂构造时，应当测定其断距、产状、断层带宽度，观测断裂带充填物成分、胶结程度及导水性等。遇褶曲时，应当观测其形态、产状及破碎情况等。

遇陷落柱时，应当观测陷落柱内外地层岩性与产状、裂隙与岩溶发育程度及涌水等情况，判定陷落柱发育高度，并编制卡片，附平面图、剖面图和素描图。遇岩溶时，应当观测其形态、发育情况、分布状况、有无充填物和充填物成分及充水状况等，并绘制岩溶素描图。当巷道揭露断层时，首先应确定断层的性质，同时测量断层的产状要素、落差、断层带的宽度、充填物质及其透水情况等，并进行详细的记录。

4.出水点观测

随着矿井巷道掘进或回采工作面的推进，如果发现有出水现象，水文地质工作人员应及时到现场进行观测。对于围岩及巷道的破坏变形情况等，找出出水原因，分析水源。有必要时，应取水样进行化学分析。

5.出水征兆的观测

随着井下巷道的开拓，回采工作面的推进，水文地质工作人员，要经常深入现场，观测巷道工作面是否潮湿、滴水、淋水以及顶、底板和支柱的变形情况，如底鼓、顶板陷落、片帮、支柱折断、围岩膨胀、巷道断面缩小等。这些现象都是可能出水的征兆，在观测时，都要进行详细的记录。

此外，煤层或岩石在透水之前，一般还会以下征兆。

（1）煤层里面有吱吱的水叫声音。煤层本身一般是不含水的，在工作面的周围，如果有压力大的含水层或积水区存在，水就要从裂缝向外挤出。只要靠近煤帮一听，就会听到吱吱的声音，甚至有向外渗水的现象。

（2）煤本身是有光泽的，遇到地下水，就会变成灰色而无光。在这种情况下，可以挖去表面一层煤，如果里面的煤是光亮的话，证明水不是由煤里面透出来的，而是前面不远处有地下水。

（3）煤本身是不透水的，如遇到煤层“发汗”，可以挖去表面一薄层煤，用手摸摸新煤面，如果感到潮湿，并慢慢结成水珠，这说明前面不远会遇到地下水。

（4）煤是不传热的，如发现工作面发潮“发汗”，可用手掌贴在潮湿的煤面上，等一段时间，如感到手变暖，说明离地下水还很远，如果一直是冰冷的，好像放在铁板上一样，就说明前面不远处有地下水。

（5）靠近地下水的工作面，一进去有阴凉的感觉，时间越长就越阴凉。

（6）老窑水一般有臭鸡蛋气味，在工作面闻到这种气味时，就应当肯定前面有老窑水。也可以用嘴来尝尝从工作面渗出来的水，老窑水发涩，而含水层中的水一般有甜味。

（7）把工作面出现的水珠，放在大拇指与四指之间互相摩擦，如果是老窑水，手指间有发滑的感觉。

（8）辨别水的颜色。一般发现淌“铁锈水”（水发红），是老空水和老硐水的象征；水色清、水味甜、水温低，是石灰岩水的象征；水色黄混，水味甜，是冲积层水的象征；水味发涩带咸，有时水呈灰白色，是二叠纪煤系地层水的象征。

上述这些征兆，并不是说每个工作面在透水之前都必定出现，有时可能发现一个两个，有时甚至没有出现。如果发现这些征兆，就应该将其位置在有关的生产图件上标出，并圈出可疑的突水范围，与此同时，和有关部门取得联系，采取措施，进一步探查清楚。

（二）矿井涌水量观测

观测涌水量，应根据井下的出水点及排水系统的分布情况，选择有代表性的地点布置观测站。一般观测站多布置在各巷道排水沟的出口处、主要巷道排水沟流入水仓处、石门采区排水沟的出口处、井下出水点附近。此外，对一些临时性出水点，可选择有代表性的地点，设置临时观测站。如果发生突然涌水，在涌水规律未掌握之前应每隔1～2h测定一次，以后再逐步地每班、每天、每周、每旬测定一次，同时应对井下其他涌水地点或观测钻孔进行同样的观测。观测涌水量时，应同时测定水温、水压（水位），必要时，采水样化验。

当井下巷道通过地面河流、大水沟、蓄水池及富含水层之下，穿过切割地面河流、大水沟、蓄水池及富含水层的构造断裂带；或巷道接近老空积水区时，应每天或每班测定涌水量。井下的疏干钻孔及老窑放水钻孔，每隔3～5d测定一次涌水量和水位（水压），并根据观测结果，绘制出降压曲线及水位与涌水量关系曲线图，以观测其疏干效果。竖井一般每延深10m（垂直），斜井每延深斜长20m，应测量一次涌水量。掘进至含水层时，虽不到规定距离，也应在含水层的顶、底板各测一次。

矿井涌水量观测，常用的观测方法有容积法、浮标法、堰测法、流速仪法和水泵有效功率法。

1.容积法

用一定容积的量水桶（圆或者方形），放在出水点附近，然后将出水点流出的水导入桶内，用秒表记下流满桶所需要的时间。

2.浮标法

这种方法是在规则的水沟上下游选定两个断面，并分别测定这两个断面的过水面积F_1和F_2，取其平均值F，再量出这两个断面之间的距离L，然后用一个轻的浮标（如木片、树皮、厚纸片、乒乓球之类），从水沟上游的断面投入水中，同时记下时间，等浮标到达下游断面时，再记下时间，两个时间的差值，即浮标从上游断面到下游断面，流经L长的距离所需的时间t，然后按一下公式计算其涌水量：

$$Q=\frac{L}{t}f \tag{5-1}$$

这种方法简单易行，特别是涌水量大时更适用，但精度不太高，一般还需乘上一个经验系数。经验系数的确定，需考虑到水沟断面的粗糙程度，巷道风流方向及大小等，一般取0.85。

3.堰测法

这种方法的实质，就是使排水沟的水，通过一固定形状的堰口，测量堰口上游（一般在2h的地点）的水头高度，就可以算出流量。

4.流速仪法

流速仪主要由感应部分（包括旋杯、旋轴、顶针）、传讯盒部分（包括偏心筒、齿轮、接触丝、传导机构）及尾翼等部分组成。测量时将仪器放入水沟中，当液体流到仪器的感应元件——旋杯时，由于左右两边的杯子具有凹凸形状的差异，因此压力不等，其压力差即形成了一转动力矩，并促使旋杯旋转。水流的速度越快旋杯的转速也越快，它们之间存在一定的函数关系，此关系是通过检定水槽的实验而确定的。

5.水泵有效功率法

这种方法是利用水泵铭牌上的排水量和它的实际效率来换算涌水量。例如某一个矿井，井下泵房装有3台大泵，3台大泵的排水能力都是一样的（$240m^3/h$），但其实际效率只有铭牌的95%。每个班只需开动其中的一台工作4h，即可将井下的水排完，则该矿井每天（24h）的涌水量为$240\times0.95\times4\times3=2736m^3$，则每分钟为$1.9m^3$。

（三）观测资料的整理分析

井下和地面水文地质资料，只有经过系统、科学的分析之后，才具有使用价值。这个过程一般通过建立台账、绘制图纸来完成。

1.矿井水文地质台账

矿井水文地质台账一般包括气象资料台账、钻孔水位动态观测成果台账、地质水位观测成果台账、矿井涌水量观测成果台账、抽（放）水试验成果台账、井下水文钻孔台账、水质分析成果台账、封闭不良钻孔台账、井下突水点台账和水源井台账。

2.矿井水文地质图纸

目前，常用的矿井水文地质图纸是矿井充水性图。矿井充水性图一般应反映下列内容。

（1）揭露含水层的地点、标高及面积。

（2）井下涌水地点及涌水量、水温、水质和涌水特征。

（3）预防及疏干措施，如放水钻孔、水闸门及防水煤柱等的位置。

（4）老空及本矿井旧巷道积水的地点、范围及水量。

（5）矿井排水的设施分布情况、数量及排水能力。

（6）矿井水的流动路线。

（7）有出水征兆的地点、井巷变形及岩石崩塌情况。

（8）井下涌水量观测站的位置及观测成果（一般是填写最近一次的成果）。

（9）曾经发生突出的地点，突出的日期、水量、水位（水压）及水温情况。

（10）充水的断裂构造等。

矿井充水性图式样没有统一的规定，总的要求是尽可能地把上述内容清晰地反映到图上。一般是以矿井工程平面图作为底图，比例尺为1∶1000～1∶5000。由于一个矿井的范围较大，而且有不同标高的水平，用一张图反映出上述内容，往往是不可能的，所以一般都是分水平或分区段绘制充水性图，以使图面清楚、一目了然。

由于矿井的涌水条件随着采掘工程的扩展而有所改变，矿井水的动态也要随时间而产生变化。因此，矿井水文地质调查的成果及充水性图就不能一成不变。一般井下水文地质调查要经常进行，充水性图要定期绘制。通常水文地质条件复杂，含水系数大于5的矿井，要求每个季度绘制一次充水性图；含水系数为2～5的矿井，每半年绘制一次；含水系数小于2的，但具有水害威胁的矿井，应根据需要，一般每年绘制一次。当然，对水文地质条件十分简单，基本上不存在水害威胁的矿井，充水性图就不一定需要每年绘制。

第六章
矿区水文地质资料的获取与分析

第一节　矿区水文地质资料的搜集

矿井设计、建设和生产需要可靠的水文地质资料，要获取各种有用的水文地质资料，需要应用地质科学理论，借助一定的勘探方法和手段，并通过不同阶段的水文地质勘查，探测、分析、研究矿区地下水的赋存情况、埋藏条件、分布规律、运动状态及开采技术条件等的水文地质资料，正确评价矿床充水因素，预测矿井涌水量，预测矿床开采过程中可能发生突水的层位和地段及对井田内可供水利用的地下水的水量、水质做出评价。

矿区水文地质勘探方法包括水文地质测绘、水文地质钻探、水文地质试验，水文地质观测（地下水动态观测）和实验室试验、分析、鉴定五类。

一、水文地质测绘

（一）水文地质测绘的目的和任务

水文地质测绘是认识一个地区水文地质条件的开始，也是水文地质勘查工作的基础，通过对工作区内的水文地质现象进行实地观察、测量、描述，并绘制成图件，用以说明地下水的形成条件，赋存状态与运动规律，评价矿区的水文地质条件，为矿区规划或专门性生产建设提供水文地质依据。

水文地质测绘的基本任务是观察地层的空隙及其含水性，确定含水层和隔水层的性质，判断含水层的富水性，观察研究地貌、自然地理、地质构造等地下水补给，径流、排泄的控制情况及主要含水层间的水力联系，地下水与地表水间的联系；掌握区内现有地下水供水或排水设施的工作情况和开采（排水）前后环境及水文地质条件的变化。

（二）水文地质测绘的工作阶段

1.准备工作阶段

测绘工作开展前，应详细搜集和研究矿区及邻区的前人资料，并进行现场踏勘，然后根据勘探阶段的任务编制设计书。

2.野外工作阶段

通过实测剖面查明区内各类岩层的层序、岩性、结构、构造及岩相特点，裂隙岩溶发育特征，厚度及接触关系，确定标志层和层组，研究各类岩石的含水性和其他水文地质特征。

剖面应选在有代表性的地段上，沿地层倾向方向布置，也可以是原踏勘剖面。测绘中对地质、水文地质等现象的认识图件的编制及某些规律的获得，都是来源于观测点和观测线的基本资料。

观测点的布置原则要求既能控制全区又能照顾到重点地段，一般不宜均匀分布。通常，地质点布置在地层界面，断裂带、褶曲变化剧烈部位、裂隙岩溶发育部位及各种接触带上；地貌点布置在地形控制点、地貌成因类型控制点、各种地貌分界线以及物理地质现象发育点上；水文地质点布置在泉、井、钻孔和地表水体处，主要含水层或含水断裂带的露头处，地表水渗漏地段以及能反映地下水存在与活动的各种自然地理的、地质的和物理地质现象等标志处，对已有的取水和排水工程也应布点研究。对每个观测点要求做到观察仔细、描述认真，测量准确，记录全面，绘图清晰和采样完整。把各观测点之间的现象有机地联系起来，则成为一条观测线。

观测线的布置原则要求用最短的路线观测到最多的内容。在基岩区进行小比例尺测绘时，主要是沿地质条件变化最大的方向，即垂直于地层（含水层）及断层走向的方向布置观测线。在松散层分布区，则垂直于河流走向及平行地貌变化的最大方向布置观测线。观测线要求穿越分水岭，必要时可沿河谷布线追索，对新构造现象应重点研究。在山前倾斜平原区，则应在沿地表倾斜最大和平行山体两个岩性变化最显著的方向布置观测线。连接几条观测线，就完成了一个地区的测绘。实测中，应按要求采取地层、构造、化石等标本和水样、岩样等样品，以供分析鉴定之用，必要时可以在现场进行一些轻型勘探和抽水。

野外测绘时期，每天都应认真检查当日的记录和图件，并对第二天的工作做出安排。当野外工作进行到一定时段和在收队前，应当按时段进行全面检查，一旦发现不足应立即在现场进行校核和补充，以保证质量。

3.室内工作阶段

整理、分析所得资料，由感性认识提高到理性认识，编写出高质量测绘报告的阶段。

（三）矿区水文地质测绘的基本内容

1.地质观测点的观察与描述

（1）地质构造的观察与研究。在水文地质测绘工作中，应重点观察工作区的地质构造，这是由于地质构造对一个地区地下水的埋藏、形成条件和分布规律起控制作用。如褶曲可以形成自流盆地或自流斜地。在褶曲的不同部位（轴部和两翼）裂隙发育的程度往往不同，因此含水性和富水性也有很大的差别。从水文地质角度研究断裂时，除了要查明断裂的发育方向，规模、性质、充填胶结情况、结构面的力学性质和各个构造形迹之间的成因联系外，还要通过各种方法确定断裂带的导水性、富水性，以及在断裂带上是否有上升泉等。

（2）新生界地层的观察研究。对新生界地层要观察岩性、岩相、疏松岩石的特殊夹层，层间接触关系，成因类型和时代划分，并且要与地貌、新构造运动密切结合起来。这是由于不同的地貌单元和发育程度不同的新构造运动，反映了不同的新生界沉积和地下水的赋存条件。

（3）地貌的调查研究。对地貌应着重调查研究与地下水富集有关或由地下水活动引起的地貌现象（如河谷，河流阶地、冲沟以及微地貌等）。

（4）物理地质现象的调查研究。对与地下水形成有关的物理地质现象，如滑坡、潜蚀、岩溶、地面塌陷、古河床、沼泽化及盐渍化现象等，都应进行观察描述。综合分析研究这些现象，对正确认识区域地下水形成规律，有重要的启发作用。

2.水点的观察与描述

调查的水点包括地下水的天然露头及人工露头。

（1）泉的调查研究。泉是地下水的天然露头，是最基本的水文地质点。泉的调查研究内容主要有以下几点。

①泉出露的地形特点、地形单元和位置，出露的高程，泉与附近河水面或谷底的相对度，泉出露口的特点及附近的地质情况。

②观测泉水的物理性质，取水样进行化学分析。测量泉水的水温和流量，了解流量在稳定性。对流量较大的泉水，应调查水的去向。

对人工挖泉还应了解其挖掘位置、深度、泉水出露高程和地形条件水量大小等。

（2）岩溶水点（包括地下河）的调查研究：

①水点的地面标高及所处地貌单元的位置及特征，水点出露的地层层位、岩性、产状构造与岩溶发育的关系，结构面的产状及其力学性质等。

②水点的水位标高和埋深、水的物理性质，取水样并记录气温、水温，观测溶洞内水的流向和流速、地下湖或地下河的规模等。对有意义水点应实测水文地质剖面图或洞穴水文地质图，并素描或照相。

③调查研究岩溶水点与邻近水点及整个地下水系的关系，必要时需进行追索或进行连通试验，查清地下水的补给来源及排泄去向。岩溶水点的动态观测工作应在野外调查过程中及早安排，尽可能获得较长时间和较完整的资料。

（3）水井（钻孔）的调查研究：

①将调查的水井（钻孔）的位置填绘到地形地质图上并编号，测量水井（钻孔）的高程及其与附近地表水体的相对高程，测量水井（钻孔）的深度及水位埋深。

②了解水井（钻孔）的地质剖面，含水层的位置、厚度、水质、水量及地下水动态；了解水井（钻孔）的结构、保护情况、使用年限、污染情况、用途和建井日期等。

③观测水井（钻孔）水的物理性质，并选择有代表性的水井（钻孔）取样进行化学成分分析、调查，测量水井（钻孔）的涌水量。

（4）地表水体、地表塌陷的调查研究。地表水与地下水之间常存在相互补给和排泄的关系。地表水系的发育程度，常能说明一个地区岩石的含水情况。长期缺乏降水的枯水季节，河流的流量实际上与地下水径流量相等。在无支流的情况下，河流下游流量的增加、混浊的河水中出现清流、封冻河流出现局部融冻地段等，都说明有地下水补给河流。反之，河流流量突然变小乃至消失，则表明河水补给了地下水。为了查明上述情况，除了收集已有的水文资料之外，还要对区内大的河流、湖泊进行观测，向时要了解河流、湖泊水位，流量及其季节性变化与井水，泉水之间的相互关系。

在矿山生产中，由于采掘活动，造成地表塌陷，导致地表水或含水层水流入矿井，使井泉干枯，河水断流，对矿山建设和生产造成危害。因此，在水文地质测绘工作中，应预测塌陷区的位置及范围，并提出预防措施。对已发生塌陷的地表，应进行观测，调查塌陷区的形态、大小、积水情况及其与地下水的联系，以查明塌陷及其积水对矿井充水的影响。

（5）老窖及生产矿井的调查。在矿层露头带附近，往往有废弃的老窑存在，这些老窑中往往积存有一定数量的水，对矿井采掘有很大威胁。因此，在水文地质调查中，应查清老窑的分布范围和积水情况。地面测绘和调查访问是查清老窑分布和积水情况的基本方法。如果采掘年代已久，或埋藏较深不易查清时，也可采用物探、钻探的方法进行调查。

生产矿井水文地质调查，是水文地质调查中一项十分重要的工作。当测区附近有生产矿井，且地质、水文地质条件与待查井田的地质和水文地质条件相似时，应搜集生产矿井的水文及工程地质资料。根据生产矿井的涌水量断层或巷道突水特点、巷道顶底板稳定程度等资料分析，预计待查井田的水文及工程地质特征。

生产矿井的调查内容，一般应包括以下几个方面。

①矿井总涌水量；分水平、分煤层的矿井涌水量；巷道、断层突水点的突水特征。

②回采面积、矿产资源开采量与矿井涌水量的关系；矿井涌水量随季节变化关系。

③巷道顶底板稳定程度；断层的导水情况。

④对于露天矿，还应查明其边坡的稳定程度。

在实际工作中，常常是将上述调查内容制成统一格式的专门表格（卡片），如泉调查记录表、民井调查记录表、地表水调查记录表、岩溶调查记录表、老窑及生产矿井调查记录表等。调查记录表格在野外直接填写，既能节省野外工作时间，又能促进基础资料的标准化与规范化。

二、水文地质钻探

水文地质钻探是使用专门机具在岩层钻进孔眼，直接获取目标点位、目的深度地质-水文地质资料的主要技术方法，也是发现、利用地下水的重要技术手段。

（一）水文地质钻探的任务及特点

1.水文地质钻探的任务

水文地质钻探的任务是确定含（隔）水层的层位、厚度、埋藏深度、岩性、分布状况、空隙性和隔水层的隔水性；测定各含水层的地下水位，各含水层之间及含水层与地表水体之间的水力联系；进行水文地质试验，测定各含水层的水文地质参数，为防治矿井水和开发利用地下水提供依据；进行地下水动态观测，预测动态变化趋势；采集地下水样作水质分析，采集岩样、土样作岩土的水理性质和物理力学性质试验分析。水文地质钻孔在可供利用的情况下，还可做排水疏干孔、注浆孔、供水开采孔、网灌孔或长期动态观测孔等。

2.水文地质钻探的特点

水文地质钻探的任务重，观测项目多。由于水文地质钻探的任务不仅是为了采取岩芯、研究地质剖面，还应取得含水层和地下水特征的基本水文地质资料满足对地下水动态进行观测和供水、疏干等工程的要求，所以在钻孔结构、钻进方法和施工技术等方面都较地质钻探有不同的特点。例如，为了分层观测地下水稳定水位，除钻进、取芯外还需要变径、止水、安装过滤器和抽水设备、洗孔、抽水等，因而水文地质钻探的特点是工序复杂，施工工期长。

（二）水文地质钻孔的布置原则

水文地质勘探钻孔的布置，应符合经济与技术要求，即用最少的工程量、最低的成本、最短的时间，获得质量最高、数量最多的水文地质资料。

1.松散沉积区水文地质勘探钻孔的布置原则

（1）山间盆地。大型山间盆地中含水层的岩性、厚度及其变化规律，均受盆地内第四系成因类型控制。因此，山间盆地内的主要勘探线，应沿山前至盆地中心方向布置；盆地边缘的钻孔，主要是为了控制盆地的边界条件，特别是第四系含水层与岩溶含水层的接触边界，因此应沿边界线布置，以查明山区地下水对盆地第四系含水层的补给条件；盆地内的勘探钻孔，则应控制其主要含水层在水平和垂直方向上的变化规律。在区域地下水排泄区，也应布置一定数量的钻孔，以查明其排泄条件。

（2）山前倾斜平原地区。勘探线应控制山前倾斜平原含水层的分布及其在纵向（从山区到平原）和横向上的变化特点，即主要勘探线应平行冲洪积扇轴，而辅助勘探线则应垂直冲洪积扇轴布置。对大型冲洪积扇，应有两条以上垂直河流方向的辅助勘探线，以查明地表水与地下水的补排关系。

（3）河流平原地区。勘探线应垂直于主要的现代及古代河道方向布置，以查明古河道的分布规律和主要含水层在水平和垂直方向上的变化。对大型河流形成的小下游平原区，应布置网状勘探线查明含水层的分布规律。

（4）滨海平原地区。在滨海平原地区，勘探线应垂直海岸线布置。在海滩、砂堤、各级海成阶地上，均应布置勘探孔，以查明含水层的岩性、岩相、富水性等变化规律。在河口三角洲地区，为查明河流冲积含水层分布规律和淡咸水界面位置，应布置成垂直海岸线和垂直河流的勘探网。

2.基岩区水文地质勘探钻孔的布置要求

（1）裂隙岩层分布地区。此类地区地下水主要赋存于风化和构造裂隙小，形成脉网状水流系统。为查明风化裂隙水埋藏分布规律的勘探线，一般沿河谷至分水岭的方向布置，孔深一般小于100m。为查明层间裂隙含水层及各种富水带的勘探线，则应垂直含水层或含水带走向的方向布置，其孔深取决于层状裂隙水的埋藏深度和构造富水带发育程度，一般为100～200m。因这类水源地出水量一般不大，为节省钻探投资，供水勘探工作最好结合开采工作进行。

（2）岩溶地区。对于我国北方的岩溶水盆地，主要的勘探线应沿区域岩溶水的补给区到排泄区的方向布置，以查明不同地段的岩溶发育规律。从勘探线上钻孔的分布来说，近排泄区应加密布孔，或增加与之平行的辅助勘探线，以查明岩溶发育带的范围。在垂直方向上，同一水文地质单元内，钻孔揭露深度一般也应从补给区到排泄区逐渐加大，以揭露深循环系统含水层的富水性和水动力特点。查明岩溶水补给边界及排泄边界，对岩溶区水文地质条件评价十分重要，为此，勘探线应通过边界，并有钻孔加以控制。这类水源地的勘探孔，绝大多数都应布置在最有希望的富水地段上。

以管道流为主的南方岩溶区布置水文地质勘探孔时，除考虑上述原则以外，尚应考虑有利于查明区内主要的地下暗河位置、水量等。

（三）水文地质钻探的技术要求

1.水文地质钻孔的孔身结构

水文地质钻孔的孔身结构包括孔深、孔段和孔径（外孔与终孔）。设计钻孔结构时还要考虑钻孔类型、预计出水量、井管与过滤器的类型和材料等。

（1）孔深的确定。钻孔的深度应根据钻孔的目的要求、地质条件并结合钻探技术条件来确定。

水文地质孔，原则上应揭穿当地的主要含水层，即钻孔的深度取决于含水层底板的深度。对基岩含水层，钻孔应穿透含水层的主要富水段或富水构造带；对岩溶含水层，钻孔应穿透岩溶发育带。探采结合孔应根据所掌握的水文地质资料，结合水量要求与预计出水量的大小来确定；观测孔应根据观测目的而定。

（2）孔段。满足不同要求的不同孔径段，应根据水文地质条件、钻进工艺方法、抽水方法及钻探设备能力等确定。

（3）孔径的确定。孔径包括开孔直径、终孔直径和孔身各段直径。根据水文地质钻孔的类型、井管与过滤器的类型、填砾厚度等确定终孔直径；根据预计出水量的大小及预计安装水泵的口径确定孔身各段的直径。

（4）过滤器的设计。过滤器是指安装在钻孔中含水层（段）的一种带孔的井管。它的作用是保证含水层中的地下水顺利地进入井管中，同时防止井壁坍塌、防止含水层中的细粒物质进入井中造成井孔淤塞。过滤器一般安装在与抽水含水层相对应的位置，其长度一般与含水层（段）的厚度相一致，管径及孔隙率则取决于钻孔涌水量的要求和含水层的性质。

2.填砾要求

围填滤料是增大过滤器及其周围有效孔隙率，减小地下水流入过滤器的阻力，增大水井出水量，防止涌砂，延长水井使用寿命的重要措施。围填滤料的质量取决于滤料的质量和填砾方法。

3.钻孔止水要求

止水的目的是隔离钻孔所贯穿的透水层或漏水带，封闭有害的和不用的含水层，进行分层观测和抽水试验，取得不同含水层的水位、水量、水温、水质、渗透系数等水文地质资料。

止水部位应选择在厚度稳定、隔水性能良好、岩性在水平方向上变化较小和孔壁比较整齐的孔段，以确保止水质量。止水材料品种较多，常用的有黏土、水泥、胶塞等，这些材料一般具有可塑性和膨胀性。止水应选用经济效果好、施工简便的材料。此外，止水材料的选用还应视钻孔的用途确定。

4.钻探冲洗液

在水文地质钻孔中，为了获得可靠的水文地质资料，减少洗孔时间及不破坏含水层的天然状态，尽量不用泥浆，防止泥浆在水柱压力下形成扩散，堵塞孔壁，致使抽水试验和观测数据产生较大变化。一般在水文孔施工中（尤其在抽水试验段，观测孔的观测层或观测段），应使用清水作为冲洗液。

水文孔施工中，遇到流砂层、断裂带、孔壁严重坍塌、循环液不返水（严重漏水）或强透水层时，用清水钻进有困难，允许使用泥浆循环固井。但在抽水试验前，应采取有效洗井措施，清除井壁泥浆皮及井壁内的堵塞物，直到流出孔口的水反清时为止。

5.孔斜

为了保证管材和抽水设备顺利下入孔中，应对孔斜有严格的要求。使用空气压缩机抽水时，一般要求孔深在100m内孔斜不得大于1°，孔深在100～300m时孔斜不得大于3°；使用深井泵抽水时，要求在下深井体系的孔段孔斜不得大于2°。

6.封孔

在矿区施工的各类地质和水文地质孔，除留作长期观测孔或作供水孔外，其余钻孔应按封孔设计要求和钻探规程的规定进行封闭。每个封闭段经取样检查合格，方能在孔口埋标，提交封孔报告。

（四）钻孔简易水文地质观测与钻探编录

1.钻孔简易水文地质观测

钻孔简易水文地质观测是在钻进过程中及时发现含水层，初步确定含水层的富水性，岩溶在不同垂向深度的发育程度和发育规律等水文地质问题的重要手段。其观测项目一般包括：地下水水位、水温，冲洗液消耗量及黏度，涌水和漏失现象等。此外，对岩芯采取率、钻进速度和钻进情况（如掉钻、卡钻、埋钻、孔壁坍塌、涌砂、气体逸出等）畸变层、换径的位置等也应作详细的观测记录，并编制相应的曲线图表。

2.钻探编录

（1）岩芯的描述和测量。在水文地质钻探过程中，应当在每次提钻后立即对岩芯进行编号、仔细观察描述、测量和编录。

①岩芯的地质描述。对岩芯的观察和描述，重点是判断岩石的透水性。尤其应注意对在地表见不到的现象进行观察和描述，如未风化地层的孔隙、裂隙、岩溶发育及其充填胶结情况，地层的厚度，地下水的活动痕迹，地表未出露的岩层、构造等。对由于钻进所造成的一些假象也应注意分析和判别，并把它们从自然现象中区别出来。如某些基岩层因钻进面造成的破碎擦痕、地层的扭曲、变薄，缺失和错位、松散层的扰动、结构的破坏等。

②测算岩芯采取率。岩芯采取率可用于判断坚硬岩石的破碎程度及岩溶发育程度和确定含水层位。

③统计裂隙率及岩溶率。基岩裂隙率或可溶岩岩溶率是用来确定岩石裂隙或岩溶发育程度以及确定含水段位量的可靠标志。钻探中通常只做线状统计。

④进行物探测井及取样分析。在终孔后，一般应在孔内进行综合物探测井，以便准确划分含水层（段），并取得含水层水文地质参数。

⑤取样分析。按设计的层位或深度，从岩芯或钻孔内采取一定规格（体积或重量）或一定方向的岩样或土样，以供观察、鉴定、分析和实验之用。

（2）钻探编录。钻探编录，就是将钻探过程中观察描述的现象、测量的数据和取得的实物，准确、完整、如实地进行整理、测量和记录。一个高质量的钻孔，如果编录做得不好，其成果也是低质量的，甚至是错误的。

编录工作以钻孔为单位，要求随钻孔钻进陆续地进行，终孔后应随即完成。

①整理岩芯。将钻进时采取的岩芯进行认真整理，排放整齐，按顺序标识清楚，并准确地进行测量、描述和记录。勘探结束后，重点钻孔的岩芯要全部长期保留，一般钻孔则按规定保留缩样

或标本。

②填写资料记录表。将钻探时取得的各种资料，用准确、简洁的文字详细地填写于钻探编录表和各种观测记录表格中。

③编绘钻孔综合成果图。将核实后的各种资料，编绘在钻孔综合成果图上。图的内容应包括地层柱状、钻孔结构、地层深度和厚度、岩性描述、含水层与隔水层、岩芯采取率，冲洗液消耗量、地下水水位，测井曲线、孔内现象等。可能的情况下，还应包括水文地质试验成果，水质分析成果等。

④成果资料的综合分析。随着钻探工作的进行，还应对勘探线上全部的钻孔成果资料进行综合分析和对比研究。结合水文地质测绘及其他勘探成果资料，总结出勘探区内平面及剖向上的水文地质条件变化规律，并作出相应的水文地质平面图和剖面图。如在岩溶发育地区，可编绘岩溶发育图、溶洞分布图、岩溶水文地质剖面图，冲洗液消耗量等值线图、冲洗液消耗量与岩芯采取率随深度变化曲线图、冲洗液消耗量对比剖面图等。

三、水文地质试验

水文地质试验是对地下水定量研究的重要手段，许多水文资料，都需要通过水文地质试验才能获得。水文地质试验包括抽水试验、放水试验、注水（压水）试验或渗水试验、连通试验、示踪试验、流速测定等。其中，最主要的是抽水试验。

（一）抽水试验

抽水试验是通过从钻孔或水井中抽水，来定量评价含水层富水性，测定含水层水文地质参数和判断某些水文地质条件的一种野外试验。

1.抽水试验的目的、任务

抽水试验可以确定含水层的富水程度及水文地质参数；确定抽水井的实际涌水量及其与水位降深之间的关系：研究降落漏斗的形状，大小及扩展过程；研究含水层之间、含水层与地表水体之间，含水层与采空积水之间的水力联系；确定含水层的边界位置及性质（补给边界或隔水边界）；进行含水层疏干或地下水开采的模拟，以确定井间距、开采降深，合理井径等设计参数。

2.抽水试验的类型

根据不同的划分依据，抽水试验类型有多种划分方法。目前，较为普遍的是按照抽水孔和观测孔数量进行类型划分。

3.抽水试验的技术要求

（1）抽水试验的场地布置。布置抽水试验场地，主要是主孔（抽水孔）与观测孔的布置。布置抽水孔主要根据抽水试验的任务和目的，目的任务不同其布置原则也不同。如为取水文地质参数的抽水孔，一般远离含水层的透水，隔水边界，应布置在含水层的导水及贮水性质、补给条件、厚度和岩性条件等有代表性的地方；对于探采结合的抽水井要求在含水层富水性较好或计划布置生产水井的位置上；欲查明含水层边界性质，边界补给量的抽水孔，应布置在靠近边界的地方，以便观测到边界两侧明显的水位差异或查明两侧的水力联系程度等。所以首先要选定抽水孔（主孔）的位置，然后进行观测孔布置。应尽可能地利用抽水孔附近的人工或天然水点作为观测点。

不同目的的抽水试验，其观测孔布置的原则也是不同的。如为求取含水层水文地质参数，观测孔和抽水孔组成观测线，一般应根据抽水时刻能形成的降落漏斗的特点来确定观测线的位置；为查明含水层的边界性质和位置，观测线应通过主孔、垂直于欲查明的边界位置，并应在边界两侧附近都要布置观测孔；为地下水水流数值模拟的大型抽水试验应将观测孔比较均匀地布置在计算区域内，以便控制整个流场的变化和边界上的水位和流量；为查明垂向含水层之间的水力联系，应在同一观测线上布置分层的水位观测孔等。

（2）稳定流抽水试验的技术要求。稳定流抽水试验，在技术上对水位降深、水位稳定延续时间和水位流量观测等方面有一定的要求，以保证抽水试验的质量。

①水位降深的要求。抽水试验前测定的静止水位与抽水时稳定动水位之间的差值，称为水位降深。为了保证抽水试验的质量和计算要求，水位降深次数一般不少于三次，且应均匀分布，每次水位降深间距不应小于3m。若因条件限制而达不到上述要求时，最小降深不得小于lm，三次水位降深的间距不小于lm。通常根据抽水设备，在抽水试验时获得的最大水位降深s_{manx}可大致确定为：$s_1 \approx \frac{1}{3}s_{\max}$、$s_2 \approx \frac{2}{3}s_{\max}$、$s_3 \approx s_{\max}$。

②水位，流量稳定时间的要求。稳定流抽水试验，抽出的水量与地下水对钻孔的补给量达到平衡时，动水位即开始稳定，其稳定延长的时间，称为稳定延续时间。矿区水文地质勘探时，单孔稳定流抽水，每次水位，流量稳定时间不少于8h；当有观测孔时，除抽水孔的水位、流量稳定外，最远观测孔水位要求稳定2h。供水水源孔的抽水要求比勘探水文孔高，动水位和流量的稳定延续时间要求比较长。为了解含水层之间或地下水与地表水之间的水力联系以及进行干扰孔抽水时，稳定时间也应适当延长。如果含水层补给条件良好，水量充沛及水位降深比较小时，稳定时间可适当缩短。如果含水层补给来源有限，且储存量不多，抽水时水位降深一直无法稳定，呈缓慢下降，则要求一次抽水延续时间适当延长。在岩溶地区抽水时，由于岩溶通道、地面坍塌等变化，使水流受到影响，涌水量可能时大时小，不易稳定，稳定时间也应适当延长。

③水位、流量的稳定标准水位稳定的标准是：当水位降深超过5m时，抽水孔水位变化幅度不应大于1%；当水位降深不超过5m时，要求抽水孔水位变化不超过5cm，观测孔水位变化要求小于2cm。对流量稳定程度的要求是：当单位涌水量不小于0.01L/s · m时，变化幅度应不超过3%；当单位涌水量小于0.01L/s · m时，变化幅度应不超过5%。

若水位与流量变化幅度已符合规定要求，且呈单一方向持续下降或上升时，抽水试验时间应再延长8h以上。

④水位和流量观测时间的要求。抽水主孔的水位和流量与观测孔的水位，都应同时进行观测，不同步的观测资料，可能给水文地质参数的计算带来较大误差。水位和流量的观测时间间隔，应由密到疏，如开始时应每隔5～10min观测一次，连续1h后可每隔30min观测一次，直至抽水结束。停抽后还应进行恢复水位的观测，直到水位的日变幅接近天然状态为止。

⑤静止水位、恢复水位及水温的观测。抽水试验前，应测定抽水层段的静止水位，用以说明含水层在自然条件下的水位及其运动状况。抽水试验结束后，要求观测恢复水位，用以说明抽水后含水层中水位恢复的速度和恢复程度。通常要求达到连续3h水位不变；或水位呈单向变化，连续4h内每小时升降不超过1cm；或水位呈锯齿状变化，连续4h内升降最大差值不超过5cm时，方可停止观测。若达不到上述要求，但总观测时间已超过72h，亦可停止观测。

观测恢复水位，是校核抽水数据和计算水文地质参数的重要资料。若恢复水位上升很快，且迅速接近静止水位时，说明含水层透水性好、富水性强，具有一定的补给来源；反之，恢复水位上升速度很慢，经过较长时间仍不能恢复到静止水位时，说明含水层补给来源有限，裂隙连通性不好，透水性差，富水性弱。

在抽水过程中，水温、气温应每隔2h观测一次，其精度要求为0.5℃。观测水温时，温度计应在水中停留5min。水样应在最后一个降深结束前按要求采取。

（3）非稳定流抽水试验的技术要求。

①定流量和定降深抽水要求。非稳定流抽水试验分为定流量与定降深抽水。定流量抽水时，要求流量变化幅度一般不大于3%。定降深抽水时，水位变化幅度一般不超过1%。

②水位、流量的观测要求。流量和水位观测应同时进行，观测的时间间隔应由密到疏，一般应按1min、1.5min、2min、2.5min、3min、3.5min、4min、4.5min、5min、6min…10min、20min…100min、120min、130min、140min…300min的时间顺序进行，以后每隔30min观测一次，直至结束。观测孔与抽水孔的流量与水位应同时观测。因故中断抽水时，待水位达到稳定后再重新抽水。

抽水试验结束后，抽水孔和观测孔应同时观测恢复水位，观测时间开始时一般按1min、2min、2min、3min、3min、4min、5min、7min、8min、10min、15min的间隔观测，以后每隔30min观测一次，直至水位恢复自然。由于利用恢复水位资料计算的水文地质参数，常比利用抽水观测资料求得的可靠，故非稳定流抽水恢复水位观测工作，更有重要意义。

③抽水试验延续时间的要求。抽水试验的延续时间可根据含水层的导水性、储水能力，观测孔的多少及距抽水孔的距离，选用的计算方法等因素来确定。就计算参数而言，通常不超过48h。可按s-lgt曲线计算参数的需求来定。当曲线趋近稳定水平状态时，试验结束。当s-lgt曲线呈直线延伸时，抽水时间应满足s-lgt曲线呈现平行lgt轴的数值不少于两个以分钟（min）为单位的对数周期，则总的延续时间约为3个对数周期，即1000min，约17h。

4.抽水试验设备

抽水试验设备包括抽水设备、过滤器、测量水位和流量的器具等。

（1）抽水设备。抽水设备主要有离心泵、深井泵、空气压缩机和射流泵等，其使用条件和性能不同。选择抽水设备时，应考虑吸程、扬程、出水量、能否满足设计要求，还要考虑孔深、孔径是否满足水泵等设备下人的要求，以及搬迁难易及花费大小等。

（2）过滤器。过滤器是抽水井中能起过滤作用的管状物。合适的过滤器能防止疏松和破碎的岩石进入井中，从而保护井壁、防止井淤，以及防止井附近地面下沉或塌陷，以保证抽水的正常进行。过滤器应具有：

①较大的孔隙度和一定的直径，以减小过滤器的阻力；

②足够的强度，以保证起拔安装；

③足够的抗腐蚀能力，耐用；

④成本低廉。

（3）测水用具。测水用具包括水位计和流量计。水位计用于观测抽水孔和观测孔的地下水位，常用仪表式水位计、自记水位计等。流量计用于测定抽水钻孔的涌水量，常用量水箱，孔板流量计等。

5.抽水试验资料的整理

在抽水试验进行过程中，需要及时对抽水试验的基本观测数据：抽水流量（Q）、水位降深（s）及抽水延续时间（t）进行现场检查与整理，并绘制出各种规定的关系曲线。

现场资料整理的主要目的是：

（1）及时掌握抽水试验是否按要求正常地进行，水位和流量的观测成果是否有异常。

（2）通过所绘制的各种水位、流量与时间关系曲线及其与典型关系曲线的对比，判断实际抽水曲线是否达到水文地质参数计算取值的要求，并决定抽水试验是否需要缩短、延长或终止。

（3）为水文地质参数计算提供可靠的原始资料。

（二）其他水文地质试验方法

1.放水试验

放水试验就是把放水孔布置在井下巷道内，利用孔口标高低于含水层水位标高的特点，使承压水沿钻孔自流涌入矿井，从而在含水层中形成一定规模的降落漏斗。通过放水量与水压变化（水位降深）的时间关系，来确定含水层和越流层的水文地质参数；研究降落漏斗的形态、大小及扩展过程，分析含水层及其与地表水之间的水力联系，确定含水层的边界位置及性质，模拟矿床疏干，为矿井防治水工程的设计和布置提供可靠的水文地质依据。同抽水试验一样，放水试验既可以进行单孔放水，也可以进行多孔放水。

2.注水试验

当地下水埋藏很深不便进行抽水试验，或矿井防渗漏需要研究岩石渗透性时，可采用注水试验近似测定出岩层的渗透系数。注水试验形成的流场图，正好和抽水试验相反。抽水试验是在含水层天然水位以下形成上大、下小的正向疏干漏斗；而注水试验则是在地下水天然水位以上形成反向的充水漏斗。对于常用的稳定流注水试验，其渗透系数K的计算公式与抽水井的裘布依K值计算公式相似。其不同点仅是注入水的运动方向和抽水井中地下水运动方向相反，故水力坡度为负值。

3.连通试验

为了查明岩溶通道中的地下水运动规律，通常采用方法简便、效果又好的连通试验。通试验方法很多，概括起来有指示剂法、水位传递法、施放烟气法等。

（1）指示剂法。指示剂法是在地下水通道的上游投放各种指示剂，在下游观测取样。投放的指示剂应选用在地下水流动中容易辨别，不被周围介质吸附，不产生沉淀，不污染水质、分析化验及检出比较容易的物质或材料。指示剂可选用木屑、编码纸片浮标、谷糠等。

试验地段和观测点的选择，应根据岩溶地下水露头、地表岩溶形态、地下暗河和岩溶通道的大致发育方向、长度、水力坡度、水量、流速、径流特点、干流及支流分布等，将观测点布置在地下水流出口处，以及指示剂可能通过和有代表性的地段上。

试验方法是在预计的地下暗河或岩溶通道的上游投放指示剂，记录起始时间，然后各观测点按时取样化验或检验。根据指示剂含量的变化可查明地下暗河或通道的主要发育方向及连通程度。如煤矿井下突水后，为了及时查清突水水源可采用连通试验。首先在地面布置钻孔，揭露各个含水层，然后分别用指示剂进行试验。通过检测，查明各含水层与突水点之间是否有水力联系。

（2）水位传递法。在地表岩溶发育地段，常分布有竖井、溶洞及地下暗河明流地段。可选择在这些地段的有利位置进行抽、注水试验，测量各观测点的水位及其变化幅度，分析岩溶发育方向及连通程度。

在地下暗河发育地区，地表常分布着呈线状排列或分散的岩溶水点，以及明流、暗流交替出现地段。可在明流或线状排列的岩溶水点等有利地段，修筑临时堵水堤坝。在水流来水方向上的观测点水位将持续上升，去水方向上的观测点水位将连续下降。经过一段时间，将堤坝扒开，来水方向水位急降，去水方向水位猛升。根据观测点水位消涨情况，分析地下暗河发育方向及连通程度。

（3）施放烟气法。在无水或半充水的岩溶通道或溶洞中，为了查明岩溶的发育方向，可在通道进风口处燃烧干柴等能产生大量烟气的物质，观察烟气的去向。施放烟气法在长度不大、分支不多、横断面较小、气流畅通的通道中效果较好。

四、地下水动态长期观测

地下水动态观测，对地下水动态的定时测试和记录，其目的是查明地下水的形成条件、地下水的动态特点及求取水文地质参数，为生产设计与地下水资源计算、管理和研究提供依据。

（一）地下水动态长期观测的目的与任务

正确地组织地下水动态长期观测是研究地下水动态与均衡的根本手段。通过地下水动态长期观测能查明各种不同因素的综合作用对地下水的水位、水量、物理性质、化学成分以及细菌成分的影响变化；可以了解地下水开采量和水位降深之间的关系；查清地下水与地表水体之间的动态联系；提供地下水资源评价所需要的水文地质参数；查明不同水文地质单元、不同含水层的地下水动态规律，得出地下水动态要素随时间和空间变化的资料，以利于矿井防治水及地下水资源计算和管理等。

（二）长期观测站网的建立和组织

根据研究地下水动态的具体任务不同，水文地质观测站网一般分为区域性的水文地质观测站网和专门性的水文地质观测站网两种。区域性的水文地质观测站网，也叫基本网，积累主要水文地质单元中地下水动态的多年观测资料，以查明区域性地下水动态规律。专门性的水文地质观测站网，其任务主要是服从于各种实际工作的需要，以便在人类活动条件下研究地下水动态。

1.观测点的选择

观测点是观测站网的基本单位，应充分利用已有钻孔、水井及泉作为观测点，而且一定要选择水文地质条件有代表性而且井（孔）结构、地层剖面和井深都清楚，无人为干扰，能作长期使用的井（孔）。

2.观测站的结构与安装

长期观测孔的结构可以分为完整孔与不完整孔。后者的深度最少要达最低水位以下数米。孔径一般不要小于200mm。对第四系含水层的潜水或承压水观测孔，在上部要安装观测套管，含水层部位要安装过滤管，底部要安装沉淀管，孔口要加保护帽。对分层观测的井（孔）要严格进行止水，保证止水的位置正确。分层观测井（孔）可采用同孔并列或同心式观测管设置。基岩观测孔可直接将观测管固定在孔底基岩面上，下部不再下管。观测孔安装时，在下管前要实测井深，为了防止从孔口掉入杂物，应将孔口管高出地面0.5m，并在孔口加盖上锁。另外，还要防管周围严封，并在孔口装置固定的水准点。

泉的观测安装是根据泉出露处的地形和涌水量大小，本着易于量测水温、水量，装置简单而固定的原则即可。

3.观测点网的布设

观测点网的布设应根据不同的观测目的结合观测区的地质水文地质、地貌条件，以最少的点控制较大面积为原则，其中不仅需要布置控制地下水动态一般变化规律的观测孔，还要布置控制地下水动态特殊变化的观测孔。前者应当按水文地质变化的最大方向布置观测线。假如这种变化方向不显著，也可以采用方格状观测网的形式。特别是水文地质条件复杂和极复杂矿井，观测点应布置在下列地段：对矿井生产建设有影响的主要含水层；影响矿井充水的地下水集中径流带（构造破碎带）；可能与地表水有水力联系的含水层；矿井先期开采的地段；在开采过程中水文地质条件可能发生变化地段；人为因素可能对矿井充水有影响的地段；井下主要突水点附近，或具有突水威胁的地段；疏干边界或隔水边界处。

（三）地下水动态长期观测的内容、要求及资料整理

地下水动态长期观测的内容，包括水位、水温、泉流量及水的化学成分，必要时还需观测地表水及气象要素等。

在观测点中测量地下水水位、水温及泉流量的时间间隔，取决于调查的任务、地下水动态的研究程度以及影响动态变化的因素。一般可3～5d或10d观测1次，水质一般每季度观测1次。雨季或遇有异常情况时，需增加观测次数。

同一水文地质单元内地下水点的观测，应力求同时进行，否则应在季节代表性日期内统一观测。如区域过大，观测频度高，也可免于统一观测。

地下水动态资料整理的内容有：编制各观测点地下水动态曲线图及反映地区动态特点的水文地质剖面图与平面图。必要时可进行地下水均衡试验，测定各均衡项目，作均衡要素与各影响因素的关系曲线图，如渗入量、降水量和降水强度，潜水蒸发与埋深等关系曲线图。

（四）地下水动态预测方法

地下水动态预测对解决各种水文地质问题很有必要。预测的可靠性主要取决于对动态的掌握程度、有关参数的精度和预测方法选择正确与否。

1.简易预测法

（1）水文地质类比法。在气候、地质、水文地质等条件相似的情况下，根据已进行预测研究的某地区动态变化规律，去指导尚未开展地下水动态观测地区的预测工作，预测的效果主要取决于条件的相似程度和已知区的预测精度。

（2）简易类推法。这种方法是利用已有的地下水动态曲线的变化周期和幅度，去推算和预测未来的地下水动态曲线。如有多年地下水动态及主要影响因素的观测资料，可以根据主要因素相似则地下水动态相似的原理，将预测年的影响因素动态与已观测各年的影响因素动态作直观对比，找出相似年，则这个相似年的地下水动态就可作为所预测的动态。此法可用于尚未开展动态观测的地区。这种预测是分要素进行的，如相似年间影响因素差异明显，也可对影响因素的差异进行校正。

预测的精度取决于观测系列长短，影响因素动态的预测精度，以及预测者的直观判断能力。

2.相关分析法

自然界中有许多现象并非各自孤立，而是有一定的相互联系的。相关分析法就是用数理统计的方法从已知变量系列推出与其有联系的未知变量。这种方法以实际观测数据为依据，根据地下水动态长期观测资料，结合水文地质条件进行全面分析，找出地下水动态与某一均衡因素之间存在的相关关系，通过内插外推法进行预测。一般来说，观测系列越长，相关关系越可靠，预测精度就越高。例如，需要根据上一月的潜水水位平均值来确定下一月的水位平均值时，首先要确定上月与下月的潜水水位之间的变化是否存在受相同均衡因素的影响。从我国北方地区的水文地质条件来看，可将全年分为三个不同的地下水动态变化时间段。其中，第一阶段为每年6—9月地下水得到大气降水补给的丰水期，潜水水位多属于逐月稳定上升期；第二阶段由每年的10月至翌年的3月为表层冻结与补给来源枯竭的潜水消耗期，潜水水位逐月稳定下降；第三阶段是每年3—5月解冻的强烈蒸发期，可能有融化水的渗入补给，地下水动态极不稳定。通过上述分析，可见前两个时间段受某些因素的稳定作用，潜水水位变化趋势是较稳定的，其相关关系比较明显。利用上月水位能较好地预测下月的水位变化。对于3—5月时间段，因受多种因素的影响，变化复杂，欲利用相关推测是比较困难的。

五、实验室试验分析

为取得地下水水质，岩石的物理、水理和力学性质指标，岩石的破坏和溶蚀机理，岩石的矿物成分和化学成分，地下水的年龄等资料，需要采集水、岩、土样进行实验室鉴定、分析和试验。为了阐明岩石含水空间的微观特征和地下水中的微观组分，现代测试技术，如光谱分析、差热分析、电镜分析、X光衍射和岩石微孔测试技术等在水文地质研究中正在发挥着越来越重要的作用。

第二节　矿区水文地质图件

水文地质图件反映的内容和表现形式，主要取决于编图的目的，矿床（井）水文地质类型、矿区水文地质复杂程度，以及调查区水文地质资料的积累程度，并与水文地质勘查阶段相适应。普查阶段，一般以编制综合性或概括性的水文地质图为主；详、精查阶段，水文地质资料（特别是定量资料）积累较多，矿区水文地质条件研究程度较高，除综合性图件外，还要结合实际情况和需要，编制一系列专门性图件。但在任何情况下，专门性图件都不能代替综合性图件，而只能起辅助作用。在矿区水文地质勘查中，一般应编制三类图，即：综合性图件，如综合水文地质图、综合水文地质柱状图、水文地质剖面图、矿井充水性图等；专门性图件，如主要含水层富水性图、地下水等水位（压）线图、含（隔）水层等厚线图、岩溶发育程度图、地下水化学类型图和各种关系曲线图等；报告插图。

一、综合性图件

（一）综合水文地质图

综合水文地质图是全面反映矿区基本水文地质特征的图件，一般是在地质图的基础上编制而成。这种图件可分为区域综合水文地质图和井田（矿井）综合水文地质图两种基本类型。图件比例尺按不同工作阶段的要求而定，就煤矿床而言，在普查阶段通常采用1：50000～1：25000或1：10000；在详查阶段为1：25000～1：10000或1：5000；在精查阶段为1：10000～1：5000；在矿井生产阶段为1：10000～1：2000。

除地层、岩性构造等基本地质内容外，综合水文地质图主要反映的水文地质内容应有以下几项。

（1）含水层（组）和隔水层（组）的层位、分布、厚度，水位特征、富水性及富水部位，地下水类型等。

（2）断裂构造特征，如断层的性质、充填胶结情况及断层的导水性等。其中，断层的导水性可分为导水的、弱导水的和不导水的三种类型。在可能的情况下，应在图上加以区别。

（3）地表水体（如湖泊、河流、沼泽、水库等）及水文观测站。

（4）控制性水点，如专门水文地质孔及其抽水试验成果，全部或部分有代表性的地质钻孔、井、泉等。

（5）已开采井田井下主干巷道、矿井回采范围、井下突水点资料及老窑、小煤矿位置、开采范围和涌水情况。

（6）溶洞、暗河、塌陷及积水情况、滑坡等，也应用规定图例标注在图上。

（7）地下水水质类型及主要水化学成分矿化度等。

（8）有条件时，划分水文地质单元，进行水文地质分区。

（9）勘探线位置、剖面线位置、图例及其他有关内容。

综合水文地质图可表示的内容很多，编图时应视图件比例尺和要求取舍，原则上既要求反映尽可能多的内容，又不能使图面负担过重。

1.区域综合水文地质图

区域综合水文地质图一般在1/10000～1/100000区域地质图的基础上经过区域水文地质调查之后编制。成图的同时，尚需写出编图说明书。矿井水文地质复杂型和极复杂型矿井，应当认真加以编制。主要内容有：

（1）地表水系、分水岭界线、地貌单元划分。

（2）主要含水层露头、松散层等厚线。

（3）地下水天然出露点及人工揭露点。

（4）岩溶形态及构造破碎带。

（5）水文地质钻孔及其抽水试验成果。

（6）地下水等水位线，地下水流向。

（7）划分地下水补给，径流、排泄区。

（8）划分不同水文地质单元，进行水文地质分区。

（9）附相应比例尺的区域综合水文地质柱状图、区域水文地质剖面图。

2.矿井综合水文地质图

矿井综合水文地质图是反映矿井水文地质条件的图纸之一，也是进行矿井防治水工作的主要参考依据。综合水文地质图一般在井田地形地质图的基础上编制，比例尺为1/2000～1/10000。主要内容有：

（1）基岩含水层露头（包括岩溶）及冲积层底部含水层（流砂、砂砾、砂砾层等）的平面分布状况。

（2）地表水体，水文观测站，井、泉分布位置及陷落柱范围。

（3）水文地质钻孔及其抽水试验成果。

（4）基岩等高线（适用于隐伏煤田）。

（5）已开采井田井下主干巷道、矿井回采范围及井下突水点资料。

（6）主要含水层等水位（压）线。

（7）老窑、小煤矿位置及开采范围和涌水情况。

（8）有条件时，划分水文地质单元，进行水文地质分区。

（二）综合水文地质柱状图

综合水文地质柱状图是反映含水层、隔水层及煤层之间的组合关系和含水层层数、厚度及富水性的图纸。一般采用相应比例尺随同矿井综合水文地质图一道编制。主要内容有：

（1）含水层年代地层名称，厚度、岩性、岩溶发育情况。

（2）各含水层水文地质试验参数。

（3）含水层的水质类型。

（三）水文地质剖面图

水文地质剖面图主要是反映含水层、隔水层、褶曲、断裂构造等和煤层之间的空间关系。其主要内容有：

（1）含水层岩性、厚度、埋藏深度、岩溶裂隙发育深度。

（2）水文地质孔、观测孔及其试验参数和观测资料。

（3）地表水体及其水位。

（4）主要井巷位置。

矿井水文地质剖面图一般以走向、倾向有代表性的地质剖面为基础。

（四）矿井充水性图

矿井充水性图是综合记录井下实测水文地质资料的图纸，是分析矿井充水规律、开展水害预测及制定防治水措施的主要依据之一，也是矿井水害防治的必备图纸。一般采用采掘工程平面图作底图进行编制，比例尺为1/2000～1/5000，主要内容有：

（1）各种类型的出（突）水点应当统一编号，并注明出水日期、涌水量、水位（水压）、水温及涌水特征。

（2）古井、废弃井巷、采空区、老峒等的积水范围和积水量。

（3）井下防水闸门、水闸墙、放水孔、防隔水煤（岩）柱、泵房、水仓、水泵台数及能力。

（4）井下输水路线。

（5）井下涌水量观测站（点）的位置。

（6）其他。

矿井充水性图应当随采掘工程的进展定期补充填绘。

（五）矿井涌水量与各种相关因素曲线图

矿井涌水量与各种相关因素动态曲线是综合反映矿井充水变化规律，预测矿井涌水趋势的图件。各矿应当根据具体情况，选择不同的相关因素绘制下列几种关系曲线图。

（1）矿井涌水量与降水量、地下水位关系曲线图。

（2）矿井涌水量与单位走向开拓长度、单位采空面积关系曲线图。

（3）矿井涌水量与地表水补给量或水位关系曲线图。

（4）矿井涌水量随开采深度变化曲线图。

此外，在水文地质条件复杂的矿区，通常还要编制各种等值线图、水化学图、岩溶水文地质图等专门性水文地质图件。

在上述图件中，综合水文地质图、综合水文地质柱状图，水文地质剖面图是矿区水文地质工作成果中的基本图件。在矿区水文地质工作的各个阶段都需要综制，其比例尺随工作阶段的进展而增大，内容亦不断地作相应补充。在矿井生产阶段，除这三张图外，还要求编制矿井充水性图和各种相关因素曲线图。这五张图是矿井生产阶段的必备图纸，已纳入矿井水文地质工作标准化达标检查的内容之中。

二、专门性图件

（二）矿井含水层等水位（压）线图

等水位（压）线图主要反映地下水的流场特征。水文地质复杂型和极复杂型的矿井，对主要含水层（组）应当坚持定期绘制等水位（压）线图，以对照分析矿井疏干动态。比例尺为1/2000 ~ 1/10000。主要内容有：

（1）含水层、煤层露头线、主要断层线。

（2）水文地质孔、观测孔、井、泉的地面标高，孔（井、泉）口标高和地下水位（压）标高。

（3）河、渠、山塘、水库、塌陷积水区等地表水体观测站的位置，地面标高和同期水面标高。

（4）矿井井口位置、开拓范围和公路、铁路交通干线。

（5）地下水等水位（压）线和地下水流向。

（6）可采煤层底板下隔水层等厚线（当受开采影响的主含水层在可采煤层底板下时）。

（7）井下涌水、突水点位置及涌水量。

（二）矿区岩溶图

岩溶特别发育的矿区，应当根据调查和勘探的实际资料编制矿区岩溶图，为研究岩溶的发育分布规律和矿井岩溶水防治提供参考依据。

岩溶图的形式可根据具体情况编制成岩溶分布平面图，岩溶实测剖面图或展开图等。

（1）岩溶分布平面图可在矿井综合水文地质图的基础上填绘岩溶地貌、汇水封闭洼地、落水洞、地下暗河的进出水口、地下水的天然出露点及人工出露点，岩溶塌陷区、地表水和地下水的分水岭等。

（2）岩溶实测剖面图或展开图，根据对溶洞或暗河的实际测绘资料编制。水文地质现象是随时间和空间的延续而不断地变化的，因此相应的图件也应随工作阶段中采掘工程的进展而不断地补充、修改和更新，即便是在生产阶段也不例外。

第三节　矿区水文地质报告

文字报告是水文地质工作成果的重要组成部分，与图件相辅相成，主要用以说明和补充水文地质图件，阐述矿区地质、水文地质条件及其对矿井充水的影响。文字报告和水文地质图件互相配合，能准确、系统、全面地阐明调查区的水文地质规律，对矿区有关防治水工作，地下水资源评价开发、利用、保护与管理等做出结论，并应指出存在的问题、提出下一阶段的工作意见。

矿区水文地质报告文字说明的内容和要求在不同勘查阶段有所不同，可以根据项目的工作性质和工作区实际情况，增加或减少有关内容，一般应阐述以下几部分内容。

一、序言

主要介绍矿区的位置、交通、地形、气候条件、地表水系及流域划分、地质及水文地质研究程度、工作任务、工作时间、完成的工作量、工作方法及其他必要的说明。

二、区域地质条件

主要叙述地层、构造、岩浆岩等内容。地层应按由老到新的顺序介绍各个时代地层的岩性、分布、产状和结构特征，还应介绍第四纪地质的特点等。在介绍地层时，应注意从研究含水介质的空间特征出发，阐述不同岩层的成分（包括矿物成分和化学成分）结构、成因类型、胶结物成分和胶结类型、风化程度、空隙（包括孔隙、裂隙、溶）的发育情况等，从而为划分含水层和隔水层提供地质依据。此外，对煤层也应加以重点论述。

构造主要应介绍褶皱、断裂和节理裂隙的特征。褶皱构造是一个地区的主导构造，它不仅决定了含水层存在的空间位置，还控制了地下水的形成、运动、富集和水质，水量的变化规律。报告中要对褶皱的类型、形态、分布、组成地层、形成时间等进行介绍。断裂构造是控制矿区地下水及矿井充水的重要因素。对大型断裂构造，应介绍其分布、产状、两盘地层、类型、断距、充填胶结情况、伴生裂隙等内容；对中小型断裂，由于其在矿井充水中有重要意义，故应重点介绍。节理裂隙主要指由构造运动形成的各种构造节理，它对某些含水层（段）的形成有特殊意义，也应予以介绍。还应注意对矿区构造应力场演化史的分析，通过构造的展布规律及不同构造之间的成因联系，阐述构造的控水意义和导水规律。此外，新构造运动对控水有特殊意义，亦应加以分析和论述。

三、区域水文地质条件

区域水文地质特征是分析矿井充水条件及确定水文地质条件复杂程度的基础，应重点从地下水的形成、赋存、运移、水质、水量等各个方面全面论述其区域性特征。主要应有以下几个方面。

（1）区内含水层（组）和隔水层（组）的划分、分布、厚度、富水性及富水部位、水位及地下水类型等。

（2）不同类型褶曲带中地下水的赋存状态、径流条件和富水部位，主要含水层中地下水的补给、径流和排泄区的分布特征，主要断裂带的导（隔）水性能和富水部位及其与地表水及各个含水层之间的水力联系，断层带及其两侧的水位变化，各类岩层中节理裂隙含水层（带）的分布规律、富水部位及其水文地质特征等。

（3）区域及主要含水层中地下水的补给源、补给方式和补给量，主要的地下水径流带，地下水的排泄方式地点、排泄量及其变化规律。

（4）对各主要含水层的地下水做定量评价，普查阶段着重评价区域地下水的补给量，勘探阶段着重评价水源地的开采量（供水）或矿井涌水量（矿区）。

（5）主要含水层的水温、物理性质和化学成分，并根据勘探阶段不同，做出相应的水质评价。

（6）进行水文地质分区，并说明分区原则及各分区的水文地质特征。

四、矿区水文地质条件

矿区水文地质条件应重点分析矿井充水条件及其特征，以便为制定矿井防治水措施提供依据，应包括以下几个方面。

（1）矿井的直接充水含水层和间接充水含水层，以及其岩性、厚度、埋藏条件、富水性、水位或水压、水质和各含水层之间及其与地表水之同是否存在水力联系。

（2）构造破碎带和构造裂隙带的导水性，岩溶陷落柱的分布、规模及导水性，封闭不良钻孔的位置及贯穿层位，已开采地区的冒落裂隙带及其高度，采动矿压对煤层底板及其对矿井充水的影响等。

（3）与矿井充水有关的主要隔水层的岩性、厚度、组合关系、分布特征，以及其隔水性能。

（4）预计矿井涌水量时采用的边界条件、计算方法、数学模型和计算参数、预计结果及其评价。

（5）矿井水及主要充水含水层地下水的动态变化规律及其对矿井充水的影响。

（6）划分矿井水文地质类型，说明其划分依据。

必要时，还应对矿区可供开发利用的地下水资源量做出初步评价，指出解决矿区供水水源的方向和途径，简要论述矿区工程地质条件，并对环境水文地质问题做出评价。

五、专题部分

如果是针对某一方面进行矿区专门性的水文地质勘查，如矿井供求水文地质勘查，以矿井防治水为目的的疏干或注浆工程的水文地质勘查，环境水文地质勘查等，则应在参照有关规程和规范的要求，对上述内容加以取舍或增补的基础上对有关专门问题加以论述。

六、结论

对调查区主要的水文地质条件，矿井充水条件做出简要结论，提出对矿井防治水和地下水资源开发利用的建议，指出尚存在的水文地质问题，并对今后的工作提出具体建议。

需要指出，“文字说明”是在对矿区水文地质工作中积累的全部资料进行深入细致的分析研究的基础上编制的。报告编写时要求内容齐全、重点突出、数据可靠、依据充分、结论明确，同时力求文字通顺用词确切。报告中还应附必要的插图，并保持图文一致。

还应指出，上述内容是从单独提交矿区水文地质勘查成果出发加以叙述的。如果水文地质工作成果只是作为矿区地质勘查成果的一部分，则序言及区域地质部分应按地质勘查报告的要求编写，不再另行介绍。此外，由于地质勘查的阶段性特点，不同工作阶段对成果的要求是与投入的工作量和研究程度相适应的，既不可能超前，更不应滞后，对不同阶段工作成果的要求均应以有关的规程和规范为依据。

第七章
水文监测体系与数据管理

第一节　水文监测具体内容

一、降水与蒸发观测

（一）概述

1.降水

（1）第一类降水

从天空降落到地面上的液态或固态水，如雨、雪、冰雹等。

（2）第二类降水

也是广义的降水，包括在地面上、地面物体的表面上或植物覆盖层的表面上着落而成的液体或固体状的水分，如雾、露、霜、雾凇、吹雪等。

2.蒸发

在此同时，地表和水面的水分，又通过蒸发包括陆面蒸发、水面蒸发以及植物蒸腾等，不断地进入大气，再通过降水落到地面，由此形成地一气体系内水分的闭合循环。由于自然界中水分的循环处于某种稳定状态，则在这种情况下，降落到地球表面的降水量应与蒸发量相等。全球的降水总量估计为5.1×1017kg，由此可见，自然界所发生的水分循环是非常强烈的。

3.降水和蒸发观测的意义

降水量和蒸发量的资料对于我们利用和改造自然，为国民经济建设服务有着重要的作用。

（二）降水量的观测

1.降水量与降水强度

（1）降水量

降水量是指从天空降落到地面上的液态或固态（经融化后）降水，未经蒸发、渗透和流失而在水平面上积聚的深度。

①降水量以mm为单位，取一位小数。

②配有自记仪器的，作降水量的连续记录并进行整理。

③纯雾、露、霜、雾凇、吹雪、冰针的量按无降水处理，当其与降水伴见时也不扣除其量。

（2）降水强度

降水强度是指单位时间的降水量。通常有5min、10min和1h内的最大降水量。降水强度分4类：

①小雨（0.1～2.5mm/h）；

②中雨（2.6～8.0mm/h）；

③大雨（8.1～15.9mm/h）；

④暴雨（>16.0mm/h）。

降水强度愈大，其持续时间愈短，范围愈小；降水的频率与云的频率分布有一定的相关关系；锋面连续性降水的时间、雨量和面积较大；夏季局地积状云的小阵雨，其降水量和范围较小。

2.降水量观测的误差来源

用雨量器观测降水量，由于受到观测场环境、气候、仪器性能、安装方式和人为因素等影响，使降水量观测值存在系统误差和随机误差。

误差的来源包括7个方面：

（1）风力误差（空气动力损失）；

（2）湿润误差（湿润损失）；

（3）蒸发误差（蒸发损失）；

（4）溅水误差；

（5）积雪漂移误差；

（6）测记误差。

3.测定降水量的主要仪器

（1）雨量器

①基本组成及各部分的作用。雨量器由承水器（漏斗）、储水桶（外桶）、储水瓶组成，并配有与其口径成比例的专用量杯。目前我国所用的雨量器承水口为314cm^2。

承水器和储水桶，是用镀锌铁皮或其他金属材料制成的。承水器口为正圆形并镶有铜制金属圈，为内克外斜的刀刃形，其目的在于防止器口变形及雨水溅入。承水器内的漏斗是活动的。漏斗的作用是防止雨量桶中收集到的降水发生蒸发。

储水瓶是有一定容量并有倒水咀的玻璃瓶；雨量杯为特制的玻璃杯，杯上的刻度一般从0.05mm到10.5mm，每一小格代表0.1mm降水量，每一大格为1.0mm降水量，量杯的刻度大小直接表示了降水量，不必要再进行换算。

②观测时的注意事项。

雨量器安置在观测场内固定架子上，器口要保持水平，口沿离地面高度为70cm，仪器四周不受障碍物影响，以保证准确收集降水。

在冬季积雪较深地区，应在其附近装一备份架子。当雨量器安在此架子上时，口沿距地面高度为1.0～1.2m，在雪深超过30mm时，就应该把仪器移至备份架子上进行观测。

冬季降雪时，须将漏斗从承水器内取下，并同时取出储水瓶，直接用外筒接纳降水。

（2）雨量计

①虹吸式雨量计。

测量原理：当雨水通过承水器和漏斗进入浮子室后，水面即升高，浮筒和笔杆也随着上升（由于笔杆总是做上下运动，因此雨量自记纸的时间线是直线而不是弧线），下雨时随着浮子室内水集聚的快慢，笔尖即在自记纸上记出相应的曲线表示降水量及其强度。当笔尖到达自记纸上限时（一般相当于10mm），室内的水就从浮子室旁的虹吸管排出，流入管下的盛水器中，笔尖即落到0线上。若仍有降水，则笔尖又重新开始随之上升，而自记纸的坡度就表示出了降水强度的大小。由于浮子室的横截面积与承水口的面积不等，因而自记笔所记出的降水量是经过放大了的。

观测时的注意事项：a.虹吸管应经常保持清洁，使发生虹吸的时间小于14秒。因为虹吸过程中落入雨量计的降水将随之排出仪器外，而不计入降水量，虹吸时间过长将使仪器误差加大；b.正在记录时要注意雨量计的型号，因为对于每一种型号的雨量计，其虹吸管的规格都是一定的，不能乱用，任一参数的改变都将影响记录的准确性。

②翻斗式遥测雨量计。

基本组成：翻斗式遥测雨量计是由感应器、记录器等组成的有线遥测雨量仪器。感应器由承水器、上翻斗、计量翻斗、计数翻斗、干簧开关等组成。上翻斗是使不同自然强度的降水调节成近似大小的降水强度，以减小由于翻斗翻转瞬间所接收的雨水量，因不同降水强度所带来的随机性；计量翻斗不直接计数的原因是为了避免信号输出系统的电磁场对雨量计量的影响。记录器由计数器、记录笔、自记钟、控制线路板等构成。

测量原理：利用翻斗每翻转一次的雨量是已知的（可为0.1mm、0.25或1mm），而翻斗翻转的次数是可以记录下来的（翻斗每翻转一次就出发一个电脉）。根据记录下来的翻斗翻转的次数，即可遥测出降水量的值以及得到降水量随时间的变化曲线。

③光学雨量计。

基本组成：由一个光源和接收检测装置组成。光源是一个红外发光管。

测量原理：当测量雨滴经过一束光线时，由于雨滴的衍射效应引起光的闪烁，闪烁光被接收后进行谱分析，其谱分布与单位时间通过光路的雨强有关。

（三）蒸发量的观测

1.蒸发量

蒸发量是指在一定口径的蒸发器中，在一定时间间隔内，因蒸发而失去的水层深度。以mm为单位，取一位小数。

2.蒸发量观测存在的问题

降水的测定主要是代表性问题，基本上不存在准确性问题，而蒸发的观测则不仅存在代表性的问题，而且也存在测定的准确性问题。

3.测定蒸发量的主要仪器

（1）小型蒸发器

小型蒸发器为一口径20cm、高约10cm的金属圆盆，口缘镶有角度为40° ~

45° 、内直外斜的刀刃形铜圈，器旁有一倒水小咀至底面高度距离为6.8cm，俯角10° ~15° 。为了防止鸟兽饮水，器口附有一个上端向外张开成喇叭状的金属丝网圈。

一般情况下蒸发器安装在口缘距地面70cm高处，冬季积雪较深地区的安置同雨量器。每天20时进行观测，测量前一天20时注入的20mm清水（即今日原量）经24小时蒸发剩余的水量，蒸发量计算公式如下：

$$蒸发量=原量+降水量-余量$$

当蒸发器内的水量全部蒸发完时，记为>20.0，此种情况应避免发生，平时要注意蒸发情况，增加原量。

结冰时用称量法测量，其他季节用杯量法或称量法均可。

有降水时，应取下金属丝网圈；有强烈降水时，应随时注意从器内取出一定的水量，以防止溢出。

（2）E-601蒸发器

E-601型蒸发器主要由蒸发桶、水圈、溢水桶和测针酒部分组成。工作环境温度要求是0～±500℃。

①蒸发桶是一个器口面积为3000平方厘米、有圆锥底的圆柱形桶，器口要求正圆，口缘为内直外斜的刀刃形。

桶底中心装有一根直管，在直管的中部有三根支撑与桶壁连接，以固定直管的位置并使之垂直。直管的上端装有测针座，座上装有器内水面指示针，用以指示蒸发桶中水面高度。

在桶壁上开有溢流孔，孔的外侧装有溢流嘴，用胶管与溢流桶相连通，以承接因降水从蒸发桶内溢出的水量。桶身的外露部分和桶内侧涂上白漆，以减少太阳辐射的影响。

②水圈是装置在蒸发桶外围的环套，用以减少太阳辐射及溅水对蒸发的影响。它由四个相同的、其周边稍小于四分之一的圆周的弧形水槽组成。水槽用较厚的白铁皮制成，宽20cm，内外壁高度分别为13.7cm和15.0cm。每个水槽的外壁上开有排水孔，孔口下缘离水槽均应按蒸发桶的同样要求涂上白漆。水圈内的水面应与蒸发桶内的水面接近。

③溢水桶用金属或其他不吸水的材料制成，它用来承接因暴雨从蒸发桶溢出的水量。用量尺直接观测桶内水深的溢流桶，应做成口面积为300cm²的圆柱桶；不用量尺观测的，所用的溢流桶的形式不拘，其大小以能容得下溢出的水量为原则。放置溢流桶内的箱要求耐久、干燥和有盖。须注意防止降落在胶管上的雨水顺着胶管流入溢流桶内。不出现暴雨的地方，可以不设置溢流桶。

④测针用于测量蒸发器内水面高度。使用时将测针的插杆插在蒸发桶中的测针座上，插杆下部的圆盘与座口相接。测针所对方向，全站应统一。插杆上面用金属支架把测杆平等地固定在插杆旁侧。测杆上附有游标尺，可使读数精确到0.1毫米。测杆下端有一针尖，用摩擦轮升降测杆，可使针尖上下移动，对准水面。针尖的外围水面上套一杯形静水器，器底有孔，使水内外相通。静水器用固定螺丝与插杆相连，可以上下调整其位置，恰使静水器底没入水中。

（3）超声蒸发传感器

超声波测距原理，选用高精度超声波探头，对标准蒸发皿内水面高度变化进行检测，转换成电信号输出。

（四）气象应用

（1）适时适量的降水为农业生产提供了有利条件，比如，清明要明，谷雨要雨。

（2）反常降水带来灾害，比如，长时间、大面积的暴雨，引起洪涝灾害。

（3）军事上，降水对舰艇舱面人员、武器装备的影响；广降雪影响舰艇目力通信。

（4）政法对农业、气象和水文气象研究有意义。

（5）蒸发量的观测资料对于我们利用和改造自然，为国防和国民经济建设服务有着重要作用。

二、水位观测

（一）水位观测的定义

水位是指海洋、河流、湖泊、沼泽、水库等水体某时刻的自由水面相对于某一固定基面的高程，单位以m计。水位与高程数值一样，只有指明其所用基面才有意义。计算水位和高程的起始面称为基面。目前全国统一采用黄海基面，但各流域由于历史的原因，多沿用以往使用的基面，如大沽基面、吴淞基面、珠江基面，也有使用假定基面、测站基面或冻结基面的，在使用水位资料时一定要查清其基面。

水位观测（stage measurement）是江河、湖泊和地下水等的水位的实地测定。水位资料与人类社会生活和生产关系密切。水利工程的规划、设计、施工和管理需要水位资料。桥梁、港口、航道、给排水等工程建设也需水位资料。在防汛抗旱中，水位资料更为重要，它是水文预报和水文情报的依据。水位资料，在水位流量关系的研究中和在河流泥沙、冰情等的分析中都是重要的基本资料。

一般利用水尺和水位计测定。观测时间和观测次数要适应一日内水位变化的过程，要满足水文预报和水文情报的要求。在一般情况下，日测1～2次。当有洪水、结冰、流冰、产生冰坝和有冰雪融水补给河流时，增加观测次数，使测得的结果能完整地反映水位变化的过程。水位观测内容包括河床变化、流势、流向、分洪、冰情、水生植物、波浪、风向、风力、水面起伏度、水温和影响水位变化的其他因素。必要时，还测定水面的比降。

水位观测适用于地下水水位监测、河道水位监测、水库水位监测、水池水位监测等。水位观测可以监测水位动态信息，为决策提供依据。

（二）水位观测的目的和意义

（1）水位资料是水利建设、防洪抗旱的重要依据，可用于堤防水库坝高、堰闸，灌溉、排涝等工程的设计，也可用于水文预报工作。

（2）在航道、桥梁、公路、港口、给水、排水等工程建设中，也都需要水位资料。

（3）在水文测验及资料整编中，常需要用水位推算流量。

（三）水位观测的设备及方法

水位观测的常用设备有水尺和自记水位计两类。

1.水尺观测

水尺可分为直立式、倾斜式、悬锤式和矮桩式4种。其中，直立式水尺构造最为简单、观测最为方便，为一般测站所普遍采用。

水位观测包括基本水尺观测和比降水尺观测。在基本水尺观测时，水面在水尺上的读数加上水尺零点的高程即为水位值。可见，水尺零点高程是一个重要的数据，要定期根据测站的校核水准点对各水尺的零点高程进行校核。

水位观测的时间和次数以能测得完整的水位变化过程为原则。当一日内水位平稳（日变幅在0.06m以内）时，可在每日8时定时观测；当一日内水位变化缓慢（日变幅在0.12m以内）时，可在每日8时、20时定时观测（称两段制观测，8时是基本时）；当水位变化较大（日变幅在0.12～0.24m）时，可在每日2时、8时、14时和20时定时观测；当洪水期水位变化急剧时，则应根据需要增加测次。观测时应注意视线水平，读数精确至0.5cm。比降水尺观测的目的是计算水面比降、分析河床糙率等，观测次数视需要而定。

2.自记水位计观测

自记水位计能将水位变化的连续过程自动记录下来，并将所观测的数据以数字或图像的形式远传至室内，使水位观测工作趋于自动化和远传化。目前较常用的自记水位计有浮筒式自记水位计、水压式自记水位计、超声波水位计等。

（1）浮筒式自记水位计。浮筒式自记水位计是一种较早采用的水位计，能适应各种水位变幅和时间比例的要求。

（2）水压式自记水位计。水压式自记水位计的工作原理是测量水压力，即测定水面以下已知测点以上的水柱h的压强p，从而推算水位。

（3）超声波水位计。超声波水位计利用超声波测定水位。是在河床上Z1高程处安置换能器，测定一超声波脉冲从换能器射出经水面反射，又回到换能器的时间T，根据公式推算水位。

（四）水位观测成果的计算

水位观测数据整理工作包括日平均水位、月平均水位、年平均水位的计算。

1.日平均水位的计算

日平均水位的计算方法主要为算术平均法和面积包围法。

若一日内水位变化缓慢，或水位变化较大，但系等时距人工观测或从自记水位计上摘录，可采用算术平均法计算；若一日内水位变化较大，且是不等时距观测或摘录，则采用面积包围法，即将当日0～24h内水位过程线所包围的面积除以一日时间求得。

如0时或24时无实测数据，则根据前后相邻水位直线内插求得。

2.月、年平均水位的计算

用月（年）日平均水位数的和除以全月（年）天数求得。

三、流量测验

（一）概述

单位时间内流过江河某一横断面的水量称为流量，以m3/s计，它也是河流最重要的水文特征值，在水利水电工程规划、设计、施工、运营、管理中都具有重要意义。

测量流量的方法很多，在天然河道中测流一般采用流速仪法和浮标法。需要注意的是，两种方法测流所需时间较长，不能在瞬时完成，因此实测流量是时段的平均值。

（二）流速仪法测流

采用流速仪法进行流量测验包括过水断面测量、流速测量及流量计算三部分工作。

1.过水断面测量

过水断面是指水面以下河道的横断面。测量的目的是绘出过水断面图，测量包括在断面上布设一定数量的测深垂线，施测各条测深垂线的起点距和水深并观测水位，用施测时的水位减去水深，即得各测深垂线处的河底高程。有了河底高程和相应的起点距，即可绘出过水断面图。

测深垂线的位置应能控制河床变化的转折点；主槽部分一般应较滩地为密，要求能控制断面形状的变化。

测深垂线的起点距是指该测深重线至基线上的起点桩之间的水平距离。测定起点距的方法有多种，常见的方法有断面索观读法，测角交会法、无线电定位法等。

测量水深的方法随水深、流速大小、精度要求的不同而异。通常有下列几种方法：用测深杆、测深锤、测深铅鱼等测深器具测深，超声波回声测深仪测深等。

各测深重线的水深及起点距测得后，各重线间的部分面积及全断面面积即可求出。当河道横断面扩展至历年最高洪水位以上0.5 ~ 1.0m时，称为大断面。它是用于研究测站断面变化的情况以及在测流时不施测断面可供借用的断面。大断面面积分为水上、水下两部分。水上部分面积采用水准仪测量的方法进行；水下部分面积测量与水道断面测量相同。大断面测量多在枯水季节施测，汛前或汛后复测一次，但对于断面变化显著的测站，大断面测量一般每年除汛前或汛后施测一次外，在每次大洪水之后应及时施测。

2.流速测量

（1）流速仪简介

流速仪是测定水流运动速度的仪器。式样及种类很多，有转子式流速仪、超声波流速仪、电磁流速仪、光学流速仪、电波流速仪等。最常见的是转子式流速仪，转子式流速仪又分旋杯式、旋桨式两种。

（2）测速垂线和测点布设

当用流速仪法测流时，必须在断面上布设测速垂线和测速点以测量断面面积和流速。

根据测速方法的不同，流速仪法测流可分为积点法、积深法和积宽法。最常用的积点法测速是指在断面的各条垂线上将流速仪放至不同的水深点测速。测速垂线的数目及每条测速垂线上测点的多少应根据水深而定。同样，需要考虑资料精度要求，节省人力与时间。国外多采用多线少点测速。国际标准建议测速垂线不少于20条，任一部分流量不得超过总流量的10%。

积点法一般可用一点法（即在水面以下相对水深为0.6或0.5的位置）、二点法（0.2及0.8相对水深）、三点法（0.2、0.6及0.8相对水深）、五点法（0、0.2、0.6、0.8、1.0相对水深），其中相对水深是从水面算起的垂线上的测点水深与实际水深的比值。

（3）测点流速的测定

测点流速是在测验断面内任意垂线测点所测得的水流速度。测速时，把流速仪放到垂线测点位置上，待信号正常后开动秒表，记录各测点总转数N和测速历时T，可求得测点的流速，计算公式为：

$$v = K\frac{N}{T} + C$$

式中：v——水流速度，m/s；

N——流速仪在历时T内的总转数，一般以接收到的信号数乘以每一信号所代表的转数求得；

T——测速历时，为了消除流速脉动影响，一般不少于100s，但当受测流所需总时间的限制时，则可选用不少于30s的测流方案；

K、C——流速仪常数，流速仪出厂时由厂家决定并标注于铭牌或说明书中。

3.流量计算

流量计算的步骤是由测点流速推求垂线平均流速，再计算相邻两测速垂线间部分面积上的部分平均流速；由相邻两垂线水深和间距计算部分面积，部分面积与相应部分流速相乘即得部分流量；部分流量之和即为断面流量。

（三）浮标法测流

当使用流速仪测流有困难时，使用浮标测流是切实可行的办法。浮标随水流漂移，其速度与水流速度之间有较密切的关系，故可利用浮标漂移速度（称浮标虚流速）与水道断面面积来推算断面流量。

浮标法测流的方法包括水面浮标法、深水浮标法、浮杆法和小浮标法，分别适用于流速仪测速困难或超出流速仪测速范围的高流速、低流速、小水深等情况的流量测验。测站应根据所在河流的水情特点，按下列要求选用测流方法，制定测流方案。

（1）当一次测流起讫时间内的水位涨落差符合流速仪法测流的一般要求时应采用均匀浮标法测流。

（2）当洪水涨、落急剧，洪峰历时短暂，不能用均匀浮标法测流时，可用中泓浮标法测流。

（3）当浮标投放设备冲毁或临时发生故障，或河中漂浮物过多，投放的浮标无法识别时，可用漂浮物作为浮标测流。

（4）当测流断面内一部分断面不能用流速仪测速，另一部分断面能用流速仪测速时，可采用浮标法和流速仪法联合测流。

（5）当风速过大、对浮标运行有严重影响时，不宜采用浮标法测流。

水面浮标是漂浮于水流表层用以测定水面流速的人工或天然漂浮物。用水面浮标法测流时，应先测绘出测流断面上水面浮标速度分布图。将其与水道断面相配合便可计算出断面虚流量。断面虚流量乘以浮标系数，即得断面流量。

采用浮标法测流的测站，浮标的制作材料、形式、入水深度等应统一。水面浮标常用木板、稻草等材料做成十字形、井字形，下坠石块，上插小旗以便观测。在夜间或雾天测流时，可用油浸棉花团点火代替小旗以便识别。为减少受风面积，保证精度，在满足观测的条件下浮标尺寸应尽可能做得小些。浮标入水部分，表面应粗糙，不应呈流线型。在上游浮标投放断面沿断面均匀投放浮标，投放的浮标数目大致与流速仪测流时的测速垂线数目相当。如遇特大洪水，可只在中泓投放浮标或直接选用天然漂浮物作浮标。用秒表观测各浮标流经浮标上、下断面间的运行历时Ti，用经纬仪测定各浮标流经浮标中断面（测流断面）的位置（定起点距），上、下浮标断面的距离L除以Ti，即得水面浮标流速沿河宽的分布图。当不能施测断面时，可借用最近施测的断面。从水面虚流速分布图上利用内插法求出相应各测深垂线处的水面虚流速，再求得断面虚流量Qf，乘以浮标系数Kj即得断面流量Q。

浮标系数的确定有三种途径：一是流速仪与浮标同时测流，两者建立关系分析而求得；二是在高水同时测流有困难时，采用水位—流量关系曲线上的流量与实测浮标虚流量建立关系分析确定；三是在新设站或没有前两种条件时，根据测验河段的断面形状和水流条件，在下列范围内选用浮标系数（常称为经验浮标系数）：

（1）一般湿润地区的大、中河流可取0.85～0.90，小河流取0.75～0.85；干旱地区的大、中河流取0.80～0.85，小河流取0.70～0.80。

（2）垂线流速梯度较小或水深较大的测验河段宜取较大值，垂线流速梯度较大或水深较小者宜取较小值。

当测验河段或测站控制发生重大改变、浮标形式及材料变化时，应重新进行浮标系数试验，并采用新的浮标系数。

四、泥沙测验

泥沙资料也是一项重要的水文资料，它对河流的水情及河流的变迁有重大影响。

（一）河流泥沙

河流中的泥沙按其运动形式可分为悬移质、推移质和河床质三类。受水流作用而悬浮于水中并随水流移动的泥沙称为悬移质；受水流拖曳力作用沿河床滚动、滑动、跳跃或层移的泥沙叫作推移质；组成河床活动层并处于相对静止而停留在河床上的泥沙叫作河床质。三者可以随水流条件的变化而相互转化。

（二）悬移质测验与计算

描述河流中悬移质的情况常用的两个定量指标是含沙量和输沙率。单位体积浑水内所含悬移质干沙的质量，称为含沙量，用CS表示，单位为kg/m^3。含沙量的大小主要取决于地面径流对流域表土的侵蚀，它与流域坡度、土壤、植被、季节性气候变化、降雨强度以及人类活动等因素有关。单位时间流过河流某断面的干沙质量，称为输沙率，以QS表示，单位为kg/s。断面输沙率是通过断面上含沙量测验配合断面流量测量来推求的。

1.含沙量的测验

在水流稳定的情况下，断面内某一点的含沙量是随时间在变化的，它不仅受流速脉动的影响，而且还与泥沙特性等因素有关。河流含沙量垂线分布均呈上小下大的形式。含沙量的变化梯度还随泥沙颗粒粗细的不同而异，粒径较细的泥沙的垂直分布较均匀，而粗沙则变化剧烈。对于同粒径的泥沙，其垂直分布与流速大小有关。流速大，则分布较为均匀；反之，则不均匀。含沙量的横向分布形式与河床性质、断面形状、河道形势、泥沙粒径以及上游来水情况等各项因素有关。断面上游不远处如有支流入汇，含沙量横向分布还会随支流来水而有一定变化。

含沙量测验一般采用采样器从水流中采取水样。常用的有横式采样器与瓶式采样器。如果水样取自固定测点，称为积点式取样：如果取样时，取样瓶在测线上由上到下（或上、下往返）匀速移动，称为积深式取样，该水样代表测线的平均情况。

不论用何种方式取得的水样，都要经过量积沉淀、过滤烘干、称重等步骤才能得出一定体积浑水中的干沙重量。水样的含沙量可按下式计算，即：

$$CS = WS/V$$

式中：CS——水样含沙量，g/L或kg/m³；

WS——水样中的干沙重量，g或kg；

V——水样体积，L或m³。

当含沙量较大（含沙量大于20kg/m³）时，也可使用同位素测沙仪测量含沙量。该仪器主要由铅鱼、探头和晶体管计数器等部分组成。应用时只要将仪器的探头放至测点，即可根据计数器显示的数字由工作曲线上查出测点的含沙量。它具有及时、不取水样等突出的优点，但应经常对工作曲线进行校正。

2.输沙率测验

输沙率测验是由含沙量测定与流量测验两部分工作组成的。

（1）悬移质输沙率测验的工作内容

①布置测速和测沙垂线，在各垂线上施测起点距和水深，在测速垂线上测流速，在测沙垂线上采取水样，测沙垂线应与测速垂线重合。一般取样垂线数目不少于规范规定流速仪精测法测速垂线数的1/2。当水位、含沙量变化急剧时，或积累相当资料经过精简分析后，垂线数目可适当减少。但是不论何种情况，当水面宽大于50m时，取样垂线不少于5条；当水面宽小于50m时，不应少于3条。垂线上测点的分布，视水深大小以及要求的精度而不同，可采用一点法、二点法、三点法、五点法等。一年内悬移质输沙率的测次应主要分布在洪水期，能控制各主要洪峰变化过程，平、枯水期应分布少量测次。新设站在前三年内应增加输沙率测次。

②观测水位、水面比降，当水样需作颗粒分析时，应加测水温。

③当需要建立单断沙关系时，应采取相应单样。相应单样的取样方法和仪器，应与经常的单样测验相同。

（2）断面输沙率及断面平均含沙量的计算

根据测点的水样得出各测点的含沙量之后可用流速加权计算垂线平均含沙量。

如果是用积深法取得的水样，其含沙量即为垂线平均含沙量。

当分流、漫滩将断面分成几部分施测时，应分别计算每一部分输沙率，求其总和，再计算断面平均含沙量。

3.单位水样含沙量与单断沙关系

上述所求得的悬移质输沙率测验的是当时的输沙情况，而工程上往往需要一定时段内的输沙总量及输沙过程。如果要用上述测验方法来求出输沙的过程是很困难的。人们在不断的实践中发现，当断面比较稳定、主流摆动不大时，断面平均含沙量与断面上某一垂线平均含沙量之间有稳定关系。通过多次实测资料的分析，可建立其相关关系。这种与断面平均含沙量有稳定关系的断面上有代表性的垂线或测点含沙量称单样含沙量，简称单沙；相应地把断面平均含沙量简称断沙。经常性的泥沙取样工作可只在此选定的垂线（或其上的一个测点）上进行。这样便大大地简化了测验工作。

采用单断沙关系的站，取得30次以上的各种水沙条件下的输沙率资料后，应进行单样取样位置分析。在每年的资料整编过程中，应对单样含沙量的测验方法和取样位置进行检查、分析。单样含沙量测验方法，在各级水位应保持一致。

根据多次实测的断面平均含沙量和单样含沙量的成果，可以以单沙为纵坐标，以相应断沙为横坐标，点绘单沙与断沙的关系点，并通过点群中心绘出单沙与断沙的关系线。

单沙的测次，平水期一般每日定时取样1次；含沙量变化小时，可5～10日取样1次，含沙量有明显变化时，每日应取样2次以上。洪水时期，每次较大洪峰过程取样次数不应少于7次。

五、地下水和墒情监测

（一）地下水监测

地下水监测为地下水监测管理部门对辖区内地下水水位、水质等数据进行监测，以便及时掌握动态变化情况，对地下水进行长期的保护。

1.概述

（1）用途

地下水监测具有测量水位、孔隙压力、渗透性和取水样等多重功能。

（2）特点

①灵活经济有效。拥有快速连接的专利技术，一套测试/取样系统就可以与上百个过滤嘴配套使用。

②精确可靠。拥有快速连接的技术，不同的探头和安装的过滤嘴的功能控制可以随时进行。

③功能多样化。快速连接方式使得过滤嘴可以与压力计、渗透计和地下水取样器等多种探头进行临时或永久的连接。

（3）组成

地下水监测系统由四部分组成：监测中心、通信网络、微功耗测控终端、水位监测记录仪（水位计）。

（4）网络通信

地下水监测系统依托中国移动公司GPRS网络，工作人员可以在监测中心查看地下水的水位、温度、电导率的数据。监测中心的监测管理软件能够实现数据的远程采集、远程监测，监测的所有数据进入数据库，生成各种报表和曲线。

中国移动的GPRS网络信号覆盖范围广，数据传输速率高，通信质量可靠，误码率低，运行稳定，数据传输实时性、安全性和可靠性高，安装调试简单方便，按信息流量计费，用户使用成本比较低。

本系统通信网络采用中国移动公司GPRS网络和Internet公网。要求监控中心具备宽带（类型：光纤、网线、ADSL等），并具有一个Internet网络上的固定IP。

监测点测控终端内部配置GPRS无线数据传输模块，模块内安装一张开通GPRS功能的SIM卡。

测控终端通过其内部的GPRS无线数据传输模块与监控中心服务器组成一个通信网络，实现系统的远程数据传输。

网络运行费用：监测中心需支付宽带使用费用，具体费用标准请在当地相关部门咨询。每个监测点的SIM卡的通信费用（数据通信费以河北为例，具体收费标准请咨询当地移动公司）——5元/月（30M）。

（5）示范工程

2018年3月，中国首张矿山地下水监测网在陕西开建，先期建设225口示范井，覆盖全省主要大中型煤矿。陕西省地质环境监测总站编制了建设技术方案，承担监测数据的接收、分析工作，为全省保水采煤提供科学建议和技术支撑。

2.需要进行地下水监测的情况

当遇下列情况时，应进行地下水监测：

（1）地下水位升降影响岩土稳定时。

（2）地下水位上升产生浮托力对地下室或地下构筑物的防潮、防水或稳定性产生较大影响时。

（3）施工降水对拟建工程或相邻工程有较大影响时。

（4）施工或环境条件改变，造成的孔隙水压力、地下水压力变化，对工程设计或施工有较大影响时。

（5）地下水位的下降造成区域性地面沉降时。

（6）地下水位升降可能使岩土产生软化、湿陷、胀缩时。

（7）需要进行污染物运移对环境影响的评价时。

3.地下水监测的基本要求

监测工作的布置，应根据监测目的、场地条件、工程要求和水文地质条件确定。地下水监测方法应符合下列规定：

（1）地下水位的监测，可设置专门的地下水位观测孔或利用水井、地下水天然露头进行。

（2）孔隙水压力的监测，应特别注意设备的埋设和保护，可采用孔隙水压力计、测压计进行。

（3）用化学分析法监测水质时，采样次数每年不应少于4次（每季至少一次），进行相关项目的分析。

（4）动态监测时间不应少于一个水文年。

（5）当孔隙水压力变化可能影响工程安全时，应在孔隙水压力降至安全值后方可停止监测。

（6）对受地下水浮托力的工程，地下水压力监测应进行至工程荷载大于浮托力后方可停止监测。

（二）墒情监测

墒情监测（soil moisture monitoring）是针对土壤墒情（土壤含水量）的观测，是监测土壤水分供给状况的农田灌溉管理手段。也是农田用水管理和区域性水资源管理的一项基础工作。通过检测土壤墒情，可严格按照墒情特点在关键时刻适量浇水，控制和减少灌水次数和灌水定额，以减少棵间蒸发，使灌溉水得到高效利用，达到积水目的。获取土壤墒情信息，也可为评估干旱提供数据资料。常用方法有称重法、中子法、γ射线法、张力计法和时域反射法等。

墒情主要是监测土壤含水量。通过卫星或雷达监测地表面植物生长情况，定性地判断地表墒情变化情况。通过监测仪器，如电子土壤湿度仪、针式土壤湿度仪、时域反射仪TDR等实现土壤含水量的定量监测，采用的监测方法包括烘干法和电测法。电测法主要用于墒情监（巡）测站，目前国内外使用较多的电测仪器有电子土壤湿度仪、探针式湿度仪、时域反射仪TDR，其中TDR测试精度居高。

六、水质现场快速监测和在线自动监测

（一）水质现场快速监测

1.现场水质快速检测设备的要求

（1）反应快速、检测数据现场直读；

（2）方便携带、使用简单；

（3）坚固耐用，适应野外恶劣条件；

（4）检测指标和检测方法符合标准。

2.常见的水质快速检测方法

（1）pH值的测量：玻璃电极法/比色法；

（2）电导率：电导电极法；

（3）TDS：过滤烘干称量法或电导电极法；

（4）浊度：光散射法/透射法；

（5）微生物检测：多管发酵和滤膜法；

（6）微量元素：原子吸收&分光光度法（较好的实验室ICP）；

（7）非金属元素：分光光度法&离子色谱；

（8）有机物：GC&HPLC（高效液相色谱）。

（二）水质自动监测系统

1.基本概念

（1）定义

水质在线自动监测系统是一套以在线自动分析仪器为核心，运用现代传感器技术、自动测量技术、自动控制技术、计算机应用技术以及相关的专用分析软件和通信网络所组成的一个综合性的在线自动监测体系。

水质自动监测系统能够自动、连续、及时、准确地监测目标水域的水质及其变化状况，数据远程自动传输，自动生成报表等。相对于手工常规监测，将节约大量的人力和物力，还可达到预测预报流域水质污染事故、解决跨行政区域的水污染事故纠纷、监督总量控制制度落实情况以及排放达标情况等目的。大力推行水质自动监测是建设先进的环境监测预警系统的必由之路。

目前，全国水利和环保系统已建立数百座水质自动监测站，已经形成了国家层面的水质自动监测网。环保部已在七大水系上建立了一百多座水质自动站，已实现100座自动站联网监测，发布

七大水系水质监测周报。新疆相对落后，还没有建成1座水质自动监测站。

现在，国家将投资在伊犁河、额尔齐斯河上各建设1座水质自动监测站，将填补该区的空白。今后，该区还将在其他一些重要水体上（博斯腾湖、乌拉泊水库、塔里木河等）陆续建设水质自动站。

（2）水质在线自动监测系统的主要作用

实施水质自动监测，可以实现水质的实时连续监测和远程监控，达到及时掌握主要流域重点断面水体的水质状况、预警预报重大或流域性水质污染事故、解决跨行政区域的水污染事故纠纷、监督总量控制制度落实情况、排放达标情况等目的。

（3）水质在线自动监测系统的功能

①一套完整的水质自动监测系统能连续、及时、准确地监测目标水域的水质及其变化状况。

②中心控制室可随时取得各子站的实时监测数据，统计、处理监测数据，可打印输出日、周、月、季、年平均数据以及日、周、月、季、年最大值、最小值等各种监测、统计报告及图表（棒状图、曲线图、多轨迹图、对比图等），并可输入中心数据库或上网。

③收集并可长期存储指定的监测数据及各种运行资料、环境资料以备检索。

④系统具有监测项目超标及子站状态信号显示、报警功能，自动运行，停电保护、来电自动恢复功能，维护检修状态测试，便于例行维修和应急故障处理等功能。

2.系统构成与技术关键

（1）系统构成

水质监测系统由一个中心监测站和若干个固定监测子站组成。

中心站通过卫星和电话拨号两种通信方式实现对各子站的实时监视、远程控制及数据传输功能，托管站也可以通过电话拨号方式实现对所托管子站的实时监视、远程控制及数据传输功能，其他经授权的相关部门可通过电话拨号方式实现对相关子站的实时监视和数据传输功能。

（2）子站构成的3种方式

①由一台或多台小型的多参数水质自动分析仪（如：常规五参数分析仪）组成的子站（多台组合可用于测量不同水深的水质）。其特点是仪器可直接放于水中测量，系统构成灵活方便。

②固定式子站：为较传统的系统组成方式。其特点是监测项目的选择范围宽。

③流动式子站：一种为固定式子站仪器设备全部装于一辆拖车（监测小屋）上，可根据需要迁移场所，也可认为是半固定式子站，其特点是组成成本较高。

（3）一个高水质自动监测系统，必须同时具备4个要素

①高质量的系统设备；

②完备的系统设计；

③严格的施工管理；

④负责的运行管理。

（4）水质自动监测的技术关键

①采水单元；

②配水单元；

③分析单元；

④控制单元；

⑤子站站房及配套设施。

3.站点的选择

水质自动监测站站点的选择一般需要考虑以下几个方面的因素：

（1）地理位置

要考虑到国界、省界或区域交界处，反映上游进入下游区域的水质状况。

（2）水流状况

要考虑到水深和流速是否经常断流，以便于在设计监测站时做出相应的处理。

（3）航运情况

考虑过往的船只是否会对监测站有影响，采水系统的设计应当尽量避免船只对其的影响，如撞坏撞沉等。

（4）交通情况

由于监测站的仪器仪表的运入、站点的维护、试剂的更换、领导的考察等都需要车辆进入，因此，一个相对较好的交通是必须满足的。

（5）通信情况

只有在比较好的通信条件下，自动监测站数据才能成功发送，因此通信条件的好坏，将直接影响到监测站与上位机的联系。

（6）电力和自来水的供应情况

由于自动监测站一般都位于比较偏僻的区域交界处，电力和自来水的供应都经常会短缺，因此建站时务必要考虑到这方面的问题，以保证监测站的正常运行。

七、水生态监测

（一）水生态监测

通过对水生生物、水文要素、水环境质量等的监测和数据收集，分析评价水生态的现状和变化，为水生态系统保护与修复提供依据的活动。

（二）水生生物优势种

对水生生物群落的存在和发展有决定性作用的个体数量最多的生物种。

（三）水污染指示性生物

对水环境中的某些物质或干扰反应敏感而被用来监测或评价水环境质量及其变化的生物物种或生物类群。

（四）水生生物富集

水生生物从水环境中聚集元素或难分解物质的现象，又称水生生物浓缩。聚集后的元素或难分解物质，在生物体内的浓度大于在水环境中的浓度。

（五）水体生物生产力

水体生产有机物的能力。一般以水体在一定时间内单位水面或体积所生产的有机体的总数量表示。

（六）生物生产力

单位时间、单位面积上有机物质的生长量。一般分为初级生产力和次级生产力。

1.初级生产力

单位时间内生物（主要是绿色植物）通过光合作用途径所固定的有机碳量。

2.次级生产力

在单位时间内，各级消费者所形成动物产品的量。

（七）生物监测

利用生物个体、种群或群落对环境污染和生态环境破坏的反应来定期调查、分析环境质量及其变化。

（八）水生生物监测

对水体中水生生物的种群、个体数量、生理功能或群落结构变化所进行的测定。

八、应急监测

（一）应急监测及其内容

实施应急监测是做好突发性环境污染事故处置、处理的前提与关键，只有对污染事故的类型及污染状况做出准确的判断，才能为污染事故及时、准确地进行处理、处置与制订恢复措施提供科学的决策依据。可以说，应急监测就是环境污染事故应急处置与善后处理中始终依赖的基础工作。有效的应急监测可以赢得宝贵的时间、控制污染范围、缩短事故持续时间、减少事故损失。

（二）现场应急监测的作用及特殊要求

1.应急监测的内容

一般现场应急监测的内容包括：

（1）石油化工等危险作业场所的泄漏、火灾、爆炸等。

（2）运输工具的破损、倾覆导致的泄漏、火灾、爆炸等。

（3）各类危险品存储场所的泄漏、火灾、爆炸等。

（4）各类废料场、废工厂的污染。

（5）突发性的投毒行为。

（6）其他。

2.应急监测的作用与要求

具体地说，现场应急监测的作用与要求包括以下几方面：

（1）对事故特征予以表征能迅速提供污染事故的初步分析结果，如污染物的释放量、形态及浓度，估计向环境扩散的速率、受污染的区域与范围、有无叠加作用、降解速率以及污染物的特性（包括毒性、挥发性、残留性）等。

（2）为制定处置措施快速提供必要的信息，鉴于环境污染事故所造成的严重后果，应根据初步分析结果，迅速提出适当的应急处理措施，或者能为决策者及有关方面提供充分的信息，以确保对事故做出迅速有效的应急反应，将事故的有害影响降至最低限度。为此，必须保证所提供的监测数据及其他信息的高度准确与可靠。有关鉴定与判断污染事故严重程度的数据质量尤为重要。

（3）连续、实时地监测事故的发展态势；对于评估事故对公众与环境卫生的影响以及整个受影响地区产生的后果随时间而变化，对于污染事故的有效处理就是非常重要的。这就是因为在特定形势下的情况变化，必须对原拟定要采取的措施进行实时的修正。

（4）为实验室分析提供第一信息源有时要确切地弄清事故所涉及的是何种化学物质，这是很困难的，此时，现场监测设备往往是不够用的，但根据现场测试结果，可为进一步的实验室分析提供许多有用的第一信息源，如正确的采样地点、采样范围、采样方法、采样数量及分析方法等。

（5）为环境污染事故后的恢复计划提供充分的信息与数据。鉴于污染事故的类型、规模、污染物的性质等千差万别，所以试图预先建立一种确定的环境恢复计划意义不大。而现场监测系统可为特定的环境污染事故后的恢复计划及其修改与调整不断提供充分的信息与数据。

（6）为事故的评价提供必需的资料对一切环境污染事故，包括十分重要的相近事故，进行事故后的报告、分析与评价，为将来预防类似事故的发生或发生后的处理处置措施提供极为重要的参考资料。可提供的信息包括污染物的名称、性质（有害性、易燃性、爆炸性等）、处理处置方法、急救措施及解毒剂等。

3.应急监测的特殊要求

由于环境污染事故的污染程度与范围具有很强的时空性，所以对污染物的监测必须从静态到动态、从地区性到区域性乃至更大范围的实时现场快速监测，以了解当时当地的环境污染状况与程度，并快速提供有关的监测报告与应急处理处置措施。为了达到这一目的，必须提供最一般的监测技术，达到更快地动用各种仪器设备，以便迅速有效地进行较全面的现场应急监测。但是，应急监测往往要分析各类样品，浓度分布非常不均匀；在采样、分离、测定方面的快速确定方案，有时受到限制，影响大范围迅速监测；有时没有适用的分析方法来测定某些事故污染物；需要快速、连续监测；在事故的不同阶段，应急监测的任务与作用各异，因此，一个好的现场快速监测方案或器材必须在“时间尺度的把握”（事故中的快速、恢复阶段的分析与研究）与“空间尺度把握”（不同源强、不同气象条件下，如非定常风场、准静风等条件下的危害区域）方面，具备以下特殊要求：

（1）现场监测要求立刻回答“就是否安全”这样的问题；长时间不能获得分析结果就意味着灾难。所以分析方法应快速，分析结果直观。易判断，必须就是最一般性的监测技术，已便达到更快地动用各种仪器设备；迅速有效地进行较全面的现场应急监测的目的。

（2）能迅速判断污染物种类、浓度、污染范围，所以分析方法最好具有快速扫描功能，并具有较好的灵敏度、准确度与再现性。

（3）当发生污染事故时，环境样品可能很复杂且浓度分布极不均匀。因此，分析方法的选择性及抗干扰能力要好。

（4）由于污染事故时空变化大，所以要求监测器材要轻便、易于携带，采样与分析方法应满足随时随地均可测试的现场监测要求。分析方法的操作步骤要简便，易掌握。

（5）试剂用量少、稳定性要好。

（6）不需采用特殊的取样与分析测量仪器，不需电源或可用电池供电。

（7）测量器具最好是一次性使用，避免用后进行刷洗、晾干、收存等处理工作。

（8）简易检测器材的成本要低、价格要便宜，以利于推广。

（三）现场应急监测技术的现状与发展趋势

现场监测仪器与设备就是随着环境污染事故监测的需要而逐渐发展起来的新的环保产业领域，并且，每次硬件方面的进步均为现场监测技术与方法的进步提供了可靠的物质上的保障。目前在全世界，从事简易、现场用仪器设备研制开发的厂商，具有较完整规模的约有数家，主要集中在几个发达国家，如美国的HNU公司与HACH公司、德国的Drager公司与Merck公司、日本的共立公司与北川公司等。

（1）感官检测法；

（2）动物检测法；

（3）植物检测法；

（4）化学产味法；

（5）试纸法；

（6）侦检粉或侦检粉笔法；

（7）侦检片法；

（8）检测管法；

（9）滴定与反滴定法；

（10）化学比色法；

（11）便携式仪器分析法；

（12）免疫分析法；

（13）应急监测车；

（14）实验室仪器法。

（四）现场应急监测方案

环境污染事故的类型、发生环节、污染成分及危及程度千差万别，制定一套固定的现场应急监测方案是不现实的。但是，应急监测工作仍然有其内在的科学性与规律性，为了规范环境监测系统对环境污染事故的应急监测工作，为各级政府与环保行政主管部门提供快速、及时、准确的技术支持，确定污染程度与采取应急处置措施，将就现场应急监测方案制定过程中应该考虑的最普遍的方面（布点与采样、监测频次与跟踪监测、监测项目与分析方法，数据处理与QA/QC、监测报告与上报程序等）做一简介，供实际监测人员在实施现场应急监测时参考。

在制定环境污染事故应急监测方案时，应遵循的基本原则是：现场应急监测与实验室分析相结合，应急监测的技术先进性与现实可行性相结合，定性与定量，快速与准确相结合，环境要素的优先顺序为空气、地表水、地下水、土壤。

1.点位布设、采样及样品的预处理

（1）布点原则

由于在环境污染事故发生时，污染物的分布极不均匀，时空变化大，对各环境要素的污染程度各不相同，因此，采样点位的选择对于准确判断污染物的浓度分布、污染范围与程度等极为重要。一般应急监测的布点原则是：

①采样断面（点）的设置一般以突发性环境化学污染事故发生地点及其附近为主时必须注意人群与生活环境，考虑对饮用水源地、居民住宅区空气、农田土壤等区域的影响，合理设置参照点，以掌握污染发生地点状况，反映事故发生区域环境的污染程度与污染范围为目的。

②对被突发性环境化学污染事故所污染的地表水、地下水、大气与土壤均应设置对照断面（点）、控制断面（点），对地表水与地下水还应设置削减断面，尽可能以最少的断面（点）获取足够的有代表性的所需信息，同时需考虑采样的可行性与方便性。

（2）布点采样方法

①环境空气污染事故。

应尽可能在事故发生地就近采样（往往污染物浓度最大，该值对于采用模型预测污染范围与变化趋势极为有用），并以事故地点为中心，根据事故发生地的地理特点、盛行风向及其他自然条件，在事故发生地下风向（污染物漂移云团经过的路径）影响区域、掩体或低洼地等位置，按一定间隔的圆形布点采样，并根据污染物的特性在不同高度采样，同时在事故点的上风向适当位置布设对照点。在距事故发生地最近的居民住宅区或其他敏感区域应布点采样。采样过程中应注意风向的变化，及时调整采样点位置。

对于应急监测用采样器，应经常予以校正（流量计、温度计、气压表），以免情况紧急时没有时间进行校正。

利用检气管快速监测污染物的种类与浓度范围，现场确定采样流量与采样时间，采样时，应同时记录气温、气压、风向与风速，采样总体积应换算为标准状态下的体积。

②地表水环境污染事故。

监测点位以事故发生地为主，根据水流方向、扩散速度（或流速）与现场具体情况（如地形地貌等）进行布点采样，同时应测定流量。采样器具应洁净并应避免交叉污染，现场可采集平行双样，一份供现场快速测定，另一份现场立刻加入保护剂，尽快送至实验室进行分析。若需要，可同时用专用采泥器（深水处）或塑料铲（浅水处）采集事故发生地的沉积物样品（密封塑料广口瓶中）。

对江、河的监测应在事故发生地或事故发生地的下游布设若干点位，同时在事故发生地的上游一定距离布设对照断面（点）。如江河水流的流速很低或基本静止，可根据污染物的特性在不同水层采样；在事故影响区域内饮用水与农灌区取水口必须设置采样断面（点），根据污染物的特性，必要时，对水体应同时布设沉积物采样断面（点）。当采样断面水宽小于等于10M时，在主流中心采样；当断面水宽大于10m时，在左、中、右三点采样后混合。

对湖库的监测应在事故发生地或以事故发生地为中心的水流方向的出水口处，按一定间隔的扇形或圆形布点，并根据污染物的特性在不同水层采样，多点样品可混合成多个样。同时根据水流流向，在其上游适当距离布设对照断面（点）。必要时，在湖（库）出水口与饮用水取水口处设置采样断面（点）。

在沿海与海上布设监测点位时，应考虑海域位置的特点，地形、水文条件与盛行风向及其他自然条件。多点采样后可混合成一个样。

③地下水环境污染事故。

应以事故发生地为中心，根据本地区地下水流向采用网格法或辐射法在周围2km内布设监测井采样，同时视地下水主要补给来源，在垂直于地下水流的上方向设置对照监测井采样；在以地下水为“饮用水源”的取水处必须设置采样点。

采样应避开井壁，采样瓶以均匀的速度沉入水中，使整个垂直断面的各层水样进入采样瓶。

当用泵或直接从取水管采集水样时，应先排尽管内的积水后采集水样。同时要在事故发生地的上游采集二个对照样品。

④土壤污染事故。

应以事故地点为中心，在事故发生地及其周围一定距离内的区域按一定间隔圆形布点采样，并根据污染物的特性在不同深度采样，同时当采集先受污染区域的样品作为对照样品时，必要时还应采集在事故地附近农作物样品。

在相对开阔的污染区域取垂直深10cm的表层土。一般在10m × 10m范围内，采用梅花形布点方法或根据地形采用蛇形布点方法（采样点不少于5个）。

将多点采集的土壤样品除去石块、草根等杂物，现场混合后取1 ~ 2kg样品装在塑料袋内密封。

⑤固定污染源与流动污染源。

对于固定污染源与流动污染源的监测，布点应根据现场的具体情况，在产生污染物的不同工况（部位）下或不同容器内分别布设采样点。

⑥环境化学污染事故。

对于化学品仓库火灾、爆炸以及有害废物非法丢弃等造成的环境化学污染事故，由于样品基体往往极其复杂，此时就需要采取合适的样品预处理方法。

对于所有采集的样品，应分类保存，防止交叉污染，现场无法测定的项目，应立即将样品送至实验室分析。样品必须保存到应急行动结束后，才能废弃。

2.监测频次的确定

污染物进入周围环境后，随着稀释、扩散、降解与沉降等自然作用以及应急处理处置后，其浓度会逐渐降低，为了掌握事故发生后的污染程度、范围及变化趋势，常需要实时进行连续的跟踪监测，对于确认环境化学污染事故影响的结束，宣布应急响施行动的终止具有重要意义。因此，应急监测全过程应在事发、事中与事后等不同阶段予以体现，但各阶段的监测频次不尽相同，原则上，采样频次主要根据现场污染状况确定。事故刚发生时，可适当加密采样频次，待摸清污染物变化规律后，可减少采样频次。

3.监测项目的选择

环境污染事故由于其发生的突然性，形式的多样性，成分的复杂性，决定了应急监测往往一时难以确定。实际上，除非对污染事故的起因及污染成分有初步了解，否则要尽快确定应监测的污染物。首先，可根据事故的性质（爆炸、泄漏、火灾、非正常排放、非法丢弃等）、现场调查情况

（危险源资料，现场人员提供的背景资料，污染物的气味、颜色，人员与动植物的中毒反应等）初步确定应监测的污染物。其次，可利用检测试纸、快速检测管，便携式检测仪等分析手段，确定应监测的污染物。最后，可快速采集样品，送至实验室分析确定应监测的污染物。有时，这几种方法可同时并用，结合平时工作积累的经验，经过对获得信息进行系统综合分析，得出正确的结论。

（1）项目筛选原则

对于已知污染物的突发性环境化学污染事故，可根据已知污染物来确定主要监测项月，同时应考虑该污染物在环境中可能产生的反应，衍生成其他有毒有害物质的可能性。

①对固定源引发的突发性环境化学污染事故，通过对引发事故固定源单位的有关人员，如管理、技术人员与使用人员等的调查询问，以及对事故的位置、所用设备、原辅材料、生产的产品等的调查，同时采集有代表性的污染源样品，确定与确认主要污染物利监测项目。

②对流动源引发的突发性环境化学污染事故，通过对有关人员（如货主、驾驶员、押运员等）的询问以及运送危险化学品或危险废物的外包装、准运证、押运证、上岗证、驾驶证、车号或船号等信息，调查运输危险化学品的名称、数量、来源、生产或使用单位，同时采集有代表性的污染源样品，鉴定与确认主要污染物与监测项目。

③对于未知污染物的突发环境化学污染事故，通过污染事故现场的一些特征，如气味、挥发性、遇水的反应性、颜色及对周围环境、作物的影响等，初步确定主要污染物与监测项目。

④如发生人员中毒或动物中毒事故，可根据中毒反应的特殊症状，初步确定主要污染物与监测项目。

⑤通过事故现场周围可能产生污染的排放源的生产、环保、安全记录，初步确定主要污染物与监测项目。

⑥利用空气自动监测站、水质自动监测站与污染源在线监测系统等现有的仪器设备的监测，来确定主要污染物与监测项目。

⑦通过现场采样，包括采集有代表性的污染源样品，利用试纸、快速检测管与便携式监测仪器等现场快速分析手段，来确定主要污染物与监测项目。

⑧通过采集样品，包括采集有代表性的污染源样品，送实验室分析后，来确定主要污染物与监测项目。

由于有毒有害化学品种类繁多，一般应急监测的优先项目选择原则应是：历年来统计资料中发生事故或环境化学污染事故频率较高的化合物；毒性较大或毒性特殊、易燃易爆化合物，生产、运输、储存、使用量较大的化合物，易流失到环境中并造成环境污染的化合物。根据最常见环境化学污染事故的化学污染成分（约150多种）及被污染的环境要素，建议优先考虑的监测项目为以下几类：

环境空气污染事故。如氯气、嗅、氟、溴化氢、氰化氢、氯化氢、氟化氢、硫化氢、二氧化氮、氮氧化物、二氧化硫、一氧化碳、氨气，磷化氢、砷化氢、二硫化碳、臭氧、汞、铅、氟化物、汽油、液化石油气、氯乙烯、硝酸雾、硫酸雾、盐酸雾、高氯酸雾等。

地表水环境污染事故。如DO、pH值、COD、氰离子、氨离子、硝酸根离子、亚硝酸根离子、硫酸根离子、氯离子、硫离子、氟离子、元素磷、余氯、肼、砷、铜、铅、锌、镉、铬、铰、汞、钡、钻、镍、三烃基锡、苯、甲苯、二甲苯、苯乙烯、苯胺、苯酚、硝基苯飞丙烯腈及其他有机氰化物、二硫化碳、甲醛、丁醛、甲醇、氯乙烯、二氯甲烷、四氯化碳、溴甲烷、1，1，1一三氯乙烷、氯乙烯、甲胺类（一甲胺、二甲胺、三甲胺）、氯乙酸、硫酸二甲酪、二异氰酸甲苯醋、甲基异氰酸酯（C2H3NO）、有机氟及其化合物、倍硫磷、敌百虫、敌敌畏、对硫磷、甲基对硫磷、乐果、六六六、五氯酚、秀去津过氧乙酸、次氯酸钠、过氧化氢、二氧化氯、臭氧、环氧乙烷、甲基苯酚、戊二醛等。

土壤环境污染事故。如重金属、有机污染物、有机磷农药（甲拌磷、乙拌磷、对硫磷、内吸磷、特普、八甲磷、磷胺、敌敌畏、甲基内吸磷、二甲基硫磷、敌百虫、乐果、马拉硫磷、杀螟松、二溴磷）。有机氮农药（杀虫脉、杀虫双汀巴丹），氨基甲酸酪农药（呋喃丹、西维因）、有机氟农药（氟乙酞胺、氟乙酸钠）、拟除虫菊酯农药（戊氰菊酯、溴氰菊酯）、有机氯农药、杀鼠药（安妥、敌鼠钠）等。

有机污染物。烷烃类，如甲烷、乙烷、丙烷，丁烷、戊烷、己烷、庚烷、辛烷、环己烷、异戊烷、天然气、液化石油气等。石油类，如汽油、柴油、沥青等。烯炔烃类，如乙烯、丁烯、丙烯、丁二烯、氯乙烯、氯丁二烯、乙炔等。醇类，如甲醇、乙醇、正丁醇、辛醇、异丁醇、琉基乙醇等。苯系物，如苯、甲苯、乙苯、玉甲苯、苯乙烯等。芳香烃类，如酚类（苯酚）、苯胺类、氯苯类，硝基苯类、多环芳烃类等。醛酮类，如甲醛、乙醛、丙醛、异丁醛、丙烯醛、丙酮、丁酮等。挥发性卤代烃，如三氯甲烷、四氯化碳、1，2二氯乙烷、三溴甲烷二溴一氯甲烷、一溴二氯甲烷、乙烯、氯乙烯、氯乙烯等。醚醋类，如乙醚、甲基叔丁基醚、乙酸甲醋、乙酸乙醋、醋酸乙烯酪、丙烯酸甲醋，磷酸三丁醋、过氧乙酸硝酸酪、酞酸醋等。氰类，如氰化氢等。有机农药类，如甲胺磷、甲基对硫磷、对硫磷、马拉硫磷、倍硫磷、敌敌畏、敢百虫、乐果、杀虫螟、除草醚、五氯酚、毒杀芬、杀虫醚等。

（2）项目初步定性方法

在突发性环境化学污染事故现场，可通过特征颜色与特征气味进行初步定性判断污染物的种类。

黄色。可能是硝基化合物（分子无其他取代基时，有时仅显很淡的黄色）；亚硝基化合物（固体物料通常为很淡的黄色，或无色，但也有一些为黄色、棕色或绿色的；液体物料或其溶液，有的为无色）；偶氮化合物（也有红色、橙色、棕色或紫色的）；氧化偶氮化合物（也有橙黄色的）；醌（有淡黄色、棕色或红色的）；新蒸馏出来的苯胺（通常为棕色）；醒亚胺类；邻二酮类；芳香族多控酮类；某些含硫碳基的化合物。

红色。可能就是某些偶氮化合物（也有黄色、橙色、棕色或紫色的）；某些醌（例如邻位的醌）；在空气中放置较久的苯酚。

棕色。可能就是某些偶氮化合物（多为黄色，也有红色或紫色的）苯胺（新蒸馏出来的为淡黄色）。

绿色或蓝色。可能就是液体的N-亚硝基化合物或其溶液；某些固体的亚硝基化合物（例如N，N-二甲基对亚硝基苯胺为深绿色）。

紫色可能就是某些偶氮化合物。

醚香。典型的化合物有乙酸乙酪、乙酸戊醇、乙醇、丙酮。

芳香（苦杏仁香）。典型的化合物有硝基苯、苯甲醛、苯甲腩。

芳香（樟脑香）。典型的化合物有樟脑、百里香酚、黄樟素、丁（子）香酚、香芹酚。

芳香（柠檬香）。典型的化合物有柠檬醛、乙酸沉香醋。

香醋（花香）。典型的化合物有邻氨基苯甲酸甲醋、惦晶醇、香茅醇。

香醋（百合香）。典型的化合物有葫椒醛、肉桂醇。

香醋（香草香）。典型的化合物有香草醛、对甲氧基苯甲醛。

踌香。典型的化合物有三硝基异丁基甲苯、踌香精、踌香酮。

蒜臭。典型的化合物有二硫醚。

二甲肿臭。典型的化合物有四甲二肿、三邱胺。

焦臭。典型的化合物有异丁醇、苯胺、苯。

第二节　水文数据处理与管理

对于各种水文测站测得的原始数据都要按科学的方法和统一的格式整理、分析、统计、提炼，使其成为系统、完整、有一定精度的水文资料，供水文水资源计算、科学研究和有关国民经济部门应用。这个水文数据的加工处理过程，称为水文数据处理。

水文数据处理的工作内容包括：收集校核原始数据；编制实测成果表；确定关系曲线，推求逐时、逐日值；编制逐日表及洪水水文要素摘录表；合理性检查；编制整编说明书。

一、测站考证和水位数据处理

（一）测站考证

测站考证是考察和编写关于测站的位置、沿革，测验河段情况、基本测验设施的布设和变动情况、流域自然地理和人类活动情况等基本说明资料的工作。这些考证资料对于水文资料整编者和使用者都具有重要的参考价值。测站考证需逐年进行，在设站的第一年要进行全面考证，以后每年出现的新情况和重大变化也需考证说明。

（二）水位数据处理

水位资料是水文信息的基本项目之一，同时又是流量和泥沙数据处理的基础，水位资料出错，不仅影响其单独使用，而且会导致在推求流量和输沙率资料时出现一系列差错，因此有必要对原始水位观测记录加以系统的处理。水位数据处理工作包括：水位改正与插补，日平均水位的计算，编制逐日平均水位表，绘制逐时、逐日平均水位过程线，编制洪水水位摘录表，进行水位资料的合理性检查，编写水位资料整编说明书等。

1.水位改正与插补

当出现水尺零点高程变动时，可根据变动方式进行水位改正。当短时间水位缺测或观测错误时，必须对观测水位进行改正或插补。水位插补可根据不同情况分别选用直线插补法、过程线插补法和相关插补法等。

2.日平均水位的计算

从各次观测或从自记水位资料上摘录的瞬时水位值计算日平均水位的方法有算术平均法和面积包围法（梯形面积法）两种。

3.编制逐日平均水位表

逐日平均水位表要求列出全年的逐日平均水位、各月与全年的平均水位和最高、最低水位及其发生日期。有的测站还需统计出各种保证率水位。

一般在有通航或浮运的河流上，要求统计部分测站的各种保证率水位。一年中日平均水位高于或等于某一水位值的天数，称为该水位的保证率。例如，保证率为30d的水位为535.40m，是指该年中有30d的日平均水位高于或等于535.40m。一般统计最高1d、15d、30d、90d、180d、270d和最低1d等7个保证率的日平均水位。

4.绘制逐时、逐日平均水位过程线

水位过程线是在专用日历格纸上点绘的水位随时间变化的曲线。逐时水位过程线是在每次观测水位后随即点绘的，以便作为掌握水情变化趋势，合理布设流量、泥沙测次的依据，同时也是流量资料整编时建立水位—流量关系和进行合理性检查时的重要参考依据。逐日平均水位过程线用以概括反映全年的水情变化趋势。

5.编制洪水水位摘录表

洪水水位摘录表是“洪水水文要素（水位、流量、含沙量）摘录表”中的一部分。一般应摘录出全年中各次大型洪峰和具有代表性的中小洪峰过程，包括洪水流量最大、洪水总量最大的洪峰；含沙量最大、输沙量最大的洪峰；孤立洪峰；连续洪峰或特殊峰型的洪峰；汛期初第一个峰和汛期末较大的峰；久旱之后出现的峰；较大的春汛、凌汛和非汛期出现的较大峰。

为了便于检查和进行水文分析研究，上、下游站和干、支流站应配套摘录，即以下游站选摘的各种类型洪峰为“基本峰”，上游站和区间支流出口站出现的相应洪峰为“配套峰”，作彼此呼应的摘录。对于各主要大峰，应在全河段或相当长的河段内做上、下游配套摘录；一般洪峰至少应按相邻站“上配下”原则摘录。

对于暴雨洪水，还要求洪峰与降水资料配套摘录。

二、河道流量数据处理

实测流量资料是一种不连续的原始水文资料，一般不能满足国民经济各部门对流量资料的要求。流量数据处理就是对原始流量资料按科学方法和统一的技术标准与格式进行整理、分析、统计、审查、汇编和刊印的全部工作，以便得到具有足够精度的、系统的、连续的流量资料。

流量数据处理主要包括定线和推流两个环节。定线是指建立流量与某种或某两种以上实测水文要素间关系的工作，推流则是根据已建立的水位或其他水文要素与流量的关系来推求流量。

（一）河道流量数据处理内容

河道流量数据处理工作的主要内容是：编制实测流量成果表和实测大断面成果表；绘制水位—流量、水位—面积、水位—流速关系曲线；水位—流量关系曲线分析和检验；数据整理；整编逐日平均流量表及洪水水文要素摘录表；绘制逐时或逐日平均流量过程线；单站合理性检查；编制河道流量资料整编说明表。

（二）水位—流量关系分析

一个测站的水位—流量关系是指测站基本水尺断面处的水位与通过该断面的流量之间的关系。水位—流量关系可分为稳定和不稳定两类，它们的性质可以通过水位—流量关系曲线分析得出。

1.稳定的水位—流量关系曲线

稳定的水位—流量关系是指在一定条件下水位和流量之间呈单值函数关系，其关系呈单一的曲线。要使水位—流量关系保持稳定，必须在同一水位下，断面面积A、水力半径R、河床糙率n和水面比降J等因素均保持不变，或者各因素虽有变化，但对流量的影响能互相补偿。

对于测站控制良好，各级水位—流量关系都保持稳定的测站，定线精度符合规范要求，可采用单一曲线法定线推流。在实际应用中，单一曲线法有图解法和解析法两种形式。

（1）单一曲线图解法

在普通方格纸上，纵坐标是水位，横坐标是流量，点绘的水位–流量关系点据密集，分布呈一带状，75%以上的中高水流速仪测流点据与平均关系线的偏离不超过±5%，75%的低水点或浮标测流点据偏离不超过±8%（流量很小时可适当放宽），且关系点没有明显的系统偏离。这时即可通过点群中心定一条单一线。作图时，在同一张图纸上依次点绘水位一流量、水位一面积、水位一流速关系曲线，使它们与横轴的夹角分别近似为45°、60°，且互不相交，并用同一水位下的面积与流速的乘积校核水位—流量关系曲线中的流量，使误差控制在±2%～±3%。

（2）单一曲线解析法

解析法就是用数学模型来拟合曲线，常用的数学模型有指数方程、对数函数方程和多项式方程。

2.不稳定的水位—流量关系

在天然河道里，测流断面各项水力因素的变化对水位—流量关系的影响不能相互补偿，水位—流量关系难以保持稳定。因此，同一水位不同时期断面通过的流量不是一个定值，点绘出的水位—流量关系曲线点据分布比较散乱，主要是受断面冲淤、洪水涨落、变动回水或其他因素的个别或综合影响，使水位与流量间的关系不呈单值函数关系。

（1）河槽冲淤影响

受冲淤影响的水位—流量关系，由于同一水位的断面面积增大或减小，使水位—流量关系受到断面冲淤变化的影响。当河槽受冲时，断面面积增大，同一水位的流量变大；当河槽淤积时，断面面积减小，同一水位的流量变小。

（2）洪水涨落影响

当水位—流量关系受洪水涨落影响时，由于洪水波产生附加比降，使得洪水过程的流速与同水位下稳定流相比，涨水时流速增高，流量也增大；落水时，则相反，即涨水点偏右，落水点偏左，峰、谷点居中，一次洪水过程的水位—流量关系曲线依时序形成一条逆时针方向的绳套曲线。

（3）变动回水影响

受变动回水影响的水位—流量关系，出于受下游干支流涨水，或下游闸门关闭等的影响，引起回水顶托，致使水位抬高，水面比降变小，与不受回水顶托影响比较，同水位下的流量变小。回水顶托愈严重，水面比降变得愈小，同水位的流量较稳定流时减少得愈多。所以，受变动回水影响的水位—流量关系点据偏向稳定的水位—流量关系曲线的左边。

（4）水生植物影响

受水生植物影响的水位—流量关系，在水生植物生长期，过水面积减小，糙率增大，水位—流量关系点据逐渐左移；在水生植物衰枯期，水位—流量关系点据则逐渐右移。

（5）结冰影响

受结冰影响的水位—流量关系，水位—流量关系点据分布的总趋势是偏在畅流期水位—流量关系曲线的左边。

上述影响因素往往是同时存在的，称为受混合因素影响的水位—流量关系。在混合因素的影响下，随着起主导作用的某种主要因素的变化，其水位—流量关系点据亦随之变化。

当满足时序型的要求条件时，采用连时序法。按实测流量点的时间顺序来连接水位—流量关系曲线，故应用范围较广。连线时，应参照水位过程线起伏变动的情况定线，有时还应参照其他的辅助曲线，如落差过程线、冲淤过程线等定线。受洪水涨落影响的水位—流量关系线用连时序法定线往往成逆时针绳套形。绳套的顶部必须与洪峰水位相切，绳套的底部应与水位过程线中相应的低谷点相切。当受断面冲淤或结冰影响时，还应参考用连时序法绘出的水位—面积关系变化趋势，帮助绘制水位—流量关系曲线。

（三）水位—流量关系曲线的延长

在测站测流时，由于施测条件限制或其他种种原因，当水文站未能测得洪峰流量或最枯水流量时，为取得全年完整流量过程，必须对水位—流量关系曲线的高水或低水作适当延长。高水延长的结果对洪水期流量过程的主要部分，包括洪峰流量在内，有重大的影响。

低水流量虽小，但如果延长不当，相对误差可能较大且影响历时较长。因此，对于水位—流量关系曲线的延长工作应十分慎重，一般要求高水外延幅度不超过当年实测水位变幅的30%，低水外延不超过10%，由于影响水位—流量关系的因素很多，曲线线形因之迥异。曲线的高、低水延长，主要是通过分析各种影响因素，并结合测站特性来具体确定的，没有能适应各种复杂条件的统一展延方法。

三、泥沙数据处理

泥沙数据处理工作包括悬移质输沙率数据处理、推移质输沙率数据处理、泥沙颗粒级配数据处理以及潮水河悬移质泥沙数据处理。这里仅简单介绍悬移质输沙率数据处理。

悬移质输沙率数据处理工作内容包括：编制实测悬移质输沙率成果表；绘制单断沙关系曲线或比例系数过程线或流量—输沙率关系曲线；关系曲线的分析与检验；数据整理；整编逐日平均悬移质输沙率、逐日平均含沙量表和洪水要素摘录表；绘制瞬时或逐日单沙（或断沙）过程线；单站合理性检查；编制悬移质输沙率资料整编说明书。

（一）实测泥沙资料检查分析

实测泥沙资料检查分析包括单沙过程线分析和单断沙关系分析。

（二）缺测单沙的插补

当有短时间缺测单沙时，为了获得完整的整编成果，可根据测站特性、水沙变化情况和相关因素等选用适当方法补出缺测期的单沙。插补方法有直线内插法，连过程线插补法，流量（水位）与含沙量关系插补法，上、下游单沙过程线插补法。

（三）推求断沙的方法

推求断沙的方法主要是单断沙关系曲线法（相应方法分为单一线法和多线法）和单断沙比例系数法（有单断沙比例系数过程线法、水位与比例系数关系曲线法、流量与输沙率关系曲线法、近似法）。

（四）逐日平均输沙率和含沙量的计算方法

根据实测的和经过插补的单沙、断沙或通过整编关系线、过程线推求的断沙资料，计算日平均含沙量和日平均输沙率。这种算法比较简便，当1d内流量变化不大时是完全可以的。如在洪水时期，1d内流量、含沙量的变化都较大时应先由各测次的单沙推出断沙，乘以相应的断面流量，得出各次的断面输沙率。根据1d内输沙率过程求得日输沙总量，再除以1d的秒数，即可得日平均输沙率。

（五）悬移质月（年）统计值计算

根据逐日平均输沙率、含沙量计算成果，统计月（年）平均输沙率、月（年）平均含沙量、月（年）输沙量和输沙模数。编制全年逐日平均输沙率表和逐日平均含沙量表。

第八章
水资源开发与利用

第一节　水资源开发利用现状

一、水资源是有限的资源

地球上水的储量很大，但97.5%是咸水，淡水只有2.5%。这些淡水中有将近70%冻结在南极和格陵兰的冰盖中，其余大部分是土壤中的水分，或者是储存在地下深处蓄水层中的地下水，不易供人类开采使用。因此，易于供人类开采使用的淡水不足全球淡水的1%，即约占全球水储量的0.007%，这就是湖泊、江河、水库以及埋深较浅、易于开采的地下水，这些水经常得到降雨和降雪的补充和更新，可以持续使用。全球陆地可更新的淡水资源量约42.75万亿m3。其中易于开采、可供人类使用的淡水资源量约4.5万亿m3～12.5万亿m3。其中易于开采而可更新再利用的淡水，人均水资源量更是少之又少，显而易见，地球上的淡水资源是有限的。

随着人类文明的进步与发展，水资源的需求量也在不断增加。由于淡水资源在地区上分布极不均匀，各国人口和经济的发展也很不平衡，用水的迅速增长已使世界许多国家或地区出现了用水紧张的局面。

二、中国水资源的特点

（一）水资源在地区上分布极不均匀

中国的降水量和年径流量深受海陆分布、水汽来源、地形地貌等因素的影响，在地区上分布极不均匀，总趋势为从东南沿海向西北内陆递减。按照年降水量和年径流深的量级，可将全国划分为5个地带。

1.多雨——丰水带

该地带年降水量大于1600mm，年径流深超过800mm，包括浙江、福建、台湾、广东的大部分，广西东部，云南西南部和西藏东南部，以及江西、湖南、四川西部的山地。这一带降水量大，雨日多，为我国主要双季稻产区和热带、亚热带经济作物区。植被主要为亚热带常绿林及热带、亚热带季雨林等。

2.湿润——多水带

该地带年降水量800mm～1600mm，年径流深200mm～800mm，包括沂沭河下游和淮河两岸地区，秦岭以南汉江流域，长江中下游地区，云南、贵州、四川、广西的大部分以及长白山地区。这一带夏季高温多雨，农作物生长期较长，盛产水稻、小麦、油菜等，为我国主要农作物区。植被主要为混交林，以落叶林、耐旱的常绿林和竹类等组成。

3.半湿润——过渡带

该地带年降水量400mm～800mm，年径流深50mm～200mm，包括黄淮海平原，东北三省、山西、陕西的大部分，甘肃和青海的东南部，新疆北部、西部的山地，四川西北部和西藏东部。该地带降水集中在夏秋季，变率大，容易遭受旱涝威胁，是我国主要旱作农业区。植被主要为夏绿林，也混有旱生的针叶林等，在降水少的地区，呈现森林草原景观。

4.半干旱——少水带

该地带年降水量200mm～400mm，年径流深10mm～50mm，包括东北地区西部，内蒙古、宁夏、甘肃的大部分地区，青海、新疆的西北部和西藏部分地区。这一地带气候干燥，降水量偏少，农作物一般需要灌溉补充水量，大部分地区以生长草类为主，为我国主要牧区。

5.干旱——干涸带

该地带年降水量小于200mm，年径流深不足10mm，有面积广大的无流区，包括内蒙古、宁夏、甘肃的荒漠和沙漠，青海的柴达木盆地，新疆的塔里木盆地和准噶尔盆地，西藏北部的羌塘地区。该地带降水稀少，属于没有灌溉就没有农业的地区。植被很少，仅有稀疏的小灌木，大部分是荒漠。

（二）水资源补给年内与年际变化大

受季风气候影响，我国降水量年内分配极不均匀，大部分地区年内连续四个月降水量占全年水量的60%～80%。也就是说，我国水资源中大约有2/3左右是洪水径流量。我国降水量年际之间变化很大，南方地区最大年降水量一般是最小年降水量的2～4倍，北方地区为3～8倍，并且出现过连续丰水年或连续枯水年的情况。降水量和径流量的年际剧烈变化和年内高度集中，是造成水旱灾害频繁、农业生产不稳定和水资源供需矛盾十分尖锐的主要原因，也决定了我国江河治理和水资源开发利用的长期性、艰巨性和复杂性。

三、我国水资源开发利用现况

水资源是一种有限的资源，是人类生存、经济发展和生态保护不可缺少的重要自然资源。但从全球看，全世界的用水量和人口、经济的增长有十分密切的关系。因此，从我国人口、经济的增长，以及人均用水量和人均占有水资源量的变化，可以大致看出未来水资源供需的变化趋势。

（一）供水工程

供水工程是指为社会和国民经济各部门提供用水的所有水利工程。按其类型可分为蓄水工程、引水工程、提水工程和地下水工程，以及污水处理回用工程等，也可简称为地表水、地下水和其他供水水源工程。

我国水资源有一部分属于洪水径流，一个区域或流域的蓄水工程的总库容或兴利库容与多年平均径流量的比值可反映水利工程对该地区水资源的调蓄控制能力。各流域片对天然年径流的调控能力相差很大，北方河流海河、辽河、黄河、淮河等流域片的蓄水工程的兴利库容与年径流的比值明显高于全国平均值，对地表径流有较强的控制能力。内陆河片比值相对较低，这与该地区经济发展水平滞后有关。南方河流因水量丰沛，对地表径流的控制能力也较低。

引水工程主要分布在长江、珠江、东南及西南诸河等流域片。大型引水工程以北方地区居多，主要分布在宁夏、内蒙古、山东等省（区）。提水工程以长江沿江、沿湖地区分布最广，江苏、安徽、江西、湖北、湖南、四川等六省的固定机电排灌站总数及总装机容量均占全国的50%左右。地下水工程主要分布在华北平原和东北平原，地下水已成为这些地区的重要水源。发展最快的是南方沿江地区的提水工程和北方平原地区的地下水工程。

（二）供水能力

供水能力是指水利工程在特定条件下，具有一定供水保证率的供水量，它与来水量、工程条件、需水特性和运行调度方式有关。现有供水工程中，有相当数量的工程修建于五六十年代，其工程配套老化，供水对象、需水要求，以及调度运行规则都有所变动。

人均供水能力，以黄淮海流域片为最低，这与该地区供水能力增长受水资源条件的严重制约以及人口密度大等原因有关。西南诸河片人均供水能力较低，主要是受地形条件制约，工程建设难度大。珠江、东南诸河和长江片的人均供水能力较高，这与其水资源丰富、复种指数高及经济快速发展的实际情况基本相符。松辽河片的人均供水能力高于海河、淮河及黄河片，是我国北方水资源开发利用条件较好的地区，具有进一步发展灌溉农业的潜力。

（三）水资源利用程度

北方片的水资源利用率已接近50%，其中超过50%的流域片有黄河、淮河、海河，均在北方地区。这些地区水资源的过度开发，引起了河流断流、地下水位大幅度下降、地面下沉、河口生态等问题。应特别注意水资源和相关生态环境的保护。南方各流域片的水资源利用率虽不高，但要注意水质保护。这些水资源丰富地区因污染造成水体质量下降，从而产生了水质型或污染型缺水现象。

第二节 污水再生回用

一、污水回用的意义

（一）污水回用可缓解水资源的供需矛盾

我国未来水资源形势是非常严峻的。水已成为制约国民经济发展和人民生活水平提高的重要因素。一方面城市缺水十分严重，一方面大量的城市污水白白流失，既浪费了资源，又污染了环境，与城市供水量几乎相等的城市污水中，仅有0.1%的污染物质，比海水3.5%的污染物少得多，其余绝大部分是可再利用的清水。当今世界各国解决缺水问题时，城市污水被选为可靠的第二水源，在未被充分利用之前，禁止随意排到自然水体中去。

将城市污水处理后回用于水质要求较低的场合，体现了水的“优质优用，低质低用”原则，增加了城市的可用水资源量。

（二）污水回用可提高城市水资源利用的综合经济效益

城市污水和工业废水水质相对稳定，不受气候等自然条件的影响，且可就近获得，易于收集，其处理利用成本比海水淡化成本低廉，处理技术也比较成熟，基建投资比跨流域调水经济得多。

除实行排污收费外，污水回用所收取的水费可以使污水处理获得有力的财政支持，使水污染防治得到可靠的经济保证。同时，污水回用减少了污水排放量，减轻了对水体的污染，相应降低取自该水源的水处理费用。

除上述增加可用水量、减少投资和运行费用、回用水水费收入、减少给水处理费用外，污水回用至少还有下列间接效益：因减少污水（废水）排放而节省的排水工程投资和相应的运行管理费用；因改善环境而产生的社会经济和生态效益，如发展旅游业、水产养殖业、农林牧业所增加的效益；因改善环境，增进人体健康，减少疾病特别是癌、致畸、致基因突变危害所产生的种种近远期效益；因回收废水中的“废物”取得的效益和因增加供水量而避免的经济损失或分摊的各种生产经济效益。

二、污水回用的途径

污水再生利用的途径主要有以下几个方面。

（一）工业用水

在工业生产过程中，首先要循环利用生产过程产生的废水，如造纸厂排出的白水，所受污染较轻，可作洗涤水回用。如煤气发生站排出的含酚废水，虽有少量污染，但如果适当处理即能供闭路循环使用。各种设备的冷却水都可以循环使用，因此应充分加以利用并减少补充水量。在某些情况下，根据工艺对供水水质的需求关系，作一水多用的适当安排，顺序使用废水，就可以大量减少废水排出。

（二）城市杂用水

城市杂用水是指用于冲厕、道路清扫、消防、城市绿化、车辆冲洗、建筑施工等的非饮用水。不同的原水特性、不同的使用目的对处理工艺提出了不同的要求。如果再生利用的原水是城市污水处理厂的二级出水时，只要经过较为简单的混凝、沉淀、过滤、消毒就能达到绝大多数城市杂用的要求。但是当原水为建筑物排水或生活小区排水，尤其包含粪便污水时，必须考虑生物处理，还应注意消毒工艺的选择。

（三）景观水体

随着城市用水量的逐步增大，原有的城市河流湖泊常出现缺水、断流现象，大大影响城市景观及居民生活。污水再生利用于景观水体可弥补水源的不足。回用过程应特别注意再生水的氮磷含量，在氮磷含量较高时，应通过控制水体的停留时间和投加化学药剂保证其景观功能的实现。同时应关注再生水中的病原微生物和持久性有机污染物对人体健康和生态环境的危害。

（四）地下回灌

再生水经过土壤的渗滤作用回注至地下称为地下回灌。其主要目的是补充地下水，防止海水入侵，防止因过量开采地下水造成的地面沉降。污水再生利用于地下回灌后，可重新提取用于灌溉或生活饮用水。污水再生利用于地下回灌具有许多优点，例如能增加地下水蓄水量，改善地下水水质，恢复被海水污染的地下水蓄水层，节约优质地表水。同时地下水库还可减少蒸发，把生物污染减少至最小。

三、城市污水回用的水处理流程

城市污水回用是以污水进行一、二级处理为基础的。当污水的一、二级出水水质不符合某种回用水水质标准要求时，应按实际情况采取相应的附加处理措施。这种以污水回收、再用为目的，在常规处理之外所增加的处理工艺流程称为污水深度处理。下面首先介绍污水一级处理与二级处理。

（一）一级处理

一级处理主要应用格栅、沉砂池和一级沉淀池，分离截留较大的悬浮物。污水经一级处理后，悬浮固体的去除率为70%～80%，而BOD5只去除30%左右，一般达不到排放标准，还必须进行二级处理。被分离截留的污泥应进行污泥消化或其他处置。

（二）二级处理

在一级处理的基础上应用生物曝气池（或其他生物处理装置）和二次沉淀池去除废水、污水中呈胶体和溶解状态的有机污染物，去除率可达90%以上，水中的BOD含量可降至其出水水质一般已具备排放水体的标准。二级处理通常采用生物法作为主体工艺。在进行二级处理前，一级处理经常是必要的，故一级处理又被称为预处理。一级和二级处理法，是城市污水经常采用的处理方法，所以又叫常规处理法。

（三）深度处理

污水深度处理的目的是除去常规二级处理过程中未被去除和去除不够的污染物，以使出水在排放时符合受纳水体的水质标准，而在再用时符合具体用途的水质标准。深度处理要达到的处理程度和出水水质，取决于出水的具体用途。

四、阻碍城市污水回用的因素

城市污水量稳定集中，不受季节和干旱的影响，经过处理后再生回用既能减少水环境污染，又可以缓解水资源紧缺矛盾，是贯彻可持续发展战略的重要措施。但是目前污水在普通范围上的应用还是不容乐观的，除了污水灌溉外，在城市回用方面还未广泛应用。其原因主要有以下几个方面。

（一）再生水系统未列入城市总体规划

城市污水处理后作为工业冷却、农田灌溉和河湖景观、绿化、冲厕等用水在水处理技术上已不成问题，但是由于可使用再生污水的用户比较分散，用水量都不大，处理的再生水输送管道系统是当前需重点解决的问题。没有输送再生水的管道，任何再生水回用的研究、规划都无法真正落实。为了保证处理后的再生水能输送到各用户，必须尽快编制再生水专业规划，确定污水深度处理规模、位置、再生水管道系统的布局，以指导再生水处理厂和再生水管道的建设和管理。

（二）缺乏必要的法规条令强制进行污水处理与回用

目前城市供水价格普遍较低，使用处理后的再生水比使用自来水特别是工业自备井水在经济上没有多大的效益。如某城市污水处理厂规模16万t/d，污水主要来自附近几家大型国有企业，这些企业生活杂用水和循环冷却水均采用地下自备水源井供水，造成水资源的极大浪费，利用污水资源应该说是非常适合的。但是由于没有必要的法规强制推行，而且污水再生回用处理费用又略高于自备井水资源费，导致多次协商均告失败，污水资源被白白地浪费。因此，推行污水再生回灌必须配套强制性法规来保证。

（三）再生水价格不明确

目前，由于污水再生水价格不明确，导致污水再生水生产者不能保证经济效益，污水再生水受纳者对再生水水质要求得不到满足，形成一对矛盾。因此，确定一个合理的污水回用价格，明确再生水应达到的水质标准，保证污水再生水生产者与受纳者的责任、权利，是促进污水回用的重要前提。

五、推进城市污水回用的对策

（一）城市污水处理统一规划，为城市污水资源化提供前提

世界各大城市保护水资源环境的近百年经验归结一点，就是建设系统的污水收集系统和成规模的污水处理厂。城市污水处理厂的建设必须合理规划，国内外对城市污水是集中处理还是分散处理的问题已经形成共识，即污水的集中处理（大型化）应是城市污水处理厂建设的长期规划目标。结合不同的城市布局、发展规划、地理水文等具体情况，对城市污水厂的建设进行合理规划、集中处理，不仅能保证建设资金的有效使用率、降低处理消耗，而且有利于区域和流域水污染的协调管理及水体自净容量的充分利用。

城市生活污水、工业废水要统一规划，工厂废水要进入城市污水处理厂统一处理。因为各工厂工业废水的水质水量差别大，技术水平参差不齐，千百家工厂都自建污水处理厂会造成巨大的人力、物力、财力的浪费。统一规划和处理，做到专业管理，可以免除各大小厂家管理上的麻烦，保障处理程度，各工厂只要交纳水费就可以了。政府环保部门的任务是制定水体的排放标准并对污水处理企业进行监督。

城市污水处理系统是容纳生活污水与城市区域内绝大多数工业废水的大系统（特殊水质如放射性废水除外）。但各企业排入城市下水道的废水应满足排放标准，不符合标准的个别企业和车间须经局部除害处理后方能排入下水道。局部除害废水的水量有限，技术上也很成熟，只要管理跟上是没有问题的。这样才能保证污水处理统一规划和实施，使之有序健康地发展，并走上产业化、专业化的道路。

（二）尽快出台污水再生回用的强制性政策，以确保水资源可持续利用

城市污水经深度处理后可回用于工业作为间接冷却水、景观河道补充水以及居住区内的生活杂用水。对于集中的居民居住小区和具备使用再生水条件的单位，采取强制措施，要求必须建设并使用中水和再生水。对于按照规定应该建设中水或污水处理装置的单位，如果因特殊原因不能建设的，必须交纳一定的费用和建设相应的管道设施，保证使用城市污水处理厂的再生水。

对于可以使用再生水而不使用的，要按其用水量核减新水指标，超计划用水加价。对使用再生水的单位，其新水量的使用权在一定程度上予以保留，鼓励其发展生产不增加新水。对于积极建设工业废水和生活杂用水处理回用设施并进行回用的，要酌情减免征收污水排放费。

（三）多方面利用资金，加快污水处理和再生回用工程建设

城市污水处理厂普遍采用由政府出资建设（或由政府出面借款或贷款），隶属于政府的事业性单位负责运行的模式。这种模式具有以下缺点：财政负担过重，筹资困难，建设周期长，不利于环境保护等。如果将污水处理厂的建设与运行委托给具有相应资金和技术实力的环保市政企业，由企业独立或与业主合作筹资建设与运行，企业通过运行收费回收投资。通过这种模式，市政污水处

理和回用率有望在今后几年得到大幅度的提高。政府投资、企业贷款，完善排污收费的制度，逐步实现污水处理厂和再生水厂企业化生产。

（四）城市自来水厂与污水处理厂统一经营，建立给水排水公司

偏废污水处理，就要伤害自然水的大循环，危害子循环，断了人类用水的可持续发展之路。给水排水发展到当今，建立给水排水统筹管理的水工业体系，按工业企业来运行是必由之路。

既然由给水排水公司从水体中取水供给城市，就应将城市排水处理到水体自净能力可接纳的程度后排入水体，全面完成人类向大自然“借用”和“归还”可再生水的循环过程。使其构成良性循环，保证良好水环境和水资源的可持续利用。

（五）调整水价体系，制定再生水的价格

长期以来执行的低水价政策，提供了错的用水导向，节水投资大大超过水费，严重影响了节水积极性。因此，在制定水价时，除合理调整自来水、自备井的水价外，还应制定再生水或工业水的水价，逐步做到取消政府补贴，利用水价这一经济杠杆，促进再生水的有效利用。

第三节　水资源保护分析

我们赖以生存的地球地表有70%被水覆盖着，而其中97%为海水，与我们生活关系最为密切的淡水只有3%，而淡水中又有78%为冰川淡水，目前很难利用。而有限的淡水资源又很容易受到污染，并且农业、工业和城市供水需求不断增大导致了有限的淡水资源更为紧张。因此，为了避免水危机，我们必须倍加珍惜和保护这一有限的水资源。水资源保护，就是通过行政、法律、工程、经济等手段合理开发、管理和利用水资源，保护地表和地下水资源的质量、水量及其水生态系统的水生态供应，防止水污染、水源枯竭、水流阻塞和水土流失，尽可能地满足经济社会可持续发展对水资源的需求。

一、水资源保护的内涵

水资源具有水质、水量等物理属性特征，同时又是生态环境的重要控制性要素。良好的水质状况、适宜的水量和良性循环的水生态状况是水资源功能正常发挥的前提。水资源保护应以维护流域水生态系统的良性循环为基本出发点，进行水质—水量—水生态“三位一体”动态分析和综合保护。为适应新时期水资源保护的要求，水资源保护的内涵必须从以往的水质保护为主，扩展到水质、水量、水生态并重，强化水生态系统的保护与修复，维护河湖生态系统的良性循环来保障水资源可持续利用，并支撑经济社会可持续发展。水资源保护具有广泛、综合、系统的内涵，主要包括以下几个方面：

（一）水资源保护的根本任务

水资源保护的根本任务是保护江河湖泊水域和地下水的水质、水量、水生态等资源属性不受破坏，能够发挥其综合功能并能持续利用。水资源保护不只是水污染的控制，而是包括水量、水质、水功能、水情、水资源配置、水生态等的保护。

（二）水资源保护的内容

水资源保护内容主要包括地表水和地下水的水量、水质与水生态。第一是对水量合理取用及其补给源的保护，即对水资源开发利用的统筹规划、水源地的涵养和保护、科学合理地分配水资源、节约用水、提高用水效率等，特别是保证生态需水的供给到位。第二是对水质的保护，主要是制定水质规划，提出防治措施。具体工作内容是：制定水环境保护法规和标准；进行水质调查、监测与评价；研究水体中污染物质迁移、污染物质转化和污染物质降解与水体自净作用的规律；建立水质模型，制定水环境规划；实行科学的水质管理。第三是对水生态系统的保护。主要是依据水生态存在的主要问题和影响因素，明确各水生态分区保护和修复的方向和重点，提出生态需水保障、重要生态环境保护与修复等的措施。

（三）水资源保护的目标

水资源保护的目标是水功能的正常发挥。在水量方面必须要保证生态用水，不能因为经济社会用水量的增加而引起生态退化、环境恶化以及其他负面影响；在水质方面要根据水体的水环境容量来规划污染物的排放量，不能因为污染物超标排放而导致饮用水源受到污染或威胁到其他用水的正常供应；在水生态方面要根据江河湖泊水生态系统的生态水量来规划地表水和地下水的开发与利用，不能因为水资源的开发而导致水源涵养功能退化，天然湖泊湿地面积萎缩，江河湖泊生态系统退化等水生态问题。

二、水资源保护的原则

在水资源的保护过程中应遵循以下原则。

（一）开发利用与保护并重的原则

这主要是从水资源的经济属性确定的原则。因为水资源是人类和一切生命不可缺少的物质基础，是人类赖以生存的必要条件，人类需要不断地对水资源进行开发利用，也就需要不断地保护水资源。在水资源的开发利用过程中必然对水资源造成影响，那么就必须重视对水资源的保护，保护的目的是为了更好地开发利用。实践证明，只注重开发利用而忽视了保护，必然会付出沉重的代价；相反，在开发利用的同时进行了环境保护，就不会出现水资源遭受严重破坏的问题。

（二）维护水资源多功能性的原则

这是由水的多功能性所决定的。水既能用于灌溉、人畜饮用、工业原料，同时还可以用于渔业、航运、发电等。从经济学角度来分析，应充分发挥水资源最大的使用价值。开发利用水资源的某一种功能时，应注意对水资源其他功能的保护。这一原则可以确定水资源开发利用的顺序和优先保护对象。

（三）流域管理与行政区域管理相结合的原则

这是由水的流动性和我国以行政区划管理为主的体制现状决定的。一方面，水的流动性决定了水以流域为单元进行汇集、排泄。整个流域水资源是一个完整的系统，这就从客观上需要对水资源实行流域层次上的统一管理和保护，不仅在水量上，而应在流域内统筹安排和合理分配，同时在水质方面，排污应充分考虑对下游的影响，支流保护目标应符合干流的需要。另一方面，我国目前实行的是以行政区域为主的管理体制，对水资源的开发利用是地方部门的合理需要，但现存体制不可避免地造成地方政府过分强调本地的需要，而忽略了流域整体上的需要及流域其他地方的需要，造成水资源的分割利用；另一个原因是一个地方一般只对本行政区的水资源熟悉，从而容易导致资源开发利用的随意性。水资源保护的理论与实践都需要流域管理。但流域管理也需要地方部门来组织实施。因此，流域管理与区域管理相结合是构建水资源保护管理体制的根本原则。

（四）水资源保护的经济原则

水资源是一种公开资源，在水资源保护时的经费分担原则是“谁开发，谁保护”，“谁利用，谁补偿”，以及“污染者付费”。这一原则是公平原则的体现，分清了水资源保护中不同主体承担的不同责任。

（五）取、用、排水全过程管理原则

一个完整的用水过程包括取水、用水、排水，这三个过程互相联系、互相影响。同时，无论取水、用水、排水都与水体有关，都要服从水资源保护这一目标。从水资源保护的角度出发，考虑对水资源的取、用、排全过程进行统一管理，并最好由一个部门进行管理。这一原则符合水资源统一管理的目标，是客观的需要。

三、水功能区划分析

（一）水功能区划的目的

水功能区是指为满足水资源合理开发、利用、节约和保护的需求，根据水资源的自然条件和开发利用现状，按照流域综合规划、水资源与水生态系统保护和经济社会发展要求，依其主导功能划定范围并执行相应的水环境质量标准的水域。

根据我国水资源的自然条件和属性，按照流域综合规划、水资源保护规划及经济社会发展要求，协调水资源开发利用和保护、整体和局部的关系，合理划分水功能区，突出主体功能，实现分类指导，是水资源开发利用与保护、水环境综合治理和水污染防治等工作的重要基础。通过划分水功能区，从严核定水域纳污容量，可为建立水功能区限制纳污制度，确立水功能区限制纳污红线提供重要支撑；有利于合理制定水资源开发利用与保护政策，调控开发强度，优化空间布局；有利于引导经济布局与水资源和水环境承载能力相适应；有利于统筹河流上下游、左右岸、省界间水资源

开发利用和保护。

（二）水功能区划指导思想与原则

1.指导思想

以水资源承载能力与水环境承载能力为基础，以合理开发和有效保护水资源为核心，以改善水资源质量、遏制水生态系统恶化为目标，按照流域综合规划、水资源保护规划及经济社会发展要求，从我国水资源开发利用现状、水生态系统保护状况以及未来发展需要出发，科学合理地划定水功能区，实行最严格的水资源管理，建立水功能区限制纳污制度，促进经济社会和水资源保护的协调发展，以水资源的可持续利用支撑经济社会的可持续发展。

2.区划原则

（1）坚持可持续发展的原则

区划以促进经济社会与水资源、水生态系统的协调发展为目的，与水资源综合规划、流域综合规划、国家主体功能区规划、经济社会发展规划相结合，坚持可持续发展原则，根据水资源和水环境承载能力及水生态系统保护要求，确定水域主体功能；对未来经济社会发展有所前瞻和预见，为未来发展留有余地，保障当代和后代赖以生存的水资源。

（2）统筹兼顾和突出重点相结合的原则

区划以流域为单元，统筹兼顾上下游、左右岸、近远期水资源及水生态保护目标与经济社会发展需求，区划体系和区划指标既考虑普遍性，又兼顾不同水资源区特点。对城镇集中饮用水源和具有特殊保护要求的水域，划为保护区或饮用水源区，并提出重点保护要求，保障饮用水安全。

（3）水质、水量、水生态并重的原则

区划充分考虑各水资源分区的水资源开发利用和社会经济发展状况，水污染及水环境、水生态等现状，以及经济社会发展对水资源的水质、水量、水生态保护的需求。部分仅对水量有需求的功能，例如航运、水力发电等不单独划水功能区。

（4）尊重水域自然属性的原则

区划尊重水域自然属性，充分考虑水域原有的基本特点、所在区域自然环境、水资源及水生态的基本特点。对于特定水域如东北、西北地区，在执行区划水质目标时，还要考虑河湖水域天然背景值偏高的影响。

四、水污染控制

（一）水污染控制概述

1.水污染来源

水污染，是指在人为因素直接或间接的影响下，污染物质进入水体，使其物理、化学或生物特性发生改变，以致影响水的正常用途和水生态系统的平衡，危害国民健康和生活环境。

水污染的发生源称为污染源。根据污染物的来源可以将污染源分为两大类：自然污染源和人为污染源。自然污染源又可以进一步分为生物类污染源和非生物类污染源。人为污染源又可以分为生产性污染源和生活污染源。

根据污染物存在的空间形态可以将其分为点源污染物、线源污染物和面源污染物。点源污染物主要是指污染物的产生地点比较集中，以“点”的形式将污染物排放到环境中的污染源。点源污染主要包括：城镇工业中的各类企业；城镇生活中的城镇居民；畜禽养殖场等。线源污染物是指那些以“线”的形式向环境排放污染物的污染源。线源污染在水污染中较少出现。面源污染是指那些以“面”的形式向环境排放污染物的污染源。农田、没有下水道的农村和城镇都属于面源污染，它们在降水径流过程中产生的大量污染物都以“面”的形式进入水环境。面源污染主要分为流域面源污染，包括（林地、荒地、草地、山地等）地面径流、内源、大气沉降等；城市面源污染，包括屋面径流、路面径流、绿地径流、下水道溢流等；农村面源污染，包括种植业、农村居民生活、畜禽的放养等。

此外，按照水体中主要污染物质的种类大致可作如下划分：固体污染物、需氧污染物、营养性污染物、酸碱污染物、有毒污染物、油类污染物、生物污染物、感官性污染物和热污染等。

2.水污染控制的基本原则与方法

（1）水污染控制的基本原则

水污染控制的基本原则，首先是从清洁生产的角度出发，改革生产工艺和设备，减少污染物，防止污水外排，进行综合利用和回收。必须外排的污水，其处理方法随水质和要求而异。

（2）水污染控制的方法

水污染控制的方法按对污染物实施的作用不同，大体上可分为两类：一类是通过各种外力作用，把有害物质从废水中分离出来，称为分离法；另一类是通过化学或生化的作用，使其转化为无害的物质或可分离的物质，后者再经过分离予以去除，称为转化法。习惯上也按处理原理不同，将水污染控制的方法分为物理处理法、化学处理法、物理化学法和生物处理法四类。

①按对污染物实施的作用不同

A.分离法。废水中的污染物以各种形式存在，大致有离子态、分子态、胶体和悬浮物。存在形式的多样性和污染物特性的不同，决定了分离方法的多样性，有混凝法、气浮法、吸附法、离心分离法、磁力分离法、筛滤法等。

B.转化法。转化法可分为化学转化和生化转化两类。

现代废水处理技术，按处理程度可划分为一级处理、二级处理和三级处理。

一级处理，主要去除废水中的悬浮固体和漂浮物质，同时还通过中和或均衡等预处理对废水进行调节以便排入受纳水体或二级处理装置。

二级处理，主要去除废水中呈胶体态和溶解态的有机污染物质，主要采用各种生物处理方法。

三级处理，是在一级、二级处理的基础上，对难降解的有机物、氮、磷等营养性物质进行进一步处理。

废水中的污染物组成相当复杂，往往需要采用几种方法的组合流程才能达到处理要求。对于某种废水，采用哪几种处理方法组合，要根据废水的水质、水量，回收其中有用物质的可能性，经过技术和经济的比较后才能决定，必要时还需进行实验。

②按处理原理不同

A.物理处理法。物理处理法是通过物理作用，分离、回收污水中不溶解的、呈悬浮态的污染物质（包括油膜和油珠）的污水处理法。根据物理作用的不同，又可分为重力分离法、离心分离法和筛滤法等。

B.化学处理法。化学处理法是通过化学反应来分离、去除废水中呈溶解态、胶体态的污染物质或将其转化为无害物质的污水处理法。

C.物理化学法。物理化学法是利用物理化学作用去除污水中的污染物质的污水处理法。主要有吸附法、离子交换法、膜分离法、萃取法、汽提法和吹脱法等，如混凝、吸附、化学氧化还原、气浮、过滤、电渗析、反渗透、超滤、离子交换、电解等。

D.生物处理法。生物处理法是通过微生物的代谢作用，使废水中呈溶解态、胶体态以及微细悬浮状态的有机污染物质转化为稳定物质的污水处理方法。根据起作用的微生物不同，生物处理法又可分为好氧生物处理法和厌氧生物处理法，如活性污泥法、生物膜法、厌氧生物处理法、生物脱氮除磷技术等。

（二）点源污染控制

点源污染主要包括工业废水和城市生活污水污染，通常由固定的排污口集中排放，非点源污染正是相对点源污染而言的，是指溶解的和固体的污染物从非特定的地点，在降水（或融雪）冲刷作用下，通过径流过程汇入受纳水体（包括河流、湖泊、水库和海湾等），并引起水体的富营养化或其他形式的污染。

一般工业污染源和生活污染源分别产生的工业废水和城市生活污水，经城市污水处理厂或经管渠输送到水体排放口，作为重要污染点源向水体排放。这种点源含污染物多，成分复杂，其变化规律依据工业废水和生活污水的排放规律，具有季节性和随机性。点源污染的主要特征有：集中排放；易于检测和污染控制；便于管理等。点源污染的控制对策有以下几种。

1.节水控源

在污染产生流域推广节水控源措施，如开展户内分级用水，再生水利用等。通过源头减污和污水回用，使实际外排污水量和污染负荷同时减少，缓解污水管网和污水处理厂的压力，有利于维护城市的生态水量，对于城市水环境改善和流域生态恢复具有重要意义。

2.完善排水管网

在城市地区查明城市排水管网现状的基础上，优化方案设计，分区、分段、分块完善末梢庭院管—支次干管—主干管的连接，解决雨水和污水出路问题，改变内部分流，出口处合流的问题。

3.截污溢清、动态调蓄

针对短时期内部分区域合流制排水体制无法改变的情况下，对于现有污水处理厂，必须在现有工艺的基础上，针对雨季合流污水水质和水量的特点，探索合理有效的工艺参数调整方案，增加污水处理能力和抗冲击负荷能力，防止雨季合流污水对受纳水体的污染；合流制初期暴雨径流含有较多的受雨水冲刷的地表污染物，初期降雨径流的污染程度通常较高，直接排放势必造成水环境的严重污染，有必要采取截污溢清措施，将高浓度的初期降雨径流污水截流入污水处理厂进行处理，低浓度的中后期降雨径流污水则经径流进入河道，利用现有设施最大程度地削减水体污染负荷。

4.污水深度处理

针对水资源短缺和使用量大的现状，合理提高污水处理厂出水水质标准与要求，如提升污水处理厂出水水质，达到再生水娱乐性景观环境用水、再生水观赏性景观环境用水要求，将其作为流域生态补水水源之一。

（三）内源污染控制

内源污染主要指进入水体中的营养物质通过各种物理、化学和生物作用，逐渐沉降至水体底质表层。积累在底泥表层的氮、磷营养物质，一方面可被微生物直接摄入，进入食物链，参与水生生态系统的循环；另一方面，可在一定的物理化学及环境条件下，从底泥中释放出来而重新进入水中，从而形成水体内污染负荷。积极采取措施减少水体内污染负荷，如实施底泥疏浚，是控制水体富营养化的对策之一。

1.水文学方法

水文学方法主要包括稀释、冲刷、底部引流、人工造流等方法。

稀释和冲刷方法的基本原理是通过稀释降低水中的污染物浓度，通过增加水的循环、缩短水的更新周期，来减少污染物的累积，达到改善水质的目标。

底部引流方法的基本原理是通过抽吸的方法，把湖泊或水库底部污染物排出水库或湖泊。该方法适用于较小区域的水污染治理。

人工造流目的是破坏水体中的温跃层，减少底部的内源释放，适用于内源污染比较严重而水体深度较小的水域。人工造流的方法有水泵和射流相结合的方式，也有将压缩空气加入水底再向上喷射的方法。

2.物理方法

物理方法主要有覆盖和疏浚两大类。

原位覆盖是将粗沙、土壤甚至未污染底泥等均匀沉压在污染底泥的上部，以有效地限制污染底泥对上覆水体影响的技术。将污染沉积物与底栖生物，用物理性的方法分开并固定污染物沉积物，防止其再悬浮或迁移，降低污染物向水中的扩散通量。沉积物覆盖方法的基本原理是利用未受污染的黄沙、黏土或其他材料覆盖在富含有机物和污染物的沉积物上，形成一个物理隔离层，阻碍底泥向上覆水体释放污染物。沉积物疏浚，也称之为底泥疏浚，原称异位处理，其基本原理就是把富含污染物的底泥取走，适用于外源污染物已得到控制的水域。

3.化学方法

化学方法主要有铝、铁、钙絮凝和深水曝气法等。铝、铁、钙絮凝方法的基本原理是通过向污染水体中投加混凝剂，使细小的悬浮态的颗粒物和胶体微粒聚集成较大的颗粒而沉淀，将氮磷等污染物从水体中清除出去。

深水曝气法是指通过改变底泥界面厌氧环境为好氧条件来降低内源性污染的负荷，如磷。通过向底泥上覆水充氧的做法能有效地增加深水层的溶氧，同时可以降低氨氮和硫化氢的浓度，也可以采取强化的植被修复，阻止沉积物的再悬浮和污染物的溶解扩散。

4.生物修复

生物修复是指应用有机物，主要是用微生物降解污染物质，减小或者消除污染物的危害。优点是生物修复作为传统生物治理技术的扩展，生物修复技术通常比传统治理技术应用对象面积要大。

5.原位处理技术和异位处理技术

原位处理技术是将污染底泥留在原处，采取措施阻止底泥污染物进入水体，即切断内源污染物污染途径。广泛应用的原位处理技术主要有覆盖、固化、氧化、引水、物理淋洗、喷气和电动力学修复等。

异位处理技术是将污染底泥挖掘出来运输到其他地方后再进行处理，即将水体中的内污染源转移走，以防止污染水体。异位处理技术主要有疏浚、异位淋洗、玻璃化等。

（四）面源污染控制

面源污染，也称非点源污染，是指溶解的和固体的污染物从非特定地点，在降水或融雪的冲刷作用下，通过径流过程汇入受纳水体（包括河流、湖泊、水库和海湾等），并引起有机污染、水体富营养化或有毒有害等其他形式的污染。

根据面源污染发生区域的不同，面源污染可分为农业面源、城市面源、矿山面源、大气沉降等主要类型。

农业面源是最主要的类型，污染源发生在农田、菜地、草地、森林和村庄等区域。污染物主要包括来自农业生产所带来的氮、磷和农药，农村水土流失造成的泥沙，还有农民生活所产生的粪便、生活垃圾、洗涤用化学品，以及牲畜饲养产生的动物粪便和食物残渣。农业面源污染具有分布范围广泛、贡献量大等特点，是面源污染控制的重点和难点所在。

城市面源污染也被称之为城市暴雨径流污染，是指在降水条件下，雨水和径流冲刷城市地面，污染径流通过排水系统的传输，使受纳水体水质受到污染。与农业面源污染不同，城市的商业区、居民区、工业区和街道等地表含有大量的不透水地面。这些地表由于日常人类活动而累积有大量污染物，当遭受暴雨冲刷时极易随径流流动，通过排水系统进入水体。城市面源污染物种类、排放强度与城市发展程度、经济活动类型和居民行为等因素密切相关，自然背景效应影响较小。

城市面源污染控制在于对城市暴雨径流污染的产生与输出进行调控。控制进入城市水体的面源污染物总量；改善城市水环境，提升城市水生态系统的服务功能，构建人水和谐的生态城市。城市面源污染控制的核心思想主要包括增大透水面积、源头减量控制、利用雨水资源、净化初期雨水、清污分流处理、径流时空缓冲、过滤沉积净化、自动生态处理等方面。

城市面源污染控制就是根据水与面源污染物在城市系统中的流动规律，围绕暴雨径流的形成和空间流动过程的调控。其控制的工程措施要与城市景观、远景规划和已有的结构、设施紧密联系起来。

第九章
地热资源勘查技术

第一节　地热资源勘查概述

一、地热资源勘查

地热资源蕴藏于地下深处，资源勘探借助于地质调查、地球物理、地球化学、地热钻探、产能测试、分析与动态监测等综合勘查技术手段查明其分布、资源量、品质及开发利用条件。

二、地热勘探目的

地热勘探的目的是确定地热异常区，寻找赋存温度达到使用用途的热流体或热储。

三、地热勘探任务

地热资源勘探的任务是：

（1）查明热储层的岩性、空间分布、孔隙率、渗透性及其与常温含水岩层的水力联系；

（2）查明热储盖层的岩性、厚度变化情况以及区域地热增温率和地温场的平面分布特征；

（3）查明地热流体的温度、状态、物理性质及化学组分，并对其利用的可行性做出评价；

（4）查明地热流体动力场特征、补径排条件；

（5）重点是在查明地热地质背景的前提下，确定地热田的形成条件和地热资源可开发利用的区域及合理的开发利用深度；

（6）计算评价地热资源或储量，提出地热资源可持续开发利用的建议。

四、地热勘探原则

为了尽可能地降低风险，地热勘探工作应遵循由表及里，由简单到复杂，由调查、分析、地球物理勘探到钻探的程序，工作内容和投入的工作量应根据勘探阶段、类型和工作区地热地质复杂程度等因素综合考虑确定。应选择经济有效的勘探技术方法、手段和合理的施工方案，达到相应工作阶段要求。

五、地热勘探阶段划分

根据研究程度的不同，地热勘探工作一般划分为普查、详查、勘探三个阶段。

（一）普查阶段

主要是寻找地热异常区或对已发现的地热异常区（地表热显示区）开展地热地质普查，初步查明地热田及其外围的地层、构造、岩浆（火山）活动情况，研究它们与地热显示、地热异常的关系，推断地热田的热储、盖层、导水和控热构造；初步查明地表热显示特征，测定地热水（地热流体）的天然排放量及其化学成分，估算地热田的热储温度和地热田的天然热流量，初步圈定地热异常的范围，提出热储概念模型；探求D+E级储量，估价地热开发利用前景；提交普查报告，为是否进行详查工作提供依据。

（二）详查阶段

对地热田是否具有开发价值以及近期能否被开发利用进行详查工作。基本查明地热田及其外围的地层、构造、岩浆活动情况，初步查明地热田内的断裂及其产状、各地层的孔隙、裂隙、岩溶及水热蚀变发育情况，划分热储、盖层、导水与控热构造；基本查明热田内地温及地温梯度及其空间变化，进一步圈定地热异常的范围，计算热储温度；基本查明热储的岩性、厚度、埋深及其边界条件，各热储层内地热流体的温度、压力、产量及其变化关系，热储的孔隙率及渗透性能，圈定地热流体富集地段；基本查明地热流体的相态、地热井排放的汽水比例，地热流体的化学成分及其补给、径流、排泄条件，建立热储理论参数模型；探求C+D级储量，提交详查报告，为地热田开发总体规划和是否转入勘探阶段提供依据。

（三）勘探阶段

一般是在经详查工作证实具有开发价值的地段上进行，主要是对地热田开发经济效益高的地热流体富集地段进行勘探。详细查明地热田的地层、构造、岩浆（火山）活动和水热蚀变等特点，热储、导水、控热构造的空间展布及其组合关系，地热流体物理特征、化学成分、补给、径流、排泄条件，热田的地温、地温梯度的空间分布及其变化规律，热储结构，各热储层的分布面积、厚度、产状、埋深及地热流体的温度、压力、产量的变化规律；准确圈定地热流体的富集地段，实测储量计算参数，建立热储参数模型，探求B十C级储量，提出合理开发利用方案并做出环境影响评价，提交勘探报告，为地热田开发利用提供依据。

第二节 地热地球物理勘查技术

在盆地型地热资源勘探开发中，地球物理勘查是一种非常重要的技术手段。目前，几乎所有的地球物理方法都被应用于地热勘探。其中，最常用的地震、重力和磁测方法多用于探测地质构造，电法多用于圈定地热田范围以及探测地热流体赋存位置。

需要注意的是地球物理勘探所提供的信息是物理界面而不是地质界线，两者可能一致，但多数情况下存在偏差。比如电法是利用地热流体的电阻率一般比围岩岩体小得多的特性来寻找地热流体赋存位置的，但当岩石发生变质作用而黏土化；或者岩石风化程度很深很厚形成黏土层壳；或者有电阻率较低的矿物存在；甚至在超高压地层中，高压液态水的电离常数增加也会减小地层电阻率，这时电法反映的低电阻率往往会引起误判。因此，地球物理勘探成果的多解性应引起足够的重视。实践证明，对于沉积盆型地热资源勘探而言，任何单一的手段，不管是地球物理的，还是地球化学的，甚至是地质构造学的都具有多解性，单一依据所得的结论只是一种推断，也就是说，依据的唯一性所得的结论是值得怀疑的。只有通过区域地质构造演绎分析，壳幔结构特征分析，物化探勘查以及钻探成果等资料的综合分析和相互验证，才能对一个地区地热田特征和热储全貌由推断到准确定论。

一、重力勘探

（一）重力勘探方法简介

不同类型的地质体，由于其自身存在密度差异，使得局部重力场发生变化，这种变化称为重力异常。

重力勘探就是通过野外观测，获得有关地质体或地质现象产生的重力异常，然后通过分析、研究，解译这些重力异常的变化规律，以解决大范围孔隙型覆盖层之下基岩基底起伏变化以及火成岩体分布问题，而且可追索两侧密度差异了解区域性断裂构造空间展布。同时，该方法测试仪器小、操作简便、少受外界干扰、费用低，是寻找盆地型地热资源首选的面积性勘探方法之一。

1.重力

在地球周围的空间，所有物体都要受到一个被近似拉向地心的力，这个力就是重力，用P表示。在空间存在的重力作用或单位质量在空间所受的力称为重力场。

在重力作用下，当物体自由下落时，将产生重力加速度g。在重力勘探中，取单位质量m所受的重力，即重力场强度作为研究对象。

重力场强度无论在数值上还是在量纲上都与重力加速度相同。重力测量实际上就是研究重力加速度g的变化规律。在重力测量中，常把重力场强度或重力加速度简称为重力。

2.正常重力值

地球是一个赤道半径稍长（a=6378.2km），两极半径稍短（b=6356.8km）的扁球体。因此地球表面各处的引力是不同的，再加上地球自转产生的惯性离心力变化，使地球表面的重力从赤道到两极逐渐增大。

3.重力异常

将野外实测的重力值与该点理论计算的重力值比较就会发现两者之间有一定的差异。

4.重力勘探的应用条件

（1）重力异常的产生首先必须有密度不均匀体存在。即我们所研究的对象与围岩之间必须有足够大的密度差，体积亦不能太小。

（2）仅仅有密度差也不一定能产生重力异常，还必须沿水平方向上有密度变化。

（3）利用重力测量研究地质构造问题时，要求上部岩层与下部岩层有足够大的密度差，且岩层有明显的倾角，或断层有较大的落差。

（4）工作区地形平坦也是重力勘探的有利条件。

（5）干扰性异常（如表层密度不均匀，深部岩石的密度变化所引起的异常）越小越好。

（二）盆地重力场特征

在沉积盆地，随着地质年代的变老，地层、岩石密度有逐渐增大的普遍规律。一般来说，第四系的黄土黏土密度最小，古生界的灰岩、元古宇的白云岩密度最大，砂砾岩、泥岩等的密度则居中。各地层之间由于岩性、成岩情况不同存在一定的密度差，通过重力勘探手段对地层、岩石密度的分析和对比，可以对一个地区的地层进行分层，从而达到认识未知地层的目的。

二、磁法勘探

（一）磁法勘探方法简介

磁法勘探是利用地壳内各种岩（矿）石间的磁性差异所引起的磁场变化（磁异常）来寻找有用矿产资源和查明地下地质构造的一种物探方法。应用磁法勘探在研究大地构造、了解基底起伏圈定火成岩体和寻找含水破碎带等方面均取得了良好的效果，广泛地应用于地热资源勘探中。

1.地磁场

在地球上任何一处，悬挂的磁针都会停止在一定的方位上，这说明地球表面各处都有磁场存在，这个磁场被称为地磁场。地磁场在地球表面的分布是有规律的，它相当于一个位于地心的磁偶极子的磁场，S极位于地理北极附近，N极位于地理南极附近，地磁轴和地理轴有一偏角，常称为磁偏角。

为了研究空间某点的地磁场强度，通常选用直角坐标系统，其原点O选在观测点上roy平面为水平面，X轴指向为地理北方，Y轴指向为地理东方，Z轴垂直向下。

地磁强度一般用T表示，它在X、Y、Z3个轴上的投影分量分别为：北分量X，东分量Y，垂直分量Z。T在roy平面上的投影称为水平分量H，其方向指向磁北。地磁场各分量的方向与坐标轴方向一致时取正，反之取负。H与X轴的夹角称为磁偏角D，当H偏东时，D取正，反之取负。H与T的夹角称为磁倾角I，T下倾时I取正，反之取负。上述X、Y、Z、H、T、D、I各量统称为地磁要素，它们之间的关系如下：

$$\left.\begin{array}{l} X = H\cos D,\ Y = H\sin D,\ Z = R\sin I = H\tan I \\ H = T\cos I,\ T^2 = H^2 + Z^2 = X^2 + Y^2 + Z^2 \end{array}\right\} \quad (9\text{–}1)$$

分析这些关系可知，地磁要素中有各自独立的3组：I，D，H；X，Y，Z；H，Z，D。如果知道其中一组，则其他各要素即可求得。在地磁绝对测量中通常测I、D、H3个要素。磁法勘探一般都是相对测量，地面磁测主要测Z的变化，有时也测H和T；航空磁测主要测定T的变化。

描述磁场的单位，在国际单位制中为特斯拉（T），在磁法勘探中常用它的十亿分之一为单位，称为纳特（nT），即$1nT=10^{-9}T$。

2.磁异常

在磁法勘探中，实测磁场总是由正常磁场和磁异常两部分组成。其中正常磁场又由地磁场的偶极子场和非偶极子场（大陆磁场）组成。而磁异常则是地下岩、矿体或地质构造受地磁场磁化后，在其周围空间形成，并叠加在地磁场上的次生磁场。其中含分布范围较大的深部磁性岩层或构造引起的部分，称为区域异常；而由分布范围较小的浅部岩，矿体或地质构造引起的部分，称为局部异常。

如实测磁场为T_0正常磁场为T_a，则磁异常T可表示为：

$$T_a = T - T_0 \quad (9\text{–}2)$$

在航空磁测中，大多测量地磁场总强度T_0和正常磁场强度T。的模数差ΔT，即：

$$\Delta T = |T| - |T_0| \quad (9\text{–}3)$$

在地面磁测中，主要测量磁场的垂直分量变化值Z，称为垂直磁异常，即：

$$Z_a = Z - Z_0 \quad (9\text{–}4)$$

式中：Z——实测垂直磁场强度；

Z_0——正常垂直磁场强度。

3.岩（矿）石的磁性

自然界的各种岩石具有不同的磁性，即使同种岩石，由于矿物成分、结构特点不同，其磁性也不相同。岩石之间的磁性差异是磁法勘探的物理基础。

岩石的磁性用磁化率和磁化强度表示。磁化率M表示单位体积所具有的磁矩，岩石的磁化强度分为两部分，即：

$$M = M_i - M_t \quad (9\text{–}5)$$

式中：M——感应磁化强度，表示各种岩石在现代地磁场的磁化下所具有的磁性，M_i主要决定于岩石的磁化率（k）和地磁场强度（T），其关系式为：

$$M = M_i - M_t \quad (9\text{–}6)$$

式中：M_i——剩余磁化强度，表示各种岩石在地质历史条件下被古地磁场磁化所保留下来的磁性。

M_i——基本上不受现代磁场的影响而保持着其固有的数值和方向。

古地磁学研究证明，几乎所有的火成岩和大部分陆屑沉积岩都具有剩余磁化强度。

（二）盆地磁性特征

华北盆地天津地区从太古宇结晶基底到第四系盖层，都存在纵向及横向的磁性差。反映在磁场图上，是区域背景值的相对升高或降低，曲线的平缓或密集，局部异常的大小、强弱及展布方向特点。这种反映正是磁异常解释的依据。

根据磁性强弱将本区自上而下划分为4个磁性层。

顶部弱磁性层，对应于新生界的粉砂、黏土、泥岩、砂质泥岩和中生界侏罗系砂砾岩、细砂岩。

中部强磁性层，对应中生界侏罗系的火山碎屑岩。

中部弱磁性层，对应古生界泥岩、灰岩、砂岩。

底部强磁性层，对应元古宇白云岩和太古宇片麻岩、麻粒岩等。

磁力勘探结果是利用不同岩层磁性强弱首先作出磁力异常图，对等异常曲线的形状加以分析，推测得出一定的地质结论。

（1）查明断裂。异常表现为以下几种形态。连续的正异常：在剖平图上表现为连续的正异常带，在平面上等值线则表现为有一定长度的梯度密集带。断裂形成时或形成后岩浆活动多次发生，岩浆沿断裂向上侵入，这样在断裂的上方就形成了一定长度和一定强度的正异常。串珠状线性异常：构造带各处薄弱程度不同，岩浆侵入的宽窄和深度不同，航磁异常则反映为串珠状的线性异常。线性强磁异常被错开：从剖面图和平面等值线图都可看出，强磁异常轴有明显错动，这往往是平移断层的反映。

（2）了解基底起伏。由于老地层和覆盖层有一定的磁性差异，所以航磁是了解基底起伏的有效手段之一，和重力方法有异曲同工之妙。二者可以互相参照，互相补充，从不同物理场反映了基底起伏。

（3）圈定火成岩体。岩体是形成地热田的重要因素之一，由于中酸性火成岩体有较强的磁性，根据航磁异常推断，呈长轴状的高磁异常皆为岩体之反映。

三、大地电磁测深

（一）大地电磁测深方法简介

大地电磁测深法（Magetotelluric Sounding，MT），是苏联学者季洪诺夫和法国学者卡尼尔在20世纪50年代初分别独立提出来的。它是利用天然交变电磁场作为场源，在地表接收与地下介质电性有关的正交电场、磁场分量，应用傅立叶变换将时间序列信号转换为频率域信号，通过阻抗张量计算得到不同频率的视电阻率、相位等参数，进而研究地球电性结构的一种地球物理勘探方法。

由于该方法不需要人工场源，具有工作方便、不受高阻层屏蔽、对低阻层分辨率高，且勘探深度较大等优点，在地质构造调查，石油、天然气普查，寻找松散沉积层孔隙水，基岩地区的地下水以及地热资源探测等诸多领域得到了成功的应用，尤其是近年来，仪器观测性能的提高及反演解释方法的成熟，已成为一种能提供独立信息的重要物探方法。

根据电磁感应的趋肤效应原理：电磁波在地球介质中传播时，高频成分衰减快，穿透深度小，低频成分衰减慢，穿透深度大，因此不同频率的电磁波携带有地球介质不同深度上的电性信息，通过改变频率来达到测深的目的。

电磁场在地下导电空间传播的过程中能量会逐步地衰减与损耗，其探测深度与频率及地球内部的电性结构有关：

$$D = 356\sqrt{\frac{p}{f}} \tag{9-7}$$

式中：D——探测深度；

p——地下介质电阻率；

f——观测频率（Hz）。

在地下电性介质一定的条件下，电磁场的频率越高，探测深度越小，反之，探测深度增大；而对于频率一定的电磁场，当地下介质电阻率越高，其探测深度越大，反之探测深度减小。高频成分主要集中在地电断面的上部，所以与其相应的视电阻率基本上反映浅部的电性分布，而低频能量穿透较深，所以相应的视电阻率主要是反映深部的地电断面性质。当测量的大地电磁场的信号低频达到足够低的$n \times 10^{-4}$Hz时探测深度可以达到地壳及上地幔；在观测周期保证的条件下，探测深度与资料采集的时间成正比。

（二）电阻率特征

地层电性的主要标志是电阻率，地层电阻率的大小取决于岩石的结构、胶结物、孔隙度、含水率、裂隙等因素。天津地区地热埋藏深，近些年来采用了大地电磁测深（MT）的方法进行了深部地热资源勘查，取得较好的效果。

（1）第四系：主要岩性为砂黏土，电阻率一般为较低，总体表现为电性不一。

（2）新近系明化镇组：由于明化镇组上段以砂岩为主体的高阻电层，电阻率一般在8~15Ω · m之间，但与第四系之间的电性界线并不清楚，故一般以第四系和新近系明化镇组上段作为划分地层的标志层。

（3）新近系馆陶组：馆陶组砂砾岩的电阻率比含泥质丰富的地层电阻率高得多，但由于馆陶组普遍含有热水，从而表现为低阻，在电性上与上覆明化镇组下段较难区分，总体显示为低阻层。电阻率一般小于5Ω · m。

（4）古近系东营组和沙河街组：岩性大多以泥岩、砂岩为主，总体显示为低阻层，电阻率一般小于12Ω · m。

（5）中生界白垩系—侏罗系：为陆相碎屑岩，具局部为火山岩，电阻率与新近系不易区分，一般小于5Ω · m，为低电阻率层。

（6）古生界石炭系—二叠系：海陆交互相含煤地层电阻率一般小于20Ω · m，为中等电阻率层。

（7）古生界寒武系—奥陶系：以碳酸盐岩为主，其电阻率较高，可达50~90Ω·m，为一明显高阻层。

（8）中新元古界：岩性以白云岩、白云质灰岩为主，是天津地区主要热储层，电阻率一般大于100Ω·m为明显高阻层。

（三）大地电磁测深解决深部地质构造问题

天津市东北部潘庄—宁河地区为勘探程度较低的地区。首先，通过大地电磁测深工作，对该区的基岩面的起伏情况有了进一步了解。根据MT资料，总纵向电导率基本上反映了本区古生界顶面的起伏，即中新生代的沉积厚度变化情况。该区东南部（沧东断裂以东）和西北部（天津断裂以西）总纵向电导率值比较大，一般大于300S，为凹陷的反映，而沧东断裂以西及天津断裂以东（中部）的总纵向电导率值比较小，即为隆起带的反映，另外，在南涧乡附近有一总纵向电导率值表现为中等的相对隆起。

其次，根据总纵向电导率可大致判断断裂的平面走向，从等值线密集带（反映断裂的位置）可见沧东断裂天津断裂等呈北北东向。

最后，在剖面上利用视电阻率对断裂情况进行分析，对地层进行划分。

第三节　地热地球化学勘查技术

一、地球化学勘查的概念及任务

地热田的地球化学勘查（简称地热化探）就是地球化学在地热领域的应用。它通过研究溶于地热流体中的化学元素与热储层温度、压力，热储层岩性之间的关系及其在地表的异常显示，来圈定地热异常区，查明地热流体的地球化学特征，补给来源和年龄、径流条件、排泄方式等。在地热研究中，地球化学勘查方法始终是了解地热田的重要手段。地下热水以液态或气态赋存于地质体的孔隙或裂隙中，并与围岩相互作用，溶解了各类化学物质，从而反映了其赋存环境的众多地质信息。其中的某些微量元素或放射性物质可通过断裂构造或孔裂隙从地下深处运移至地表并被土壤吸附而富集，从而可作为地热活动的指示剂。参照《地热资源地质勘查规范》（GB/T11615-2010），地球化学勘查的主要任务如下。

（1）采用多种地球化学地面调查方法，确定地热异常分布范围。

（2）采取具有代表性的地热流体（泉、井）、常温地下水、地表水、大气降水等样品进行化验分析，对比分析它们与地热流体的关系。

（3）进行温标计算，推断深部热储温度。

（4）测定稳定同位素和放射性同位素，推断地热流体的成因与年龄。

（5）计算地热流体中的Cl/B、C1/F、C1/SiO_2等组分的比率，对比分析地热流体和冷水间的关系及其变化趋势，并进行水、岩均衡计算。

（6）对地表岩石和勘探井岩心中的水热蚀变矿物进行取样鉴定，分析推断地热活动特征及其发展历史。

二、地球化学勘查方法

地球化学被广泛地应用于地热勘查和开发的各个阶段，也是地热流体动态监测的一个主要工具。地球化学勘查方法包括化探方法（土壤、岩石、水系沉淀物测量）、水化学监测（水质、气体、放射性、同位素）、水化学特征研究、地球化学温标计算、水岩平衡研究等内容。将这些方法应用于地热勘查的不同阶段，随着地热田研究的深入而有所侧重。

（一）化探方法

地热地球化学勘探，是通过对相关元素在不同地质体中的含量和分布状况的研究，找出异常分布范围，进而推断地热异常区的一种调查方法。可以通过系统地测量某个地区一定范围内存在于岩石、土壤、水和空气中的某种天然物质的丰度加以确定。此方法一般用于地热调查项目的初期阶段，在此阶段没有或只有很少的可供利用的地热孔或天然热泉供做地热调查，用地球化学方法圈定地热异常区是一种较经济的勘查手段，其方法主要有：常规化探方法-土壤测量法、壤中气汞测量方法、地表放射性测量方法、浅层地下水放射性测量方法和壤中气体测量方法。

1.土壤测量法

地热田勘查的常规化探方法包括：土壤测量法、岩石测量法和水系测量法。因为沉积盆地型地热田一般极少有岩石裸露或天然热泉出露，所以岩石测量法在此并不适用；而水系测量法亦是适用于山区的主要化探方法，故在此只对土壤测量法进行阐述。

（1）化探元素选取原则。土壤测量法是金属地球化学勘查中最常利用的方法，后被利用于地热田的勘查。可作为区域化探的元素达数十种，但一般只需选择数种至十数种元素即能满足要求。不仅要求被选用的元素满足检出限要求，还要求其报出率达到80%以上，否则应该采取措施降低该方法的检出限或利用能满足上述要求的其他元素。当某元素的报出率达到90%以上时，说明所用分析方法的检出限已完全满足该测区的化探要求。

（2）微量元素在沉积盆地型地热田的分布特征。与火山岩浆型地热田相比，沉积盆地型地热田的热储层温度通常低于100℃。其微量元素组分相对简单，高温热田中的元素W、Sn、Mo、Be及碱金属元素Li，Rb，Cs等也较少出现；土壤中可检测出的异常元素组分相对简单，微量元素分带现象不明显、与背景值差值小。根据朱炳球等人对北京小汤山及江苏东海热田的研究（检测元素包括：Hg、As、Sb、Bi、B、Li、Pb、Zn、Mn、Ni、Co），只有汞元素与背景值相差稍大，其他元素的特征不明显。所以在沉积盆地利用常规化探方法寻找地热异常区，首选的微量元素是汞。

总体来说，利用常规化探方法圈定地热异常区在松散层分布厚度较薄的基岩隆起区应用效果较好，而在有巨厚松散层覆盖的沉积盆地型地热田往往达不到预期效果，所以该方法并不被纳入此类地热田勘查的常规方法，而多应用于研究项目。用此方法，应尽可能地利用前人取得的数据资料（如为找煤、找油气等找矿而进行过的区域化探中有异常反应的元素或已知可产生异常的元素）进行重新整理分析，建议不必投入专项工作。

2.壤中气汞测量法

汞是一种强烈活动性的金属元素，具有较高的挥发性能和较强的迁移能力。来自地壳深部的地热流体中的汞在热驱动下可运移至地层浅表；而且温度越高，其蒸发速度也越快，所以可根据土壤中汞气含量圈划地热异常区和勘查隐伏断裂构造。

壤中气汞测量法是19世纪60年代发展起来的一种化探方法，它是汞量测量法（包括土壤汞、壤中气汞和水中汞测量方法。其中土壤汞是常规化探方法中的一种微量元素，水中汞可归为水化学研究方法中）的一个重要技术分支，是以研究浅层土壤孔隙中赋存的游离汞气晕的一种方法。该方法是用25mm的钢钎打入地下约1m深用动态（抽气）或静态（吸附）方式，将土壤孔隙中的游离汞聚集至捕汞管上，然后在现场或野外实验室进行脱汞测定。汞的分析质量要求：报出率不得低于90%，合格率不得低于80%。

目前此种方法多用于高温的火山型地热区，以查明隐伏的构造位置。如在羊八井热田、云南热海热田等地取得了较好的效果，但在沉积盆地区的实例较少。

3.地表放射性强度测量法

地热流体中含有多种放射性物质，如U、Th、^{226}Ra、^{40}K和Rn气等，这些放射性物质可随地热流体或热气沿孔（裂）隙、断裂构造扩散至表层土壤中并聚集，从而形成放射性异常区，为使用放射性方法圈定地热异常区，寻找的深大断裂构造更直观有效，根据测量项目的不同而衍生出a卡法、钋法、y法等测量方法。

（1）a卡法。a卡法是一种累积Rn气的放射性方法，Rn气在由深部向地表扩散的过程中辐射出a射线，在浅表土壤中形成Rn气和a粒子流的高浓度晕。a卡法就是把a卡置于一定大小的杯底，倒置埋于一定深度的浅坑中，一定时间后取出立即用a测量卡片上的a射线强度。根据a射线强度的分布状况查明其与构造位置或地热异常区的关系。

（2）钋法

^{210}Po法是1978年提出的，以探测氡子体^{210}Po来勘探深部铀矿的方法。其原理是：在镭衰变系列中所产生的氡气（^{222}Rn）运移至表土中形成^{222}Rn晕并逐渐衰变成^{210}Pb。^{210}Pb半衰期较长，可形成稳定的分散晕并与^{222}Rn处于放射性平衡状态。^{210}Pb继续衰变的子体有^{210}Po，其化学性质很不活泼，一旦形成很难离开原来的位置。

^{210}Po在盐酸溶液中的自镀特性使它能与其他放射性元素良好分离，在探测机理和技术上比a卡的灵敏度和工作效率更高。后来被引用到热田勘查中，曾在西藏羊八井、湖北英山、福建南靖汤坑等地热田应用，取得了较好效果。但目前还没有在沉积盆地型地热田的应用实例。

（3）地面y辐射剂量率法

y辐射主要来自Ra的短寿命子体^{214}Bi和^{214}Pb及针的衰变子体。地面y测量是利用便携式y辐射仪测量岩石、表土的射线强度确定放射性的异常。

y法具有方法简单、易于操作、效率高、成本低等特点。但其缺点是探测深度浅、受其他因素干扰大。

4.浅层地下水中放射性核素测量法

地热流体中的放射性核素在裂隙、断裂发育处或基岩浅埋区可随地热流体或热汽对浅层冷水产生或大或小的顶托补给作用。因为地热流体中常常比冷水含有更多的放射性核素，从而使受地热影响的浅层冷水产生放射性异常。通过对当地机井水的放射性核素含量调查，圈出异常分布范围，结合掌握的地质信息，可初步确定地热异常的远景区，为进一步的地热地质工作提供靶区。

5.壤中气体测量法

利用表层土中（50~100cm深处）气体含量圈定勘查地热田的主要有CO_2气和He气，但主要用于有深源背景的火山岩或侵入岩区地热田，而在沉积盆地中应用不多。

综上所述，用上述各种化探方法圈定地热异常被广泛地应用于地热活动强烈的高温热田区，如火成岩地区。这类地区的地热异常呈点、线状分布，与冷水区相比化探异常明显。如在西藏羊八井、云南腾冲、福建漳州等火山型的地热田，上述多种化探方法均取得了较好的应用效果。但应用于沉积盆地热田区的例子不多，因为受沉积盆地型地热田特点的限制，其应用效果明显逊色于火成岩地热田。这是因为：

（1）沉积盆地型地热田多为中低温地热田，流体温度通常<100℃，其中的微量元素含量较低、在检测精度内难以区分差异。

（2）沉积盆地型的热储层一般呈层状大面积分布，即使含有明显高于上覆冷水的某些微量元素，因其在勘测区内普遍存在，其含量差异也难以区分。

（3）沉积盆地型热储层的上覆地层往往分布着巨厚的松散砂层和黏土层，使地热流体的上涌程度受阻从而导致微量元素向浅表迁移受限。

沉积盆地型地热田使用化探方法圈定热异常区，应具备以下特点。

（1）与其周边地区相比，地热活动较强烈的地区，否则极微的微量元素含量或放射性异常不足以与非异常区产生差异。

（2）松散沉积层不能太厚，尤其是黏性土层不能太厚。因为黏土层可以阻止深部地热流体的上涌并可吸附大量的微量元素和放射性元素，使浅层土中的含量与背景值几乎没有差异。

实践证明，在这类沉积盆地区应用化探方法可以取得满意的效果，如：

（1）侵入岩体埋藏较浅的地区，如天津盘山花岗岩岩体侵入区；

（2）地质构造变化大的地区，如西安汤峪地热田；

（3）裂隙发育且隐伏较浅的潜山区或断裂带附近，如北京小汤山地热田、天津山岭子地热田（位于沧县隆起区之潘庄凸起区）等。

（二）水化学监测

水是一种良好的天然溶剂，地热资源则集水、矿、热于一体。所谓“矿”者，在此即指包括各种阴阳离子、胶体、化合物、聚合物、气体成分、放射性物质等所有溶解于地热流体中的无机或有机成分，它们是地下水在长期的径流、循环过程中，在一系列物理、化学作用下，与围岩相互作用的结果。通过对水化学的研究，可以了解地热流体补径排条件及其与地层岩性、温度、压力、地质构造的关系等诸多水文地质问题。所以地热勘查一旦进入地热井开凿阶段或有天然热泉露头时，水化学监测工作就应即时跟进并需纳入长观计划。通过对水化学成分及引起其水质变化的原因进行综合分析，以解决下列问题。

（1）查明地热流体的一般水化学特征和空间上的分布规律，了解水质组分受岩性、温度、压力、深度等因素的影响程度；

（2）利用环境同位素并结合地质条件和水质分析，查明地热流体的补给来源、径流途径、排泄条件，各热储层之间及其与冷水之间的水力联系、受构造的控制程度；

（3）研究地热流体在长期开采及回灌条件的水质变化；

（4）对地热流体的适用性进行评价；

（5）查明气体含量及其组成，研究其成因及对地热资源开发利用的影响；

（6）评估地热流体排放对环境的影响；

（7）利用地热温标估算热储层温度。

以上所有研究必须以水化学检测为基础，要求必须尽可能详细地描述所取样品的特征，包括：地热井井号，所在行政区位置、坐标，取样时间，出水温度、热储层层位，滤水管位置等要素。同时对检测资料的系统分类、整理也是一项重要工作。

1.水化学检测分类及取样点布置原则

地热流体的检测内容通常分为下列几类：水质检测、气体检测、环境同位素检测和放射性检测。其中水质检测是最为常规且重要的内容，并作为长期项目而贯穿地热田开发的始终；其余几个检测内容则多根据专题研究的需要而不定期地进行。

取样点的总体布置应遵循如下原则。

（1）分属不同地质构造单元的地热井；

（2）分属于不同热储层的具有代表性的地热井；

（3）分属于同一热储层不同深度的地热井。

2.检测项目及野外取样

（1）水质检测。

①分析项目。水质检测项目通常包括：理化指标（K^+、Na^+、Ca^{2+}、Mg^{2+}、NH_4^+、Fe^{2+}、Fe^{3+}、TFe、$A1^{3+}$、Zn^{2+}、Cu^{2+}、Mn^{2+}、Cl^-、$SO4^{2-}$、HCO^{2-}、CO3、NO^{3-}、NO^{2-}、F^-、B^{r-}、$PO4^{3-}$、HBO^{2-}、Li、Sr、Ba、Ni、Ag、Co、Mo、Se、pH、可溶性SiO_2、总矿化度、固形物；硬度、永久硬度、暂时硬度、负硬度、总碱度、总酸度），物性指标（色度、浊度、嗅、味、肉眼可见物），有害组分（Hg、TCr、Cr6+、As、Pb、Cd、CN−、酚）和其他单项（游离CO_2、侵蚀CO_2、DO、COD、S^{2-}、悬浮物、ABS）等几大类。

②野外取样。水质作为水化学监测的常规项目，其不仅是研究地球化学的基础资料和传统方法，而且也是地热流体开发利用过程中必须考量的最重要指标之一，所以每一眼地热井的水质都必须进行检测（这一点要求与气体、同位素、放射性要求不同）。但检测项目因利用目的和研究程度的不同可以有所选择。一般来说，在地热田勘查初期，在对地热流体水质特征了解不多的情况下，应对所有项目进行检测。随着样品的增多，在综合分析区域水化学的基础上，对某些微量元素、有害组分、其他项目中含量极微、变化很小且不对解释地热流体的补、径、排条件或对热流体利用产生影响的元素或组分，在水质长期监测或进行水质评价时可以不再检测，以节省经费。

每眼地热井的第一次取样一般是在地热井成井并进行充分的洗井、抽水试验结束前进行，取样器应充满流体而不能留有空隙，密封好后贴上标签。对于某些不稳定成分，取样后需立即加入相应的保护剂。如检测水样的Fe^{2+}和Fe'，取样后应加入1%的硫酸溶液（1+1）和1~2mL的硫酸铵溶液以阻止其氧化；检测挥发性酚和氰化物需加入氢氧化钠以使水样的pH>12等。具体的取样要求可向送检实验室咨询。

作为水质长期监测的地热井的选择则应遵循取样若点布置原则。取样间隔一般为半年一次，在丰、枯水期各一次；每批统测工作应尽量在短时间内完成。为某项研究任务，统测时间可适当变动。如天津地区为回灌而进行的水质统测时间选择在回灌前及回灌后的10d内完成；历年水质动态监测选择在取暖开始前的15d内，取暖结束前的15d内完成。

（2）气体检测。

①分析项目。地热流体中常含有大量的气体成分，与深度、温度及所赋存的环境相关性较大，根据气体含量及其组成，可以判断地热流体所处的氧化还原环境、气体来源等。地热流体中含有的气体一般包括：CO_2、N_2、Ar、H_2、O_2、CH_4、H_2S、He、Ne；但在沉积盆地型地热流体中CO_2、N_2、O_2、CH_4、H_2S的含量较高，也是最常规的气体检测项目。

②野外取样。野外采集气体样时，应对溶解气和逸出气分别采集。其中逸出气为常压取样，可采用集气管取样法或普通玻璃瓶取样法，溶解气采用负压取样。

逸出气取样法。集气管取样法：取样前，将连在集气管上的漏斗沉入水中，直至水面升到弹簧夹-5以上，关闭弹簧夹-5，然后将事先注入压力瓶中的水注入集气管中，待集气管被水充满后，关闭弹簧夹-6，7，并注意切勿使管中留有气泡，然后将压力瓶灌满水（注意勿使空气经压力瓶进入集气管中），将压力瓶垂直放在水中或低于集气管的地方，再将漏斗移至逸出气体的气泡出露处，打开弹簧夹-5，7，这时气泡即沿漏斗进入集气管中。当集气管中的水被排尽后，关闭弹簧夹-5，7，再从水中取出全套装置。

普通玻璃瓶取样法：由玻璃瓶（容积100~300mL）及漏斗组成，漏斗上配有橡皮塞，其中心部位有一孔，可插入漏斗，边缘则带有一缺口作为排水口。取样前，先在水面下使玻璃瓶被水充满，然后倒转玻璃瓶，使瓶口朝下，并检查瓶中是否留有气泡，然后将带塞漏斗在水面下插入玻璃瓶中（注意漏斗也应留有气泡）。将装置移至气泡出露处，待瓶中水被排尽后，在水面下取出漏斗，同时用瓶塞塞好玻璃瓶，再将玻璃瓶自水中取出，并立即用蜡密封瓶口，将瓶倒放在木箱中运往实验室。应注意玻璃瓶中一定要留有少量水，以保证瓶中气体不致逸出，最好是在封瓶前，使瓶中气压高于大气压力，以避免空气进入瓶中。

溶解气取样法。采集瓶的准备：在5000mL玻璃瓶的橡皮塞中有3根紫铜管，一根插入瓶底，一根齐于瓶塞，一根下接一个球胆。将管1、2用夹子夹住，真空泵插入管，对瓶胆抽真空5min，然后夹住管1、3，真空泵插入管2，对玻璃瓶抽真空15min，真空度抽至40Pa以下，将管1、2、3用夹子夹住以备采集。

井孔采集：将要采集的井孔进水管插入管-1，打开管-1夹子，将井管中的逸出气与水样利用负压一并吸入玻璃瓶，因玻璃瓶为真空，可将水样中的溶解气瞬间脱出，当水样体积到达玻璃瓶1500mL，容积刻度时，将管-1用夹子夹住，进水管脱离。尽快送实验室，对溶解气体进行分离和测定。

（3）环境同位素检测。

环境同位素是指在自然环境中存在的，其浓度不受研究者控制的稳定同位素和放射性同位素。

①分析项目。自然界地下中存在的环境同位素主要有：^{2}H、^{3}H、^{18}O、^{13}C、^{14}C、^{31}Si、^{34}S、^{36}Cl等。目前在地热研究中最常应用的为^{2}H、^{3}H、^{18}O、^{13}C、^{14}C。其中^{3}H，^{14}C为放射性同位素，^{2}H、^{18}O、^{13}C为稳定同位素。

②野外取样。取样检测^{2}H、^{3}H、^{18}O的水样为原水样，取样容器宜采用玻璃瓶或硬质塑料瓶。

检测^3H用量为500mL，^2H和^{18}O用量为50mL。水样应充满容器，不得留有空隙，以免发生同位素分馏。

^{13}C、^{14}C取样。检测^{13}C、^{14}C的样品需要在野外对原水进行处理，加入适量NaOH使pH＞12，然后以$SrCl_4$或$BaCl_4$作为沉淀剂，使地热流体中以各种形式（CO_2、H_2CO_3、HCO_3^-、CO_3^{2-}）存在的碳成分沉淀出来，并保证沉淀物中至少含有5g纯碳，样品制备过程较复杂。

环境同位素在自然界中含量极微，检测样品最好同批次取得并送到同一实验室检测，否则不同检测设备和不同标准样造成的系统误差将给分析工作带来较大困难，甚至困惑。

（4）放射性项目检测。

①分析项目。地热流体中的放射性元素主要有U、Th、^{226}Ra、^{40}K及Rn气。除Rn气外，其余4种元素均可放射出a和β射线，其中以^{40}K贡献最大。一般对地热流体的放射性检测主要是测定其总a、总β和Rn气；只有在进行某些专项研究时，才分项检测U、Th、^{226}Ra、^{40}K。

②野外取样。总a和总β取样。用2500～3000mL的塑料桶采取原状水样后，每1000mL流体中加入盐酸（1+1）4mL，摇匀，密封。

氡气取样。用预先抽成真空的专用玻璃扩散器从水源处取样。采样时将扩散器的水平进水口沉入水中，不要露出水面以免混入空气；然后打开水平进口的弹簧夹-3，至流体被吸入100mL刻度时关闭弹簧夹-3，贴好取样标签并尽量避免震动。

由于氡的半衰期比较短，为保证分析的准确性，最好在取样后24小时内进行测定，当条件不允许时，也不得超过3天。

如果没有专用扩散器，也可采用500mL玻璃瓶装，取满水样（不得留有空隙），密封，尽快送到实验室。

U、Th、^{226}Ra、^{40}K 取样。用 5000mL 塑料桶取原状地热流体样，密封，不得留有空隙。

第四节 地热钻探勘查技术

一、关于地热资源的简要说明

人类对地热资源的利用的历史与人类的发展历史相比几乎不存在多大差别，简单来说，就是说明地热资源开发的历史比较久远，我国关于地热资源的利用方面也有着明确的记载，即由我国明朝著名医药学家李时珍编写的《本草纲目》一书中就有地热资源对人体疾病治疗方面的记载，随着社会经济与生产力的不断发展，地热资源的应用范围正在逐步扩大，作为一种可以供人类开发利用并且拥有着巨大的发展前景的资源，这种资源将会给社会经济与人民生活带来福祉，地热资源应用范围极为广泛，比如在民居供暖、温室种植等方面都能够体现地热资源的强大效能，在未来国家与社会发展过程中，地热资源必将发挥更为重要的作用，地热资源的勘查利用，将会对缓解当前能源危机、改善投资环境、促进经济的可持续发展与推动人民生活水平的提升具有十分重要的意义与价值。

二、关于当前地热勘查的方法的简要分析

任何行业的发展均离不开一定的方法，对于地热资源勘查方面也存在适合自身发展的具体方法，从地热勘查具体方法方面可以分为以下五个方面，即对区域内地质资料进行分析、对航卫的解释工作、对地热地质条件进行调查、针对周边地质条件的化学调查与整体的动态监测等。第一，对区域内地质资料进行分析。众所周知，地热资源的分布情况与其他资源的分布状况有所不同，这种资源主要分布在构造断裂处的基底部分，地热资源勘察开采的必要前提就是对大规模的地区地质构造进行有效分析与地质资料的整理，将前期工作顺利完成之后，同时需要进一步明确地热资源勘察区域之内的具体地热资源的埋藏特征、岩性特征、水储存特征与运动特征等方面，进而为未来地热资源的开采提供了详细的特征说明，极大地便利了实际地热勘察开采工作。第二，对航卫区域的解释工作。对相关航卫区域进行进一步的解释就是能对相关区域的地质构造进行进一步的分析判别，同时也能够进一步摸清周边泉水的分布状况与地热的表层分布状况等，这将会对勘察面积较大且勘察资料不够充分的地域具有十分重要的价值与作用。第三，对地热地质条件进行调查。采用这种方法的大前提就是必须拥有关于本区域的地质状况与航卫区域解释工作的资料说明，利用这种技术，可以极为便利地寻找到地质露头与监测地热田的岩性特征与岩浆活动，同时也可以极大地方便对勘查区的地质构造形成的相关背景进行全面分析。第四，针对周边地质条件的化学调查。在进行实际的地热勘测过程中，可以组织相关勘测人员对周围地表土壤的汞等微量元素进行全面分析。这种勘察方式可以进一步地掌握内部复杂的地层构造运动变化状况，通过对地热井的水热具体蚀变矿物的全面分析可以进一步地推断出地热活动变化情况。第五，关于整体的动态监测。动态监测流程将会贯穿整个地热勘查工作过程，这种方法就是针对每一个开采点的开掘，对地热井的水位、水井、水量、水温等进行全面动态的监测，使得相关勘察人员进一步掌握本区域之内的具体地热资源开采分布情况，在后期勘察过程中，对于已经开始进行地热资源开发利用的区域，必须时刻保证动态监测的合理性与连贯性，从而方便快捷地对地热资源进行计算和评价，也能为地热田的管理和开发相关的地质、环境等问题提供客观实际的资料。

三、关于地热勘查合理的工作程序以及应用的简要说明

（一）对地热勘查合理工作程序的分析

在利用各种勘察技术勘查地热资源之前需要构建一套相对科学合理的工作程序，这样的目的就在于能够有效保证各项勘察工作的质量与效果，对进一步做出更加正确的解析与结论奠定了坚实的基础，同时也有效减少了勘探布孔的盲目性，极大地降低了地热勘探工作的危险系数，避免了在地热勘探施工过程中可能出现的损失，具体的工作程序如下：第一步，需要组织相关工作人员在接受任务之后，必须进行实地考察，进一步了解并掌握周边地区的交通运输状况，搜集该地区的天气、水文、区域地质的相关资料信息，并且对这些信息进行全面的分析，确保能够进一步准确地掌握勘察区域地热地质条件。第二步，根据不同的工作性质与工作目的，做出科学与合理的工作部署，并且在后期勘探地热资源的过程中必须严格遵守相关工作部署，选择适合本区域的地热勘探方法，在对各项工作成果充分研究的基础上，选择勘探靶区并布设勘探孔，开展地热勘探。

（二）对地热资源应用探究的分析

结合当前我国在此方面的发展情况，我国在地热资源勘探方法的应用方面取得的效果是极为显著的，随着地热开采范围的不断扩大，以及开采深度的不断增加，地热资源开采风险也将会进一步提高，在今后的地热资源勘探发展过程中，必须结合勘探区域的地质条件、水文变化、地质构造、岩浆活动等，有针对性地选择地热勘探方式与方法，在实际应用过程中，往往需要综合有效地分析勘探区域的地层物性，并且结合地热勘察工作现场，来决定哪一种物探方法更适合，又或者多种方法结合效果会更好。只有综合应用各种地热勘探技术，才能够不断提高我国地热勘探技术质量与水平，进而为今后地热资源的开发与利用提供可靠的依据与广阔的前景。

四、地热资源钻探工程新技术发展及应用的分析

（一）关于液动潜孔锤钻井技术及应用

液动潜孔锤钻井技术是一种冲击式钻井与回转式钻井两种方式相结合的钻井方法，这种技术能够有力地击碎坚硬的岩石，两者之间相互补充，发挥出其中最大的效果，这也在一定程度上体现了这种技术能够极大地提高钻井的效率，但就目前从国内发展状况而言，这种技术的应用起步比较晚，同时技术应用的范围也并不是特别广，尤其在我国地热勘探与石油开采中运用得更少，在未来发展中，需要加大对这种技术的研发，进而推动我国地热资源勘查领域的发展。

（二）水平行对接井钻井技术的应用

这种技术在专业行业中被象征性地看作“钻头中长出来了眼睛”，其实就是一口井与另一口井之间实现了远程对接，并且在实际地热资源钻探施工过程中利用了水重力的相关原理，进一步建立了流体循环，达到排水降压、气体解吸的效果，从而提高产气量。我国在地热资源钻探施工中这种技术的利用并不多见，在未来发展中需要加大对这种技术的研发，进而提高我国地热资源勘查的效率与质量。

第十章 油气储运站场施工

第一节 场区平面施工

场区平面施工要在设计图纸指定的区城进行。场区平面施工的目的是按设计图纸要求准确定出各设施的具体位置，根据场站各部分安装的需要，进行场地平整，修筑进场道路，以便为后续工程的施工创造必要的条件。当场地是坡地或矮丘时，更要按设计要求修建成平地或台地，才能开展其他工序，否则会对后续工程产生严重的不利影响。

场区平面施工的主要内容有：定位放线、场地平整、土建工程施工等。

一、定位放线

定位放线要依据国家永久水准点和线路（站场）控制桩进行，定位放线可按以下程序进行。

（1）测量人员根据站场总平面图和各设施基础施工图，用经纬仪和测距仪确定站场总体位置和各种设施的基础位置，钉上控制桩，撒上白灰线。

（2）按站场总平面图和各设施基础施工图，用水平仪确定出站场各点标高和设施基础位置标高，钉上标高控制桩。

（3）整个站场平整完毕后，按站场总平面图设置临时性坐标、标高参考点，经业主代表核查后，用混凝土固定好。在以后各设施施工时，都要以临时性坐标、标高参考点为准。

（4）在设施定位后，放线中如基础较小（围墙除外），可用钢尺确定基础位置尺寸，测量方法需得到业主和OGP代表的同意。

二、场地平整

场地平整应在获得业主同意后进行，在此之前要查清站场内的地下、地上障碍物和植物种类，并画出土方调配方格图，开工前需得到业主代表同意。

场地平整主要依靠土工机械进行，必要时可以采用人工平整。

场地平整时，用推土机从站场一边开始进行平整，平整标高按站场总平面图有关要求执行。用水平仪跟踪测量标高，以确定推土高度。在推土过程中，发现有低洼、坑洞要及时用合适的材料进行回填，多余的土要及时运到指定的位置堆放。按施工总平面图确定道路的位置，修筑临时用道，临时道路要高出站场地面。临时道路两边要挖设临时排水沟。

在整个场地平整过程中，要保护好不许清除的现有建筑物、地下管道、地下设施等，保护好现有道路、电线杆等。

三、土建工程

站场土建工程包括站场内各种土方工程、钢筋混凝土工程、房屋建筑工程和水工保护工程等，这些工程的施工可以参照其他有关土木工程施工图书。

第二节　设备（机泵等）的安装

一、基础的检查验收

机泵基础施工由专门的土建施工队伍完成。当混凝土达到标准强度的75%时，由基础施工单位提出书面资料，向机泵安装单位交接，并由安装单位验收。基础验收的主要内容为外形尺寸、基础坐标位置（纵横轴线）、不同平面的标高和水平度，地脚螺栓孔的距离、深度和孔壁垂直度，基础的预埋件是否符合要求等。机泵基础各部位尺寸的允许偏差应符合有关规范的要求。

二、地脚螺栓

机泵底座与基础之间的固定采用地脚螺栓。地脚螺栓可分长型和短型两种，T型长地脚螺栓，借助锚板实现设备底座与基础之间的固定，使用锚板可便于地脚螺栓的拆装更换，长地脚螺栓多用于有强烈振动和冲击的重型机械。油气储运工程中的机泵安装多采用短地脚螺栓，安装时，直接埋入混凝土基础中，形成不可拆卸的连接，埋入时，可采用预埋法和二次灌浆法。

预埋法是在灌筑基础前用钢架将地脚螺栓固定好，然后灌注混凝土。预埋法的优点是紧固、稳定、抗震性能好，其缺点是不利于调整地脚螺栓与机泵底座孔之间的偏差，安装难度大、成本较高。大型设备的地脚螺栓经常采用此种方法（如我国西气东输管线的压缩机的地脚螺栓）。用钢架固定地脚螺栓时，其方位和尺寸的精度应比设计要求高出30%，给基础浇注留出变形余量。

二次灌浆法是在灌筑基础时，预留出地脚螺栓孔，安装机泵时插入地脚螺栓，机泵稳固后向孔中灌入混凝土。二次灌浆法的优点是调整方便，但连接牢固性差。

三、垫铁

垫铁的作用是调整机泵的标高和水平。垫铁按材料分为铸铁和钢板两种，按形状分有平垫铁、斜垫铁、开口垫铁、自动调整接触面的内球面垫铁。

机系底座下面的垫铁放置方法可采用标准垫法或十字垫法（适用于小型机泵）。每个地脚螺栓至少应有一组垫铁，垫铁应尽量靠近地脚螺栓。使用斜垫铁时，下面应放平垫铁，每组垫铁一般不超过三块。在平垫铁组中，厚的放在下面，薄的放在中间，尽量少用薄垫铁。机系找正找平后，应将每组钢垫铁点焊固定，防止松动。

垫铁组应放置整齐、平稳，与基础间紧密贴合，在垫铁与混凝土基础的接合部，应将基础浇注振捣上浮的较软面凿去10~15mm。

四、设备机座找正、找平和找标高

（一）机座找正

设备机座找正的主要目的是保证几个设备机组安装在一条线上、一个平面上，相应的配套管线和附属设施也都横平竖直，整齐划一。

设备机座的找正就是将机座的纵横中心线与基础的纵横中心线对齐。基础中心线应由设计基准线量得，或以相邻机座中心线为基准，如要求不高还可以地脚螺栓孔为基准画出基础的纵横中心线。

基础纵横中心线可用线锤挂线法画出。在设计基准线上取两点，借助角尺、卷尺等量出相等垂直尺寸，做出标记。立钢丝线架，吊线锤，调整钢丝位置使线锤对准标记，在基础上弹出墨线。另一条中心线以同样方法绘出。最后应将纵横中心线在基础侧面上做出标记，以备安装机座时检查校正。

对于联动设备（如对置式压缩机），可用钢轨或型钢作中心标板，浇灌混凝土时，将其埋在联动设备两端基础的表面中心，把测出的中心线标记在标板上，作为安装中心线的两条基准线。向一中心线埋设两块标板即可。

（二）机座找水平与标高

设备机座找正后，即进行设备机座的水平和标高的调整，设备机座的找平非常重要，如果设备沿主轴的纵向不水平，运行时，会产生轴向分力；横向不水平时，会使轴承箱的润滑油位不均衡，设备受力不均匀。因此，若厂家无规定，设备机座纵向水平误差应小于0.05mm/m，横向水平误差小于0.10mm/m。设备机座的标高与设备配管和附属设施的安装有关，若是分体钢架底座，设备标高与“联轴器对中”工作有紧密联系，其误差应小于2mm。

输油气站场的大型设备如主输油泵、输气压缩机一般都带有钢架底座，在钢架底座上部配有设备精细找正的部件，依据设备重量分为整体钢架底座和分体钢架底座，整体钢架底座便于设备就位找正，但若设备体积、重盘大，常采用分体钢架底座。输气压缩机组重量较大，仅压缩机单重100多吨，燃气机与压缩机是各自的分体钢架底座；主输油泵机组重量较轻，整套机组才几十吨重，可采用整体钢架底座，即电动机与泵在一个钢架底座上。不论是整体钢架底座还是分体钢架底座，在施工中分为有垫铁安装和无垫铁安装，它们施工方法不同，但质量精度要求相同。

1.有垫铁的钢架底座安装

为方便设备地脚螺栓的安装，地脚螺栓下部焊有防拔出钢板，地脚螺栓外套钢套管，钢套管预埋在设备的钢筋混凝土基础内，地脚螺栓在钢套管内是活动的，并捆有细铁丝，以备设备安放找平后，将地脚螺栓提起。设备安放找平后对地脚螺栓和垫铁钢垫板共同进行二次灌浆（也有厂家不要求地脚螺栓灌浆），安装按如下步骤进行。

（1）基础质量检查和验收。

（2）凿去垫铁钢垫板预留位置处10～15mm厚混凝土柔软层，安放垫铁钢垫板。

（3）调整垫铁钢垫板的顶丝，修正垫铁钢垫板的标高，调整水平度，用水准仪控制垫铁钢垫板的标高，用精度大于0.02mm/m框式水平仪控制水平度，使其达到设计或厂家要求，然后安放能自动调整与垫铁钢垫板和钢架底座接触面的“内球面垫铁”，在内球面垫铁上，用水准仪控制安放调整标高的U型钢垫片，使精度达到厂家规定，若无规定，其误差应小于1mm，做好记录以备下步调整。

（4）为了防止设备压坏垫铁钢垫板的调整顶丝，在设备吊装前，安放数组略高于“内球面垫铁”的临时垫铁。吊装带钢架底座的设备，将地脚螺栓提起，穿出垫铁钢垫板、“内球面垫铁”、钢架底座，戴上地脚螺栓帽（不紧固），对设备进行预找平和联轴器预找正，其误差小于0.5mm。为给联轴器精找正留有足够的调整余地，在联轴器预找正前，一定要松开机泵底座与钢架底座的固定螺栓，检查固定螺栓是否在螺孔的中心，若有偏差应利用调整顶丝修正后，再进行联轴器预找正。

（5）联轴器预找正合格后，用高强度流淌性好的微膨胀环氧树脂水泥砂浆对地脚螺栓和垫铁钢底板进行二次灌浆，灌浆时，应在设备钢架底座的螺栓孔内，装有易取出的隔离垫片，使地脚螺栓与螺栓孔有均匀的间隙。并做好标高、水平度和灌浆记录。

（6）若设备是分体钢架底座，在地脚螺检灌浆前，要依照厂家的要求校核机泵联轴器的间隙，它关系到电动机磁场中心的对正和机泵运行时主轴的窜动量控制，一般其误差小于0.25mm。

（7）二次灌浆达到强度要求后，用“侧壁千斤顶”撤出临时垫铁，进行设备精找平，紧固地脚螺栓。为防止设备钢架底座在紧固螺栓时受力变形，应严格按照厂家要求的力矩进行紧固，并在紧靠地脚螺栓紧固处安放千分表，若钢架底座变形超过0.2mm，应加装U形调整钢垫片。设备找平时，应在厂家指定的精加工面上进行。若技术文件没有要求时，一般横向水平度的允许偏差为0.10mm/m，纵向水平度的允许偏差为0.05mm/m。

（8）在设备配管前，进行联轴器的精细找正，通常以压缩机和主输油泵轴为基准调整电机的位置，当机泵与电机之间有变速箱时，则先安装变速箱，并以它为基准再安装机泵与电机。大型压缩机组找正，要考虑燃气轮机高温运行时，温度线膨胀引起设备底座增高的因素。

（9）在联轴器精找正合格，且四周定位顶丝已紧固后，再进行设备的配管工作。机泵的进出口管线应由支架支承，不允许机泵承受管线重力和应力。机泵法兰短节安装紧固后，再焊接机泵进出口短节的最后两个焊口。为保证实现无应力安装，最后的焊口位置应选在易安装组焊的地点，对口间隙和管口错边量均不可超标。为减少焊接应力，应同时进行机泵进出口两边焊接，也可以焊接完一边的根焊，再进行另一边的根焊，依此类推，循环完成焊接，但此方法需采取预热措施保证焊接层间温度高于100℃。焊接时应观察联轴器的千分表，不应有变化。管线中杂物应清扫干净。

（10）安装完机组管线及附件，并复核设备联轴器的同轴度后，为检查机泵所受的安装应力，应将机泵的底座螺栓和四周紧固顶丝松开，机泵的位移不应超过0.05mm。另外也可解开机泵进出口的法兰螺栓，检查法兰平行度不应大于0.5mm。

2.无垫铁钢架底座安装

（1）对无垫铁钢架底座安装，地脚螺栓一般采用预埋法，安装前应对基础标高、螺栓间距及主被动设备的相应方位进行校核，并将基础表面的较软面凿去10 ~ 15mm。

（2）用设备钢架底座自带的顶丝将钢架底座顶足，达到设计高度；使用精度大于0.02mn/m的水平仪，在厂家指定的位置，找设备的纵横向水平度；若厂家无规定，其横向不平度小于0.1mm/m，纵向不平度小于0.05mm/m；若设备是分体钢架底座，在钢架底座灌浆前，要依照厂家的要求校核泵联轴器的间隙，一般其误差小于0.25mm。

（3）使用强度大于150号流淌性好的微膨胀环氧树脂水泥砂浆将整体钢架底座与基础振捣浇注为一体，为便于排出空气，浇注时，从设备宽的一侧注浆，另一侧出浆，注浆要饱满，不可有空洞。

（4）水泥浆硬化后复查水平度，然后按照厂家要求的力矩拧紧地脚螺栓。

（5）设备钢架底座找平后，其他工作与有垫铁钢架底座安装工作相同。

五、机、泵的检测与试运行

（1）机器在保质期内，原则上不进行拆检。需拆检的机器需与甲方协商后确定。

（2）将待检机泵解体、清洗、检查零部件有无损伤；检测各间隙、配合是否符合要求；转子的径向跳动、轴向跳动是否符合要求。检验合格后，清洗干净并按要求组装，对检查的各种数据，做好记录。

（3）设备在试运行前，要检测设备的供电、仪表、自保护系统及设备附属设施，应齐全完好。

（4）要清洗干净设备的润滑油系统，加足所要求牌号的润滑剂。若设备是强制润滑，则要“跑油”清洗润滑油系统，直到管路内的润滑油达到合格指标为止。

（5）有足够符合要求的试运行输送介质。

（6）实现以上五条要求后，方可进行设备试运行。主动机连续正常运行4h后，接上联轴器使机组连续正常运行72h，试运行合格，填好试运行记录。

第三节 工艺管道安装

站场工艺管道的安装是在站内设备（机泵等）安装就位，并完成设备的配管之后进行。在进行工艺管道安装前，还需要进行管配件的预制和工艺管道支吊架的制作。在上述工作完成并验收合格后，方可进行工艺管道的安装。

站场工艺管道施工流程为：准备工作→管道预制→管道安装→无损检测→试压吹扫→防腐保温。

一、站场工艺管道安装的原则

站场内工艺管道安装必须按以下原则进行。

（1）先地下（先埋地管线后地沟管线），再地面，后架空；

（2）先室内，后室外；

（3）先机泵设备，后配管；

（4）对同类介质管线，先高压、后低压，先大管、后小管；

（5）先主干管线，后分支管线；

（6）对设备就位，先室内、后室外。

二、施工准备工作

站场工艺管网施工准备工作包括：技术准备、物资准备、施工队伍及机具准备、现场准备、建立QHSE体系运转所需文件、记录等，上述准备工作内容与第三章线路工程施工工艺中相关内容基本相同。但对于站场施工来讲，涉及的设备、管件和材料类型较多，下面重点介绍材料的验收与保管。

（一）材料验收及保管的一般规定

（1）站场工程所用材料、管道组件、阀门的验收应由工程施工单位、供货单位、工程监理单位人员共同进行。

（2）工程所用材料、管道组件、阀门在使用前，应按设计技术要求核对其规格、型号及材质。

（3）材料、管道组件及阀门应具有产品质量证明书、出厂合格证、使用说明书、商检报告。其质量必须符合设计要求或产品标准。

（4）材料的理化性能检验、试验应由取得国家或行业主管部门颁发的相应资质证的单位来进行。若需对材料进行复验，应征得建设单位同意，由监理单位组织复验。

（5）不合格的材料不得使用，应由供货商负责处理。

（6）使用的各种检测计量器具必须经过国家计量检定部门或授权机构校验、标定和检定，并在有效期内使用。

（7）材料验收应以材料管理人员、工程监理人员为主，也可邀请专业技术人员、质检人员共同按要求进行，并填写材料检查验收记录。

（二）钢管及防腐管的验收

钢管的检验应按到达现场的批量，由承包商在监理的指导下进行验收。钢管必须具有制造厂（商）的质量证明书（商检报告），其质量应符合设计规定。钢管验收的项目、检查数量、检验方法、合格标准应符合相应标准的规定。钢管端部标注的出厂编号、材质、管径、壁厚应与出厂质量证明书相符。

防腐管检查内容应符合下列规定。

（1）检查出厂检验合格证或商检报告，应齐全、清晰；

（2）防腐层外观应完整、光洁、无损伤；

（3）管口防腐预留长度应符合规定，管口应无损伤；

（4）每根防腐管的防腐等级、出厂编号应完整、清晰；

（5）运输数量、规格、等级与随车货单和出厂检验合格证相符。

（三）焊接材料的验收

焊接材料包括焊条、焊丝、焊剂、保护气体，其型号、规格应符合设计和焊接工艺规程要求。

应对不同厂家的不同规格、型号的焊接材料按规定分别进行检查和验收。如果首次抽查结果不合格，应加倍抽查。如仍不合格，则判定该批不合格。

（四）管件、紧固件的验收

管件检验应逐个进行。检验项目、检验方法、合格标准应符合规定。

管件出厂合格证、质量证明书、商检报告应与实物相符，弯头、弯管端部应标注弯曲角度、管径、壁厚、压力等级、曲率半径及材质；三通应标注主、支管管径级别、材质和压力等级；异径管应标注管径级别、材质和压力等级；绝缘接头、绝缘法兰应标注公称直径、压力等级和材质。法兰及法兰盖应符合相应标准的要求。其尺寸偏差应符合表5-3-2的要求。

在初步设计交底时，对于公称直径大于300mm的管道，管线刚度很大，维修时一般采用切割更换阀门，可以建议设计人员，采用焊阀取消法兰盘，减少泄漏概率。若采用法兰连接，法兰外观应符合下列要求。

（1）法兰密封面应光滑、平整，不得有砂眼、气孔及径向划痕；

（2）凹凸面配对法兰其配合线良好，凸面高度应大于凹面深度；

（3）对焊法兰尾部坡口处不得有碰伤；

（4）螺纹法兰的螺纹应完好无断丝。

法兰连接件的螺栓、螺母、垫片等应符合装配要求，不得有影响装配的划痕、毛刺、翘边及断丝等缺陷。

用于高压管道上的螺栓、螺母，使用前应从每批中各取两根（个）进行硬度检查，不合格时应加倍检查；仍不合格时，逐个检查，不合格者不得使用。

（五）阀门检查、验收

站场所用阀门应根据设计要求订购。阀门到场后，由监理单位组织施工等单位参加，逐个进行开箱检查，由施工单位组织进行阀门试验，其检验要求应符合标准的相关规定。

（1）阀门必须具有出厂合格证、产品质量证明书和制造厂的铭牌，铭牌上标明公称压力、公称直径、工作温度和工作介质。

（2）外观检查。阀门内无积水、锈蚀、脏污、油漆脱落和损伤等缺陷，阀门两端有防护盖保护。

（3）阀门试验。

①管路上阀门逐个进行壳体压力试验和密封性试验。

②试验介质选用洁净水，不锈钢阀门试验水中氯离子含量不得大于25mg/1。

③试验要求：壳体试验压力为公称压力的1.5倍，维压5min无泄漏为合格。具有上密封结构的阀门应进行上密封试验，试验压力为公称压力的1.1倍，试验时关闭上密封面，并松开填料压盖，维压4min无泄漏为合格。

④试验合格的阀门应及时排尽内部积水，并干燥，阀门两端应封堵，做出合格标记。

（4）解体检查。密封性试验不合格的阀门，必须解体检查，组装后重新试验。

（5）安全阀到货后送当地具有资质的单位进行调试。安全阀按设计文件规定的开启压力进行调试，试压时压力要求平稳，启闭试验至少3次，调试合格的阀门，及时铅封。并做好安全阀调试记录。

（6）进阀门商检合格后，是否进行试压要与业主商定。

三、管道预制

管道预制是工艺管道安装施工中的一项基本方法。站内工艺管道的预制工作主要有：管汇制作以及管道组合件制作。对于工作压力大于8MPa的高压输气管道，在初步设计交底时，应建议设计方将站场内弯头加厚一个级别，这主要是因为含有微粒的高速气流可以使弯头磨损减薄；因为高速气流可以引起内套管振动、焊道疲劳，因此，插入管线内的“温度计套管”深度，不应超过1/4管径，开孔焊道应进行“等面积补强”。

管道预制件的形式应根据图纸中工艺管道的结构形式确定。由于预制的工作量较大，预制应在站内设置的场地或平台上进行。

（一）材料检验

主要检查用于本工程的材料是否有质量证明材料，下料前要进行材质和规格的校对，做到材料的外观无腐蚀、无锈污，尺寸误差在允许范围内。

（二）下料

应根据图纸中的结构尺寸计算确定各种短节的尺寸，核对无误后进行画线。如果预制件比较复杂，应对下料的短节进行编号，以便区分。下料尺寸及切割误差不得大于3mm。

（三）切割

不锈钢管应采用机械或等离子方法切割，用砂轮切割或修磨时，应使用专用砂轮片。普通钢管宜采用机械、等离子或氧乙炔火焰切割。主管道宜采用坡口机加工坡口，其余钢管采用氧乙炔火焰切割后应将切割表面的氧化层除去，清除坡口的弧形波纹，按要求加工坡口。防腐管的切割，管端处理应满足原防腐留头的要求。

钢管切口应符合下列规定。

（1）切口表面应平整，无裂纹、重皮、毛刺、凹凸、缩口、熔渣、氧化物、铁屑等；

（2）切口端面倾斜偏差不应大于管子外径的1%，且不得超过3mm；

（3）管端坡口形式及组对尺寸、管道应符合该工程的焊接工艺评定。

管口内外表面应清洗，管端20mm范围内应无油污、铁锈、油漆和污垢，应呈现金属光泽。应将管端部10mm范围内螺旋焊缝或直缝余高打磨掉，并平缓过渡。管端坡口如有机械加工形成的内卷边，用锉刀或电动砂轮机清除整平。钢管端部的夹层应切除，并重新加工坡口。钢管的折曲部分及超标凹痕应切除。加工坡口经检查合格后，按要求填写记录。

（四）组对

管道的组对应在预制平台上进行，依据条件可以用吊车或三角架配合组对，管子组合尺寸的允许偏差，每个方向总长度、每段偏差、角度允许偏差、支管与主管横向中心允许偏差应符合规范规定。法兰螺孔应跨中安装；法兰密封面与管子中心线垂直；管段平直度小于0.5mm/m。

管道组对前，应对坡口及其内外表面用手工或机械进行清理，清除管道边缘100mm范围内的油、漆、锈、毛刺等污物。管道组对时应对管口清理质量进行检查和验收，办理工序交接手续，并应及时组对。使用内、外对口器对口时，内、外对口器的装卸，应符合焊接工艺规程的规定。

管口组对完毕，由组对人员进行对口质量自检，并由焊接人员进行互检，检查合格后组对人员与焊接人员办理工序交接手续，并按要求填写记录。

为将偏差控制到规范要求的范围之内，施工中使用的量具均应经过报验，管工各自妥善保管好各自量具。

（五）焊接

参加站场焊接的焊工，必须是经过考试合格的焊工。焊工必须持证上岗，按其取得的资格证进行相应的工艺管道焊接。当环境条件不能满足焊接工艺规程所规定的条件时，必须按要求采取措施后才能进行焊接。

（1）为保证焊接质量，在雨水、露水天气，大气相对湿度不小于90%或风速大于8m/s时、没有可靠的防护措施均不得施焊。

（2）不锈钢管道焊缝表面不得有咬边现象，其余材质管道焊缝咬边深度不得大于0.5mm，连续咬边长度不得大于100mm，且焊缝咬边总长度不得大于该焊缝全长的10%。焊缝表面不得低于管道表面。

焊接过程中要加强焊材管理：

（1）在施工现场设置库房，房内应通风良好，设有干湿度仪，用隔湿材料（塑料薄膜）将施工材料与库房地面隔开，设置货架分层堆放焊材；

（2）碱性焊条使用前按工艺规范的要求进行烘烤保温，为避免炭化，纤维素型焊条烘烤温度不应大于80℃；

根据当日的焊接工作量发放焊条，回收的废弃焊条应做好标识，隔离存放。

四、管墩与管道支架施工

站场管道有：埋地敷设、管墩（管沟）支撑敷设和管架支撑敷设等多种敷设方式。在站场平面施工完毕后，要根据设计图纸要求，准确放出管墩或管架的具体位置，进行管墩或管架的制作。

只有在管墩或管架制作完毕并检查验收合格后，方可进行工艺管道的安装。

（一）支架（管墩）的分类

管道支架按支架的材料可分为钢结构、钢筋混凝土结构和砖（木）结构等。

按支架用途可分为允许管道在其上滑动的支架（活动支架）和固定管道用的支架（固定支架）。

按支架的结构力学特点，可分为刚性、柔性和半铰接支架。

按支架的外形可分为T形、∩形、单层和多层，以及单只支架和空间钢架或搭架。

1.固定支架

固定支架是为了均匀分配补偿器间的管道热膨胀，保障补偿器能正常工作，从而防止管道因过大的热应力而引起管道破坏与较大的变形。如管子不保温，可用U形螺栓和弧形板组成的固定支架。

对于需保温的管子，应装管托。管托同管子应牢固，管托同支架之间用挡板加以固定。挡板分单挡板和双挡板两种、单挡板固定支架适用于推力较小的管道，双面挡板适用于推力较大的管道，为保护管道免受过大的轴向集中应力，挡板应焊在“管道半径弧形加强板”上。

2.活动支架

活动支架包括滑动支架、导向支架、滚动支架和吊架。

（1）滑动支架。滑动支架分低滑动支架和高滑动支架两种。滑动支架可使管子与支承结构间能自由滑动；尽管滑动时摩擦力较大，但由于支架制造简单，适合于一般情况下的管道（埋地管道除外），尤其是有横向位移的管道，所以适用范围很广。低滑动支架适用于不保温管道。

弧形板滑动支架是在管子下面焊接弧形板，其目的是防止管子在热胀冷缩的滑动中和支架横梁直接发生摩擦，使管壁减薄。弧形板滑动支架主要用在管壁较薄且不保温的管道。

高滑动支架适用于保温管道，管子与管托之间用电焊焊牢，而管托与支架横梁之间能自由滑动。管托的高度应超过保温层的厚度，确保带保温层的管子在支架横梁上能自由滑动。

（2）导向支架。导向支架是为了使管子在支架上滑动时不至偏移管子中心轴线而设置的。一般是在管子托架的两侧2～3mm处各焊接一块短角钢或扁钢，使管子托架在角（扁）钢制成的导向板范围内自由伸缩。

（3）滚动支架。滚动支架分滚柱支架和滚珠支架两种。主要用于管径较大且无横向位移的管道；两者相比，滚珠支架可承受较高的介质温度，而滚柱支架的摩擦力较滚珠支架大。

（4）吊架。吊架分普通吊架和弹簧吊架两种。普通吊架由卡箍、吊杆和支承结构组成，用于径较小、无伸缩性或伸缩性极小的管道。

弹簧吊架由卡箍、吊杆、弹簧和支承结构组成。用于有伸缩性及振动较大的管道。吊杆程度应大于管道水平伸缩量的好几倍，并能自由调节。

（二）管道支架的预制

按图纸给定的形状与尺寸，在预制场地上进行管架的预制。

预制时，管道支架使用材料要符合规范要求，材料型号、规格、加工尺寸及焊接符合图纸要求。支架所有开孔均应采用钻孔的方式，对管道支架焊缝进行外观检查，不得有漏焊、欠焊、裂纹等缺陷。

制作的支架应除锈处理、刷漆，并使用标牌标明材质、型号。

（三）管道支、吊架安装支、吊架的安装

管道支、吊架安装支、吊架安装前，应对所要安装的支、吊架进行外观检查。外形尺寸应符合设计要求，不得有漏焊或焊接裂纹等缺陷；管道与托架焊接时，不得有咬肉、烧穿等现象。

支、吊架的标高必须符合管线的设计标高与坡度，对于有坡度的管道，应根据两点间的距离和坡度的大小，算出两点间的高度差，然后在两点间拉一根直线，按照支架的间距，画出每个支架的位置。室外管道支架允许偏差 ± 10mm，室内允许偏差为 ± 5mm，同一管线上的支架标高允许误差值应一致。

管道安装时，应及时进行支、吊架的固定和调整工作。支、吊架位置应正确，安装要平整牢固，管子与支架接触应良好，一般不得有间隙。无热位移的管道，其吊杆应垂直安装。有热位移的管道，吊杆应在位移相反方向，按位移值一半倾斜安装。两根热位移方向相反或位移值不等的管道，除设计有规定外，不得使用同一吊杆。

固定支架应严格按设计要求安装，并在补偿器预拉伸前固定。在无补偿装置、有位移的直管段上，不得安装一个以上的固定支架。导向支架或滑动支架的滑动面应洁净平整，不得有歪斜和卡涩现象，其安装位置应从支承面中心向位移反向偏移，偏移值应为位移之半。保温层不得妨碍热位移的正常进行。有热位移的管道，在热负荷运行时，应及时对支、吊架进行检查与调整。

弹簧支、吊架的弹簧安装高度，应按设计要求调整，并做出记录。弹簧的临时固定件，应待系统安装、试压、绝热完毕方可拆除。管道安装时尽量不使用临时支、吊架。必要时应有明确的标记，并不得与正式支、吊架位置冲突。管道安装完毕后应及时拆除。

铸铁管或大口径钢管上的阀门，应设有专用的阀门支架（托架），不得以管道承重。如管道紧固在槽钢或工字钢的翼板斜面上时，其螺柱应有相应的斜垫本。

五、管道安装

（一）管道安装的一般规定

（1）管道安装前，应对埋地管道与埋地电缆、给排水管道、地下设施、建筑物预留孔洞位置等进行核对。

（2）与管道相关的建（构）筑物经检查验收合格，达到安装条件。

（3）与管道连接的设备、管架、管墩应找正，安装固定完毕，且管架、管墩的坡向、坡度符合设计要求。

（4）安装工作间断时，应及时封堵管口或阀门出入口，绝不能让沙土和异物进入管线内。

（5）不应在管道焊缝位置及其边缘上开孔；为保证管道内的清洁度，管线开孔焊接后应及时清理干净，不便清理的管段，应标注方位提前进行管段预制。

（6）焊缝及其他连接件的设置应便于检修，并不得紧贴墙壁、楼板或管架。

（二）管道安装

管道预制，宜按管道系统单线图施工，并按其规定的数量、规格、材质选配管道组成件，并标注在管道系统单线图上。

预制完毕的管段，应将内部清理干净。对预制的管道应按管道系统编号和顺序号进行对号安装。

安装前应对阀门、法兰与管道的配合情况进行下列检查。

（1）法兰与管子配对焊接时，检查其内径是否一致；

（2）平焊法兰与管子配合情况；

（3）法兰与阀门法兰配合情况以及连接件长短。

检查三通、弯头、异径管管口内径与其连接的管内径是否一致。

管道、管道组件、阀门、设备等连接时，不得采用强力对口。

管道对口时应在距接口中心200mm处测量平直度，当管子公称直径小于100mm时，允许偏差为1mm；当管子公称直径大于或等于100mm时，允许偏差为2mm。但全长允许偏差均为10mm。

管道对接焊缝位置应符合下列要求。

（1）相邻两道焊缝的距离不得小于1.5倍管道公称直径，且不得小于150mm。

（2）管道对接焊缝距离支、吊架不得小于50mm，需要热处理的焊缝距离支、吊架不得小于300mm。

架空管道的支架、托架、吊架、管卡的类型、规格应按设计选用，安装位置和安装方法应符合设计要求。滑动支架应保证沿轴向滑动无阻，而不发生横向偏移；固定支架应安装牢固。

法兰螺孔应跨中安装，法兰密封面应与管子中心垂直，当公称直径小于或等于300mm时在法兰外径上的允许偏差e为±1mm；当公称直径大于300mn时，允许偏差e为±2mm。

平焊法兰密封面与管端的距离应为管子壁厚加2～3mm，法兰连接时应保持平行，其偏差不得大于法兰外径的1.5/1000，且不大于2mm。垫片应与法兰密封面同心，垫片内径不得小于管内径。

每对法兰连接应使用同一规格螺栓，安装方向一致，保持螺栓自由穿入，螺栓拧紧应按对称次序进行。所有螺栓拧紧后，应露出螺母以外2～3扣，受力均匀，外露长度一致。

螺纹法兰拧入螺纹短节端时，应使螺纹倒角外露，金属垫片应准确嵌入密封面。与动设备连接管道的安装应符合下列要求。

（1）在配管顺序上，先连接其他管件，最后再与动设备连接。

（2）管道在自由状态下，检查设备进、出口法兰的平行度和同心度，允许偏差应符合规定。

（3）重新紧固设备进、出口法兰盘螺栓时，应在设备联轴器上用百分表测量设备位移。

（4）大型高转速设备的配管，最后一道焊缝宜选在离设备最近的第一个弯头后进行，并且在设备联轴器处，安装测量面隙（平行度）和轴隙（同心度）的千分表。焊接结束冷却后，设备盘车一周，千分表若有变化且超标，松开管道与设备连接法兰，用千分尺测量法兰间隙，找出原因，在紧靠法兰盘的第一个环形焊道，用电弧气刨刨掉适当长度和厚度的焊缝（钢材膨胀是暂时的，收缩是永恒的），再进行焊接，但返修不得超过1次。

（5）需冷拉伸管道在拉伸时，应在设备上设置量具，监视设备位移，设备不应产生位移。

（6）管道安装合格后，不得承受设计规定以外的附加载荷。

（7）管道经试压、吹扫合格后，应对该管道与机器的接口进行复位检查，其偏差值应符合规定。

（三）阀门安装

阀门安装前，应按设计核对型号，并按介质流向确定各类阀门的安装方向。阀门安装前应检查填料，其压盖螺栓必须有足够的调节余量。

旋塞阀、球阀应在全开启状态下，其余阀门应在关闭状态下安装。焊接阀门与管道连接焊缝底层宜采用氩弧焊施焊。

阀门安装后的操作机构和传动装置应动作灵活、指示准确。

进口阀门按产品说明书的要求进行安装、调试，达到灵活、可靠。安装安全阀时，应符合下列规定。

（1）安全阀应按设计规定调校，并铅封，鉴定证书齐全。

（2）安全阀应垂直安装；阀门的手柄应在便于操作的方位。

（3）安全阀经调整后，在工作压力下不得有泄漏。

六、焊缝检验与验收

管道对接焊缝应进行100%外观检查。外观检查应符合下列规定。

（1）焊缝焊渣及周围飞溅物应清除干净，不得存在有电弧烧伤母材的缺陷。

（2）焊缝允许错边量不大于1.6mm，管壁厚大于20mm，其错边量不大于2.0mm。

（3）焊缝表面宽度应为坡口上口两侧各加宽1～2mm。

（4）焊缝表面余高应为0～1.6mm，局部不应大于3mm且长度不大于50mm。

（5）焊缝表面应整齐均匀，无裂纹、未熔合、气孔、夹渣、凹陷等缺陷。

（6）盖面焊道局部允许出现咬边。咬边深度应不大于管壁厚的12.5%且不超过0.5mm，焊缝300mn的连续长度中，累计咬边长度应不大于50mm。

焊缝外观检查合格后应对其进行无损探伤。射线探伤应按《石油天然气钢质管道无损检测》SY/T4109-2005的规定执行。

焊缝无损探伤检查应由经锅炉压力容器无损检测人员资格考核委员会制定的考试合格并取得相应资格证书的检测人员承担，评片应由取得Ⅱ级资格证书及其以上的检测人员承担。

无损探伤检查的比例及验收合格等级应符合设计要求。

（1）管道对接焊缝无损探伤合格等级，设计无要求时，设计压力大于或等于4.0MPa为Ⅱ级合格；设计压力小于4.0MPa为Ⅲ级合格。

（2）不能进行射线探伤的焊接部位，按《工业金属管道工程施工及验收规范》GB50235-2010进行渗透或磁粉探伤，无缺陷为合格。

不能满足质量要求的焊接缺陷的清除和返修应符合返修焊接工艺规程的规定。返修仅限于1次。返修后的焊缝应按有关条款进行复检。

第四节　静设备施工

一般没有动力旋转的设备称之为静设备，如空气过滤器、润滑油空冷器、油气分离器，压缩气储罐、燃气锅炉等。

一、施工程序

（1）容器储罐类设备的施工程序如下。

施工准备→基础检查验、设备检查验收→收基础处理、垫铁放置→吊装就位→找正、找平→灌浆抹面→内件安装→防腐保温→检查验收、封孔。

（2）空冷器的施工程序如下。

设备到货验收→钢结构支座验收→构架组装焊接→风机安装→管束安装→电机单机试运空冷器风机试运转→交工验收。

二、容器储罐类设备的施工

（一）基础验收

安装施工前，设备基础必须交接验收。基础的施工单位应提供质量合格证明书、测量记录及其他施工技术资料；基础上应清晰地标出标高基准线、中心线，有沉降观测要求的设备基础应有沉降观测水准点。

基础验收检查应符合如下规定。

（1）基础外观不得有裂纹、蜂窝、空洞及露筋等缺陷；

（2）基础混凝土强度应达到设计要求，周围土方应回填并夯实、整平；

（3）结合设备平面布置图和设备本体图，对基础的标高及中心线，地脚螺栓和预埋件的数量、方位进行复查，及早暴露设备衔接方面的问题。

（4）基础外形尺寸、标高、表面平整度及纵横轴线间距等应符合设计和施工规范要求，其尺寸允许偏差应符合规定。

（二）到货设备验收

（1）对到货设备组织有关人员进行验收，检查是否有出厂合格证、设备说明书、质量证明书等文件。

（2）对设备外观进行检查，是否有伤痕、锈蚀和变形；设备的主要几何尺寸、加工质量和管口方位是否符合图纸要求；设备密封面是否光洁无划痕；对重要设备配合建设单位到制造厂进行监造，确保质量及施工进度。

（3）检查、清点设备附件到货情况，是否存在变形，尺寸是否符合图纸要求。

（4）设备密封面检查完毕后，法兰、管口、人孔按原样恢复封闭，配管或进入设备前，不再打开；如进场时没封闭的也应采用措施进行临时封闭，以防异物进入。

（三）基础处理、垫铁放置

（1）基础表面在设备安装前必须进行修整，铲好麻面，放置垫铁处要铲平，铲平部位水平度允许偏差为2mm/m，预留地脚螺栓孔内的杂物要清除干净；

（2）每个地脚螺栓近旁要有一组垫铁；

（3）相邻两垫铁组的间距不应超过500mm；

（4）有加强筋的设备，垫铁垫在加强筋下；

（5）每一组垫铁不超过4块。

（四）设备的就位、找正与找平

（1）设备的找正与找平按基础上的安装基准线所对应的设备上的基准测点进行调整和测量。

①设备支承的底标高以基础上的标高基准线为基准；

②设备的中心线位置以基础上的中心划线为基准；

③立式设备的铅垂度以设备两端部的测点为基准；

④卧式设备的水平度以设备的中心划线为基准。

（2）设备找正或找平要采用垫铁调整，不得用紧固或放松地脚螺栓的方法进行调整。

（3）有坡度要求的卧式设备，按图纸要求进行；无坡度要求的卧式设备，水平度偏差要偏向设备的排污方向。

（4）受膨胀或收缩的卧式设备，其滑动侧的地脚螺栓要先紧固，当设备安装和管线连接完成后，再松动螺母留下0.5～1mm的间隙，而后将锁紧螺母再次紧固以保持这一间隙。

（5）设备找正、找平结束后，用0.5磅手锤检查垫铁组，应无松动现象，设备垂直度经监理工程师检查确认合格后，用电焊在垫铁组的两侧进行层间点焊固定，垫铁与设备底座之间不得焊接。检查确认合格后进行灌浆。

（五）基础灌浆

（1）设备找正后，垫铁之间要焊牢，垫铁露出设备支座底板缘10～20mm，垫铁组伸入长度要超过地脚螺栓孔；

（2）地脚螺栓孔灌浆和二次灌浆必须一次灌完，不得分次浇灌。

（六）压力试验

若设备出厂前已进行压力试验，强度试压资料齐全，设备到货后完好，出厂不满6个月，可不再进行现场压力试验，可同工艺管道一起进行严密性试验；否则，压力试验按照施工规范及图纸要求执行。

（七）内件安装

内构件的安装按照图纸要求进行。不在设备内作业时，设备都应临时封闭。设备的清扫、封闭设备安装前必须进行内部清扫，清除内部的铁锈、泥沙等杂物，封闭前应由施工单位、监理、业主联合检查，确认合格后，方可封闭，并填写《设备清理检查封闭记录》，并签字认可。

三、空冷器施工

（一）施工准备

设备到货验收、基础验收与容器储罐类设备大同小异，此处不再描述。

（二）构架组装焊接

（1）钢构架的组装焊接，按照随机装配图进行，安装时参看构架零件的标号，按照标号顺序进行。

（2）钢构架的组装顺序一般为：立柱安装→风箱安装→管束侧梁、上横梁安装→梯子平台安装。

（3）立柱安装时要求在同一标高上，并且其垂直度应符合技术文件的规定。立柱安装完后，测量相邻两立柱的间距和对角两立柱的间距，其测量值符合随机装配图的要求。

（4）管束的侧梁、横梁安装时保证其水平度小于2mm/m，全长不超过5mm，不能有下挠的现象。

（5）钢构架需焊接的部分要符合焊接工艺或技术规范要求。

（三）风机安装

（1）整体到货的风机可直接吊装就位。分体到货的风机，一般组装顺序为：风筒安装→主轴安装→风轮风叶安装→电机安装→风机防护网的安装。

（2）风机安装时保证风叶的偏转角度符合技术文件规定，带有调角机构的风机，保证调角机构灵活，调整风叶角度范围符合技术文件的规定。

（3）风叶与风筒之间的间距符合技术文件规定。

（4）V型皮带的张紧力符合设计文件的要求。

（四）管束安装及试压

（1）管束试压采用单台先试后安装的方法进行。先在地面试压合格后，使用吊车吊装就位；管束就位时，其在构架上的横向位置至少在两边有6mm或一边有12mm的移动量。

（2）管束吊装就位，吊装时严禁碰撞管束，特别是翅片不能磕碰和倒塌。就位后检查管束的水平值，要求符合技术文件的规定。

（3）管束试压符合以下要求：

①根据设备铭牌，标注的试验压力进行，试验介质使用洁净水，压力试验时严禁超压。

②盲板的选择要根据试验压力而定。

③压力表的量程为试验压力的2倍，精度等级不低于1.5级。在管束的进口、出口各设置压力表一块，以便于校核压力值。

④管束试压时先将管束内充满液体，使用试压泵缓慢升压，达到试验压力后，保压30min，将压力降至设计压力，保持足够长时间。

⑤对管束全面检查，目测管束无变形，无泄漏，无降压为试验合格。

（五）空冷器风机试运转

（1）风机试运转前准备：

①构架、风机、管束安装完毕，各种调节机构灵活无卡滞。

②电动机单机试运2h，并合格。

③电动机转向与随机文件要求的一致。

④电气、仪表控制系统及安全保护联锁动作灵敏可靠。

⑤V型皮带的张紧力达到技术文件规定要求。

⑥启动风机的电机，连续转动4h。

（2）试运转完成后，检查叶轮表面，不得有裂纹、变形和损伤。

（3）试运转完成后，由业主、监理方检查签字认可。

第五节　热力系统施工

在油气储运系统中，热力系统主要包括生产热力系统与生活热力系统两部分，生活热力系统的安装可参阅水暖施工参考书籍，本节主要介绍油气储运系统常用的热力设备安装方法。

油气储运系统常用的热力设备有：锅炉、换热器、热煤炉、加热盘管等，因此，油气储运热力系统的安装内容为：热力设备（锅炉、换热器、热煤炉等）安装、热力管道安装和加热盘管安装。下面对这些设备和管道的安装方法进行简单介绍。

一、热力设备的安装

（一）施工准备

开工前要组织参与该工程的施工管理人员、技术人员学习相应的规范、技术要求、验收标准，熟悉施工图纸等。组织有关施工技术人员进行施工技术交底，施工队的技术员应对各工序的施工人员进行工序技术交底。对所有参建职工进行QHSE教育及培训。

按图纸要求核对工程需用的阀门、管件、施工设备和工程施工的各种材料，对号率达到100%。

（二）设备基础施工

设备基础施工由土建施工队伍完成，在进行热力设备安装前，必须对设备基础进行验收，检查设备基础的混凝土强度是否达到设计要求，基础的坐标、标高、几何尺寸和螺栓孔位置是否符合规范要求。

（三）设备检查

设备安装前，业主、监理、施工单位有关人员应对设备进行开箱检查，并填写设备开箱检查记录。检查内容包括：

（1）出厂合格证、设备使用说明书、设备图纸及相关技术文件、易损件、随机工具等是否齐全完好。

（2）设备、备件表面缺陷、损坏和锈蚀等情况。

（3）备件和随机工具是否与装箱单一致。设备的备件和随机工具应移交建设单位妥善保管，并办理移交手续。

（四）设备吊装就位

在土建基础施工完毕后，依据设备使用说明书进行设备的吊装就位。热力设备多属露天安装，可根据设备的重量选择合适的吊车，利用吊车进行吊装。

吊装前需要确定设备的重心，核实吊装设备的实际吊装能力，确定吊装方式。吊装时要统一指挥，轻吊慢落。

（五）设备安装找正

设备就位后，运用吊车、千斤顶进行找正、找平。找正、找平后检查底座和基础的接触是否良好，如接触不好应重新找正或调节，直到接触良好。找正、找平后做好记录，找平要求有斜度的设备应严格按厂家的规定进行。

（六）热力设备各安装工序的技术要求

（1）锅炉安装。

①锅炉安装的坐标、标高、中心线和垂直度的允许偏差应符合规定。

②锅炉安装应按设计或产品说明书要求布置坡度并坡向排污阀，并用水平尺或水准仪进行检查。

（2）地脚螺栓安装。

①地脚螺栓安装时应垂直。

②地脚螺栓弯钩部分离基础孔壁和孔底距离应大于15mm。

③地脚螺栓上的油脂、污垢应清除干净，但螺纹部分应涂抹黄油加以保护。

④地脚螺栓螺母和垫圈与设备底座的接触均应良好。拧紧螺母后螺栓必须漏出螺母3～5个螺距。

（3）垫铁安装。热力设备的垫铁安装与第二节“设备（机泵等）的安装”相同。

（4）灌浆后，混凝土强度达到设计强度的80%以上时方可进行最终找正、找平及紧固地脚螺栓，最后进行抹面。

二、热力工艺管道安装

管道安装前，施工图纸必须经土建、电气、仪表等相关专业会审，尤其要对埋地管道与地下设施、建筑物的预留洞等位置进行校对。

（一）施工原则

按照先下后上、先地下后地面、先室内后室外、先机泵配管后容器配管、先大管后小管、先主管道后分管道的施工原则进行施工。另外，热力管线内的清洁度非常重要，不允许管内有土、沙砾、小石块等异物，这些异物很容易堵塞疏水器或卡阻阀门。

（二）热力工艺管道施工

施工准备工作→预制→管道安装→无损检测；

（1）热力工艺管道的“施工准备工作”“预制”这两个工序与站场的工艺管道施工大致相同，不再另行描述。

（2）管道安装。

①埋地管线的安装：埋地热力管线的主要施工程序为：测量→放线→挖沟→管子除锈防腐→管道组焊→无损检验→补口补伤→下沟、回填→地貌恢复。

管沟开挖采用机械开挖及人工开挖相结合的方式，按图纸要求的边坡坡度、沟深和沟底宽度进行管沟施工；管子、管件组对时，将坡口表面及坡口边缘内外不小于100mm内的浮锈、毛刺、污垢清除干净，管子不得有裂纹、夹层等缺陷。

②地面管线安装：地面热力管线主要施工程序为：基础验收→工艺配管安装→吊装就位→管托固定。基础验收按照施工规范要求进行检查、验收。

③工艺配管安装：小口径工艺管线可采取预制化施工，结合管架安装要求和现场的具体情况及吊装设备，确定“二接一”或“多接一”。预制好的管线按设计要求制作支架和吊架，找直后，予以固定。架空管道安装应搭设架子平台以便施工。

④仪表管件的接口：根据设计图纸的要求，在工艺管道上确定仪表位置，并开孔安装仪表接头。有特殊要求的要请示业主，由厂家配合进行仪表根部元件安装作业。

（三）无损检测

热力管道无损检测技术要求为：

（1）按焊接工艺规程检验焊缝外观，合格后，应对其进行无损探伤。按照业主、监理要求由检测承包商对管道焊缝进行检测。

（2）不能满足质量要求的焊接缺陷的清除和返修应符合返修焊接工艺规程的规定。

（3）焊缝抽查检测应具有代表性和随机性，或由监理指定，每次抽查的比例应大致相同。

三、管道的试压

（1）热力管道安装完毕，必须进行强度和严密性试验，管线较长的可进行分段试压，一般用水压试验，强度试验压力为工作压力的1.25倍，严密性试验压力等于工作压力。

（2）试压时先将热力管道系统中的阀门全部打开，通大气的管道封堵，为了使新装管道与在运行中的原有管道隔绝，可在法兰中插入盲板，试压管线上最高点应设放空阀，最低点应设排水装置。这些工作准备完毕后方可向管道内进水，然后关闭排水阀门；打开放空阀直至放空阀中无间隙地不断出水时关闭放空阀。管道进满水后不要立即升压，应先全面检查管道有无漏水现象，如有漏水，待修复后方可升压。

（3）在整个加压过程中，应缓慢进行，先升至试验压力的四分之一，全面检查一次管道是否有渗漏现象。如果加压已超过0.3MPa，即使发现法兰和焊缝有渗漏现象，也不能带压拧紧螺栓或补焊，应降压后再修理，以免发生事故。当升压到要求的强度试验压力时，稳压40min，如压力不降，且管子、管件和接口未发生渗漏或破坏现象，然后将压力降至严密性试验压力，即设计工作压力，进行外观检查，并用1.5kg的小锤轻轻敲击焊缝。如仍无渗漏现象，压力表指针又无变化，即认为试压合格。

（4）在室外温度较低的冬天，水压试验时要防止冰冻。试验完毕后，立即将管道中的水排放干净。

（5）热力管道试压合格后，在正式运行前必须进行加热，并用水和蒸汽进行冲刷，将系统在施工中所存留的脏物排除，否则无法保证运行安全。热水管、凝结水管应该用水冲洗，蒸汽管可以用其本身的蒸汽进行吹洗。

四、蒸汽管的加热和冲洗

（1）蒸汽管在试压合格后，应排除系统水压试验的存水及拆除试压用的临时管道，并在冲洗段的末端与管道垂直升高处设冲洗口。冲洗口应该设在不影响交通和不损坏建筑物、管架基础及人身安全之处。冲洗口用钢管焊接在蒸汽管道的下侧并装设阀门（作用与热力管道的阀门相同）。冲洗口的直径以保证将杂质冲出为宜。冲洗口处管子要加固，防止蒸汽喷射的反作用力将管子弹动。

（2）必要时应将管道中的流量孔板、温度计、滤网及止回阀芯拆除，疏水器无旁通管路也要将疏水器拆除并加临时短管。

（3）送汽加热时，缓缓开启总阀门，勿使蒸汽的流量、压力增加过快，否则由于压力和流量急剧增加，产生对管道强度所不能承受的温度应力致使管道破坏，而且由于凝结水来不及排出产生水击现象，造成阀门破坏、支架断裂、管道跳动、位移等严重事故。同时，会使管道上半部是蒸汽，下半部是水，产生悬殊的温差，导致管道向上拱曲，以致破坏保温结构。

（4）在加热过程中，不断地检查管道的严密性，以及补偿器、支架、疏水系统等的工作状况，发现问题要及时处理。加热开始时，大量凝结水从冲洗口排出，以后逐渐减少，这时可逐渐关小冲洗口的阀门，以保证所需的蒸汽量。当冲洗段末端蒸汽温度接近始端温度时，则加热完毕。

（5）加热完毕，即可开始冲洗，先将各种冲洗口阀门全部打开，然后逐渐开大总阀门，增加蒸汽量进行冲洗，冲洗时间为20～30min，当冲洗口排出的蒸汽完全清洁时可停止冲洗。冲洗时，冲洗口附近及前方不得有人，以防烫伤及杂物击伤。

（6）冲洗完成后，关闭总阀门，拆除冲洗管，并对加热冲洗过程中发现的问题（特别是疏水系统是否堵塞）做妥善的检修。

五、热水管的加热和冲洗

（1）热水管路的冲洗分粗洗与精洗。

（2）粗洗可以利用一般给水管道的压力（0.3～0.4MPa）来进行。当排出的水不再污黑混浊而显得洁净时，就可以认为粗洗完成。

（3）精洗的目的是清除颗粒较大的杂物（小石子、电焊药粉渣等）。一般采用流速为1～1.5m/s以上的循环水进行重复清洗（俗称打循环）。精洗过程的延续时间为20～30h。

（4）在循环水的管路上应设过滤器，其位置装在给水管的终点或回水管的终点。

（5）管道加热前先用净水将管道充满，启动循环水泵，使水缓慢加热，要不断观察管道的严密性，以及补偿器、支架等的工作状况。发现问题及时处理，直到管道内热水达到设计温度后，再降低温度，然后进行一次全面检修，即可投入正式运行。

六、热力系统试运投产

（1）建设单位制定联合试运方案，施工单位制定热力系统试运方案，所有试运方案应呈报业主、监理批准并备案。

（2）试运方案应包括以下内容：试运转机构和人员组织及通信联络方式；岗位分工、定人定岗；试运转的程序及应达到的要求；试运转流程；试运转操作规程及注意事项；指挥及联络信号；安全措施及守则；各项记录表格。

（3）试运转前应核实下列内容方可投入试运转。

①各安装工序已全部完成，并检查合格；

②附属装置和仪表经检查验收合格；

③与试运转无关的设备、仪表已隔开，所有临建设施已拆除完毕；现场应保持清洁。

（4）试运转原则：先附属系统后主要系统，在上一步骤未合格前不进行下一步运转。

（5）试运转前电器部分应先经试运转或检验合格。

（6）试运转时间：锅炉在烘炉、煮炉合格后，应进行48h的带负荷连续试运行，同时应进行安全阀的热状态定压检验和调整。

（7）运转中如发现不正常现象应立即停止运转，进行检查和维修。

（8）试运转时，润滑油系统应符合下列要求。润滑油的品种和规格符合有关规定；每个润滑部位开动前应先注润滑剂；存油器内的油脂应加至规定数量；设备运转期间，润滑系统应畅通，油压、油量、油温均应在规定范围内，并无漏油现象；人工加油的地方必须按规定加油。

（9）在运转中检查各部位状况，应符合下面要求。

①用听音器（或棒）听轴转动的声音，不能有异常响动；

②水泵运转时，叶轮与泵壳不应相碰，进、出口部位的阀门应灵活；

③轴承升温应符合产品说明书的要求。

（10）运转结束后应做的工作。

①消除压力和负荷（包括放气和排水等）；

②断开电源和其他动力来源；

③复查热力系统各主要部分的配合与安装精度；

④检查和复紧各紧固部分；

⑤清理现场，整理试运转的各项记录。

第六节　输油气站场工艺管网的试压、清管、干燥

一、概述

（1）输油气站场管道系统的试压、清管与管道干线不同，在其中间连接有输油、气设备，有的设备不能进试压水，如一些计量设备、输送天然气的压缩机、天然气调压装置等，另外，输油气站场各系统的管路压力等级也不相同，因此，站场工艺管网的试压、清管要采取系统、设备隔离和多个试压包等工程措施。

（2）输油站场的管道强度设计系数是0.6倍的管材屈服强度；输气站场的管道强度设计系数是0.4倍的管材屈服强度。目前，站场管道系统强度试验压力一般为设计工作压力的1.25～1.5倍，在此区间取值时，应考虑参加试压的设备承压能力及管材的制造质量。

（3）站场管道系统强度试压一般应采用清洁水进行。在输送天然气的站场有人提出用压缩空气进行试压，可以减少试压工序和工程费用，但压缩空气可以储能，微小泄漏不易发现，很长时间不产生压降，一般不提倡在站场内进行气压试验。

（4）站场管道系统强度和严密性试验合格后，要进行管线分段清洗与吹扫，吹洗的顺序一般应按主管、支管、疏排管的顺序进行，吹洗合格后再进行管道分段干燥。

（5）站场管线清扫不能使用清管球，因此进行管线吹扫时，管道内应有足够的流量，吹扫压力不得超过设计工作压力，流速不应低于工作流速，一般不小于20m/s。不得使管道内的脏物吹入设备。除有色金属管外，应用小铁锤，不锈钢管道用紫铜小锤敲打管子，对焊缝、死角和管底等重点部位轻轻敲打，但不得使管子表面产生麻点和凹面。

（6）当压缩机提供的空气流量不够时，可以采用“爆破法”吹扫管线，另外，用几个适当长度的高强度、大口径管子制作便于搬迁的储气罐，延长吹扫时间，提高吹扫效率，保证管线吹扫质量。

二、工艺管网水压试验

（一）试验程序

编制试压技术要求→临时管线铺设及连接→系统隔离→压力试验→试压前联合检查→试压流

程检查→压力试验记录→管线复位、临时管线拆除。

（二）试压前应具备的条件

（1）管道安装工程，包括一次仪表的安装已经完成。

（2）管道的无损检测工作已全部完成。

（3）已编制好施工技术要求和压力试验包。压力试验包按单元、分系统设置，编制依据为站场设计说明书、工艺流程图、设计施工图、设备说明书。

（4）已编制好站场试压、清管、干燥的施工总体方案。

（5）对不参与试压的设备、仪表等实施拆除或加装经过强度计算的隔离封头或盲板。

（6）上水和排水临时管线系统已安装完毕。

（7）试压用的压力天平、压力记录仪、地温记录仪、管温记录仪、压力表已经校准，并在检验期内，压力表的精度不低于1.5级，压力表的刻度值为被测最大试压压力的1.5～2倍。

（8）试验时需要加固的管道已经加固。

（9）与试压有关的交工资料，业主已复查合格。

（10）试压程序文件已经监理工程师审核批准，并已向试验班组进行技术交底。

（三）压力试验

（1）水压试验只有在监理工程师到场并经过监理工程师批准后才可以实施。

（2）试验压力：站场设备和工艺管网的试验压力，一般为设计工作压力的1.25～1.5倍，试验压力应与业主协商而定。

（3）充水时尽量从管道低点向管内充水，并打开高点排气，管内充满水后，关闭排气阀，缓慢升压至30%强度试验压力，稳压30min后继续慢慢升高至60%强度试验压力，稳压30min，最后升压至强度试验压力，稳压4h。管线稳压期间，检查所有接头和暴露的管线表面，以无渗漏、无压降、无变形现象为强度试验合格，然后降至设计压力稳压8h，以无渗漏、压差不超过1%为严密性试验合格。否则应卸压，进行修整，合格后再次进行试压，并重新开始计算管线的稳压时间。

（4）管线在升压、稳压、降压过程中，要按规定记录下每个时间段的压力、温度变化值。在管线压力保持期间，对管线内增加或排出的任何试压用水都应当仔细测量，并将水的数量、增加或排出的时间和其他内容记录在报告中。

（四）试压水排放

管道压力试验结束，应彻底排放。排放管尽量从试压管最低点接出，以保证排放干净。排放时先打开放空阀，以免形成负压。

三、管道爆破吹扫

（一）管道爆破吹扫要求

管道公称直径800mm及以上时，采用可靠的安全和技术措施后，可以人工进入管内，用布清理灰尘、油污等异物，用扁铲、刨锤、磨光机等清理焊渣等杂质，但要注意，不要伤及母材；管道公称直径700mm以下、50mm以上时，可采用爆破吹扫；管道公称直径50mm及以下时，采用压缩空气吹扫。

（二）爆破口的选择

（1）爆破口选择在宽敞、不影响施工及原有设施的地方，尽量不选择在室内，临时排气管径不宜小于被吹扫的管径。

（2）爆破口要选择在管道的最低部位，尽可能是管道的端头且易于防护的地点。

（3）爆破口的管口方向选择水平或向下的方向，如条件限定，只能选择向上的方向，则爆破口处垂直段长度应尽可能短。

（4）爆破口处有坚固的支架或便于临时加固的部位。

（三）爆破片的选择

选用厚度为2～5mn的普通石棉板，依据管径确定石棉板的层数。

（四）爆破压力的选择

一般控制在0.2～0.6MPa，当管道较长、管径较大时可适当加大爆破压力，但最大爆破压力应小于0.7MPa。

（五）爆破过程

启动压缩机→储气罐→压缩空气不断进入吹扫管道→管道内空气压力逐渐增加→达到极限压力爆破片突然破裂→压缩空气瞬间迅速从爆破口高速喷出→管道内的焊渣和其他杂物随之排出→检查靶板→不合格重新进气吹扫→合格则吹扫结束。

（七）吹扫质量检验

（1）低压工艺管道，可用刨光木板置于排气口处检查，木板上应无铁锈和脏物。

（2）中压以上工艺管道的吹扫效果，应以检查装在排气管内的铝靶板为准。靶板表面应光洁，宽度为排气管内径的5%～8%，长度等于管子的内径。

（3）连续两次更换铝靶板检查，如靶板上肉眼可见的冲击斑痕不多于10点，每点不大于lmm即认为吹扫合格。

（八）管道复位

管道试压、吹扫工作结束后，应及时进行管线复位。操作者按照职责分工，对照吹扫包、试压包上面的设定，逐一拆除盲板、管件、临时接管、支架、泵等，进行管系复位，之后不得再进行影响管内清洁的其他作业。

四、管道气密试验

输油站场可不进行管道气密性试验。

目前，有些业主要求输气站场投产前，用空气进行站场的管道气密性试验，以此来代替管道全线的天然气设计工作压力的密闭性试验。

（1）管道压力试验及吹扫合格并复位后进行气体泄漏性试验，试验介质为压缩空气，试验压力为管道设计压力。

（2）气体泄漏性试验的试验压力应逐级缓慢上升，当达到试验压力时，停压10min后，用涂刷中性发泡剂的方法，巡回检查所有密封点，无泄漏为合格。

（3）管道系统气体泄漏性试验合格后，应及时缓慢泄压，并填写试验记录。

五、管道干燥、充氮保护

输气站场管道系统干燥，一般常用真空干燥法和热干燥空气干燥法，这两种方法都可以使管线内的水露点不高于-20℃。

（一）真空干燥法

利用合适的真空泵组对管道内气体在环境温度下进行降压处理，管道内的水分在负压下大量汽化，被真空泵源源不断地带出管外，经过长期的抽真空过程，使管内的真空度达到管道干燥标准设定的真空度时，管道干燥结束，这时1mbar的真空度相对于空气露点正好等于-20℃的露点。

1.施工程序

施工准备→减压→渗透试验→验收→密封保护。

2.真空干燥设备的布置、连接

根据管道干燥的特点，真空设备一般按照两级进行配置，第一级是罗茨泵，第二级是旋片真空泵。

采用合适的管路和连接件将真空泵组与被干燥管道连接起来，将真空计、温度计等仪器仪表在管路上连接好。

在干燥之前，应对以下作业进行检查。

（1）关闭所有进出站阀门；

（2）与真空泵组和干燥管线连接的阀门全部打开到全开位置；

（3）与管线连接的没有在这次干燥范围的阀门全部完全关闭；

（4）摘除站内所有仪器仪表，将连接管土的阀门关死；

（5）所有用于干燥的仪器仪表都已标定，并且在允许范围之内。

3.管线减压

启动真空泵降低管线压力，每15min记录一次管线压力值，当管线压力降低到80mbar时，稳压1h，观察临时连接是否有泄漏发生。

每10min记录一次压力变化值，如有泄漏发生，则计算泄漏率，当泄漏率引起的体积变化不超过水膜蒸发体积变化的5%时，可以进行下一步作业。

继续降低管线压力，记录管内负压值和管内温度。当管内的水分蒸发和真空泵的排出达到平衡时，管内的压力较稳定。因管内的水分蒸发由压力和温度所控制，蒸发所引起的温度差由周围环境进行补充，如果温度下降过快则需要关闭一台旋片真空泵。

当管内压力降低到6.0～8.0mbar时，对应的水蒸气的露点是0℃～5℃；当负压为1mbar时，对应的露点是-20℃。

4.渗透试验/验收

当管内压力降到1mbar时，关闭真空泵组，密闭24h，如果管内压力变化小于所计算的泄漏值时，验收合格。反之，启动真空泵进一步降低压力。

5.密封保护

验收合格后停机，填充干燥介质（-40℃露点的干空气或氮气或天然气）。

（二）干空气干燥法

对于小型站场采用干空气法进行干燥。站场干燥与长距离输气管道干燥施工不同，不能采用干空气推泡沫清管器的干燥方法，只能采用干空气低压对每个流程进行吹扫的方法。对站内管线分路进行干燥吹扫，一路合格后再进行下一路。

1.施工准备

（1）空压机组及干燥设备安装。

设备安装连接：空压机组→干燥器→管线→端阀门。

（2）设备与管线的连接。

可采用100mm的无缝钢管连接在干燥设备和工艺管线端部之间，管与管之间用法兰连接。

2.利用站外管道干线的干气（如果管道干线储有干气）

由于线路干燥时采用站内的收发筒，可以在线路干燥结束后，用管线中的干空气对站场进行干燥，从而大大缩短干燥的工期，设备若在站场中则直接用设备对其进行干燥。各流程干燥过程中，露点逐渐降低，当露点降低到-20℃后，露点的变化将不再明显，此时的气体含水量很低，达到干燥标准。

（1）开启阀门，对站内管线进行干燥吹扫，所有球阀的阀腔都必须进行干燥。方法是：半开球阀，使用干燥空气加压阀体，打开球阀上的排污丝堵或阀门。应重复进行该程序，直到不再存在积水。然后将阀门恢复到全开位置。对于直径较大的球阀，另外一种可采用的方法是：引导干燥空气通过球阀的放空管路，从球阀的排污管路排出。采用该程序，就不需要半开球阀。直径较大的球阀适于采用后一种方法。

（2）对旁通管线、管路进行干燥时，必须使干燥空气流过管线或管路，直到其变得干燥为止。

（3）对站内管线应进行分路干燥吹扫，一路合格后再进行下一路干燥吹扫。对一路管道流程进行干燥吹扫时，关闭其他流程的阀门，该流程合格后，关闭该流程的阀门，再打开下一流程的阀门，对下一流程进行干燥吹扫。所有流程合格后打开所有流程阀门，在末端检测露点达到-20℃时，达到合格标准，站场干燥结束。

（4）验收合格后停机，填充0.07MPa的干燥空气对其进行密封保存。

六、施工安全要求

（1）施工作业时，支架及临时施工作业平台的踏板要稳固，按规定穿戴劳保用品。

（2）配管施工中使用的电动机具和设备，要接地良好，漏电保护可靠，并定期检查。

（3）各工种必须遵守各自的操作规程，严禁违章作业。

（4）管道系统严密性试验前视具体情况，需增设临时支吊架的一定要设置。

（5）压力试验过程中如遇泄漏，严禁带压修理。

（6）沟下作业时，沟上一定要有人监护，以免沟槽塌方造成人身伤亡事故。

（7）实施管道吹扫时，吹扫口前方严禁行人走动，应有危险标记，并设专人看护。

（8）空压机、干燥设备的操作人员要佩戴耳塞，防止噪声损伤耳膜。

第十一章
油气储罐施工

第一节　储罐的分类及构造

储罐内可储存的介质种类很多，对储存条件的要求不尽相同，因此，就出现了很多类型的储罐。下面先对各种储罐进行简要分类，然后对目前应用最广、技术发展最成熟的立式筒形储罐的构造进行详细介绍。

一、储罐的分类

（一）按建造材料分

目前，国内外储罐按其建造材料可分为非金属储罐和金属储罐两大类。非金属储罐有混凝土和预应力钢筋混凝土储罐、砖砌储罐、水封岩洞储罐及塑料、玻璃钢罐等，其中钢筋混凝土储罐和砖砌储罐已经很少使用；金属储罐有钢制储罐、铝制储罐及铝镁合金储罐等，其中钢制储罐最常用。

（二）按建造位置分

根据储罐的建造位置可分为地上储罐、地下储罐、半地下储罐、洞中储罐及海中储罐等。

（三）按储罐的外形和结构形式分

储罐按其外形可分为立式圆筒形储罐、卧式筒形储罐、球形储罐、储气柜、双曲率（水滴形）储罐及低温双层储罐等。立式圆筒形储罐按其顶部结构的不同可分为拱顶油罐、锥顶油罐、浮顶油罐、内浮顶油罐四种；储气柜按密封形式的不同可分为低压湿式螺旋储气柜和干式储气柜。

（四）按储罐盛装介质分

储罐按其盛装的介质可分为储油罐、储气罐及石油化工原料罐等。

（五）按储罐的用途分

按储罐的用途可分为生产罐、储存罐。生产罐亦称“集油罐”，是指那些在开发油田时用来储存原油的储罐。储存罐是为了储存不同油品而设置的储罐。

（六）按储罐壁板连接方法分

储罐按其壁板连接方法可分为螺栓罐、铆接罐、焊接罐等。

（七）按储存介质温度分

储罐按储存介质温度可分为常温储罐和低温及深冷储罐。介质温度为-100～-20℃的储罐为低温储罐，介质温度在-100℃以下的储罐为深冷储罐。

（八）按储存介质压力分

按储罐内储存介质压力可分为常压储罐、低压储罐和压力储罐（亦称压力容器）。低压储罐压力大于常压而低于0.1MPa。

二、立式筒形储罐的构造

立式圆筒形储罐是目前国内外应用最为广泛、最普遍的一种储罐，主要由罐底、罐壁（罐体）、罐顶及罐内附件三大部分构成。下面对使用最广泛、技术最成熟的拱顶罐、浮顶罐和内浮顶储罐进行介绍。

（一）拱顶储罐的构造

拱顶储罐罐顶为球冠状，罐体为圆柱形。因其顶部呈球体，结构简单，受力好，钢材耗量少，施工容易，建造周期短，造价低，是国内外普遍采用的一种储罐。目前，国内拱顶罐的最大容积已达30000m^3，最常用的容积为10000m^{3}或再小些。

1.罐底

罐底由多块薄钢板拼装而成。罐底中部钢板称为中幅板，周边的钢板称为边缘板。边缘板可采用条形板，也可采用弓形板，依油罐的直径、储量及与底板相焊接的第一节壁板的材质而定。一般来说，油罐的内径<16.5m时，罐底周边宜采用条形边缘板，油罐内径≥16.5m时，罐底周边宜采用弓形边缘板。当油罐内径＞30m时，沿半径方向边缘板最小尺寸≥1.5m；当油罐内径≤30m时，沿半径方向边缘板最小尺寸不得小于0.7m。对大型立式圆筒形储罐（20000m^{3}或更大的储罐），中幅板一般采用以下四种形式排板：即一字形（条形）排板、人字形排板、T形排板及井字形排板四种。所有这些排板，要视储罐内径大小、材料品种和规格以及施工工艺而定。

由于最下圈壁板与罐底边缘板之间必须严密而无间隙，当底板为搭接而无弓形边缘板时，边缘处底板必须设计为对接。

罐底板的排列形式，一般由设计图纸确定，施工时可根据到货钢板实际尺寸做局部调整，一般不再改变其排列方式。

2.罐壁

罐壁由多圈钢板组对焊接而成，分为套筒式和直线式两种。套筒式罐壁板环向焊缝采用搭接，纵向焊缝为对接，其优点是便于各圈壁板的对口，特别是采用气吹顶升倒装法施工时十分方便安全；直线式罐壁板环向焊缝为对接，优点是罐壁整体自上而下直径相同，特别适用于浮顶罐，但组对安装要求较高，难度亦较大。拱顶罐壁板环向焊缝若采用搭接，其搭接环缝外侧采用连续焊缝，内侧采用断续焊。搭接宽度不小于钢板厚度的5倍，相邻对接纵焊缝的间距不小于500mm。罐壁板与罐底边缘板相连的丁字焊缝（大角缝）内外侧均为连续焊缝。

近几年随着液压顶升、电动倒链提升等新的施工方法的普及，气吹顶升施工已逐渐减少，同时因直线式罐壁受力较好，套筒式罐壁亦逐渐被取代。

罐壁钢板厚度沿罐的高度自下而上逐渐减小，最小厚度为4~6mm。最上一层壁板与顶部角钢圈通过两条环缝相连，外侧为连续焊缝，内侧为断续焊缝。但应注意，当为弱顶结构时，顶板与角钢的环形焊缝应严格按设计要求施焊，且内侧不得焊接。

3.罐顶

拱顶形状近似球面，靠拱顶周边支撑于焊在罐壁上的包边角钢上，球面由中心盖板和扇形板组成。扇形板一般设计成偶数，对称安排，板与板之间搭接，搭接宽度不小于5倍板厚，且不小于25mm，实际搭接宽度大多采用40mm。罐顶的外侧应采用连续焊、内侧间断焊。中心盖板搭在扇形板上，搭接宽度一般取50mm。

当储罐直径较大、壁板较薄时，顶板内侧还要焊有加强肋。拱顶有两种形式，一种是拱顶与罐壁的连接为圆弧过渡相焊的结构，它的边缘应力小，承压能力较强但需要冲压成型，施工难度大；另一种是采用包边角钢将拱顶与罐壁相连接。

（二）浮顶储罐的构造

浮顶储罐由浮在罐内液体介质表面上的浮顶和立式圆筒形罐壁构成。浮顶直接浮在液面上，罐内储油量增加时浮顶上升，减少时浮顶下降。在浮顶外缘与罐内壁的环形空间加设随浮顶一起升降的密封装置。由于这种罐内油品液面始终被浮顶直接覆盖，从而有效减少了油品的蒸发损耗。浮顶油罐的种类有单盘式、双盘式和浮子式等。

常用的单盘式浮预罐的浮顶周边是环形浮船，用隔板将浮船分隔成若干个独立密封的舱室，由环形浮船所围起的圆形面积则以与浮船联结为一体的单层钢板覆盖，钢板下设加强槽钢，大直径储罐则在浮顶中心设一中央船舱。双盘式浮顶罐的浮顶为两层钢板构成，这两层钢板之间由边缘环板、径向与环向隔板隔成若干个密封且互不相通的舱室。浮子式与单盘式构造相似，只是单盘中央部分均布有若干个密封的浮室。单盘式、双盘式以及浮子式浮顶罐，顶面都装有转动扶梯、平台和栏杆。转动扶梯可随浮顶的升降而改变坡度，踏步则始终保持水平状态，保证检修人员上下安全方便，不论哪一种浮顶罐，浮顶与罐壁之间的密封装置都需进行经常性的维修保养。

1.罐底

浮顶罐的容积一般都比较大。目前，我国已自行设计的50000m^3浮顶罐内径达60m，从日本引进的100000m^3浮顶罐内径达80m。罐底中幅板除国内设计的50000m^3罐采用搭接焊缝外，由日本引进的均采用对接焊缝。

2.罐壁

为了保证内表面齐平，罐壁均采用对接焊缝，并应将焊缝打磨光滑，以防止划损浮顶密封装置。由于浮顶罐上部为敞口，为增加壁板刚度，根据所在地区的风载大小，罐壁顶部需设置抗风圈和加强圈。

3.浮顶

目前浮顶结构最常用的有单盘式和双盘式两种。

（1）单盘式浮顶。由环形顶板和底板、外侧板和内侧板组成一个环形浮船，在该船体内设置径向隔板将其分隔成若干个独立的舱室，每个舱内设有筋板及型钢桁架，起加固作用。浮船内侧板所包围的圆形部分是单盘顶板，单盘顶板与船舱通过环形角钢相连接。顶板底部设多道环形钢圈加固。每个独立的船舱顶部都设有一个检查人孔，以便施工或正常使用时进入舱内检查、维修。

由于单盘钢板较薄，一旦受到强风袭击或地震时会产生波动，致使它与刚性较大部分相连接的焊缝产生破裂，所以规范要求该部分的焊缝采用双面焊，大型储罐还需增加环形型钢圈补强。这样在建造时可以控制单盘板的变形，有利于提高单盘的总体强度，能够缓和受强风袭击引起的波动。

（2）双盘式浮顶。由上盘板、下盘板和船舱边缘板组成，在上、下两盘板间设有环形隔板，同时设置径向隔板将环形舱隔成若干个独立的环形舱，即使其中一个舱受到损坏而渗漏，浮船仍能浮升而继续工作。每个小船舱上部均设有检查人孔，可随时检查船舱内情况。

双盘的优点是浮力大，可耐积雪荷载，而且排水效果良好，由于双层部分绝热效果好，罐内油料的热损失很少（基于条件的不同，多少有所差异，油温为60℃时热损失仅为单盘浮顶罐的1/3左右）。北方寒冷地区尤其适合采用双盘浮顶，例如辽河油田及大庆油田等。

浮顶应根据油罐所在地的气象条件、所储存油料的种类、厂区环境条件等因素进行选择。

（三）内浮顶储罐的构造

内浮顶储罐由拱顶罐内部增设浮顶而成。罐内增设浮顶可减少油品的蒸发损耗，外部的拱顶又可防止雨水、积雪及灰尘等污物从浮顶与罐壁间的环形空隙处进入罐内，保持罐内油品的清洁。这种储罐主要用于储存轻质油，例如汽油、航空油料等。对内浮顶罐的罐壁板要求与浮顶罐相同，对其拱顶的要求与拱顶罐相同。内浮顶目前在国内有两种结构：一是与浮顶罐相同的钢制浮顶，多为平顶，有的中间部分亦为拱顶，周围是船舱；二是铝合金材质的、由多块拼装而成的“盘状”浮顶，这是一种专利产品。

第二节 储罐基础设计与施工

一、储罐基础设计应具备的资料

（一）工程地质勘察资料

1.一般地基情况

要求提供场地的地形地貌、地质构造（包括断层）、不良地质现象、地层成层条件、岩土的物理力学性质、场地的稳定性、岩石的均匀性、地基的承载能力标准值、地下水的特性、土的标准冻结深度，以及由于工程建设可能引起的工程问题等的结论和建议，并附勘探点平面布置图、工程地质剖面图、地质柱状图以及有关的测试图等。

2.软土地基

除按一般地基要求外，尚应包括土层的组成，土的分类，分布范围，压缩系数e，压缩模量p，e～p关系曲线，垂直方向和水平方向的渗透系数和固结系数，固结压力和孔隙比的关系，三轴固结不排水抗剪强度，无侧限抗压强度，不固结不排水三轴抗剪强度反有效内摩擦角，十字板原位抗剪强度，灵敏度以及地基处理方法的建议等。

3.山区地基

除一般地基要求外，应包括建设场地地基的滑坡、岩溶、土洞、崩塌、泥石流等不良地质现象，地基不均匀性的分布范围以及对地基处理方法的建议等。

4.特殊土地基

特殊土地基（如湿陷土、膨胀土、多年冻土、盐渍土、混合土、填土、红黏土、污染土等）除按一般地基要求外，应按有关标准规范要求执行。

5.地震区

应做场地和地基的地震效应评价，确定有无崩塌、滑坡、液化可能性等不良地质现象存在。

（二）勘探点数量和勘探孔深度

1.勘探点数量

勘探点数量应根据储罐的形式、容积、场地类别等确定，一般布置在储罐的罐中心和边缘。在初探阶段，一个罐区不宜少于3～5点。

2.勘探孔深度

勘探孔深度，可根据地基情况和储罐的容积确定。

（三）储运工艺、安装、设备及总图等资料

（1）储罐平面布置及设计，竖向标高，罐中心坐标；

（2）储罐的形式、容积、几何尺寸、罐底坡度及中心标高，设计地面标高；

（3）储罐内介质最高液面高度、最高温度和重度；

（4）储罐的罐前平台、排放口、沟、井、梯子基础等辅助设施的位置和形式；

（5）与储罐有关的管道布置、预埋件、螺栓布置及有关的排水设施；

（6）储罐的施工安装、试压、检验等对罐基础的要求；

（7）对储罐基础的使用要求；

（8）球罐还应有罐直径，支柱数量，支柱高度，分布圆直径，罐体重，罐内介质重，液压试验时的液体重，保温层重，支柱、拉杆、平台及附件重；

（9）卧式油罐还应有罐的外形、支座尺寸、支座标高、支座形式、地脚螺栓个数、直径、布置的滑动端。

二、储罐基础的选型

储罐基础的选型应根据储罐的形式、容积、地质条件、材料供应情况、业主要求及施工技术条件、地基处理方法和经济合理性等因素综合考虑。

储罐基础按地质条件选型，宜符合以下规定。

（1）当地基土能满足承载力设计值和沉降差要求，以及建罐场地不受限制时，宜采用护坡式或外环墙式（钢筋混凝土）罐基础。

（2）当地基土不能满足承载力设计值要求，但计算沉降量不超过允许值时，可采用环墙式、外环墙式（钢筋混凝土）或护坡式罐基础。

（3）当地基土为软土，不能满足承载力设计值要求，且沉降差不能满足规定的允许值或地震作用时地基土有液化可能时，宜对地基处理后再采用环墙式（钢筋混凝土）罐基础。

（4）当建罐场地受限制时，宜采用环墙式（钢筋混凝土）罐基础。

（5）气柜基础宜采用钢筋混凝土环墙基础。

（6）对于球罐基础，多采用圆环形基础，地基较好时也可采用单独基础。

（7）卧罐基础一般采用墙式基础，高位的则采用刀式或T型基础。

三、储罐基础的施工

储罐基础施工程序为：

测量放线→土方开挖与回填→地基处理→钢筋绑扎→模板支护→混凝土浇筑→级配砂石回填→沥青砂面层→大罐焊接→散水混凝土。

（一）测量放线

用水准仪将站内已知绝对高程点引入施工现场的永久建筑物上，或根据现场情况制作受保护水准点，经复核无误后，以此作为控制构筑物相对标高的相对水准点。用经纬仪将站内已知坐标引入施工现场内，并加以保护，经复核无误后，以此点作为相对坐标。按照图纸要求确定构筑物位

置，其间做好测量放线施工记录，然后根据构筑物位置坐标，按照图纸要求用50m钢卷尺配合经纬仪确定罐基础中心点，并在每个罐四个方向上各设置一个控制桩，控制桩四周用混凝土加以保护并做出明显的标志。以每个罐中心点按图纸要求半径加放坡和工作面确定开挖范围，并以石灰粉画线做出标记，完毕后请监理工程师代表签字验收。

（二）土方开挖与回填

根据地质勘察部门给出的水文地质资料、现场实测高程和设计图纸确定开挖方式，根据设计现场平面图纸和现场情况确定开挖顺序及运土方案。土方开挖可采用大开挖施工方案，人工配合施工。挖掘机挖土并装车，用自卸车将土运出施工现场，堆放在业主指定的场所，并观察场地是否有条件预留回填土。开挖深度控制在垫层下底面标高处，距离垫层底部标高100mm厚时，采用人工挖土，清理基坑。

储罐基础环梁施工完毕，模板拆除后，将现场杂物清理干净，开始进行土方回填。如有预留回填土，可用人工配合装载机回填；如现场未预留，则用挖掘机开挖装车，自卸汽车将土回运至施工现场，进行环梁外土方的回填。回填时应注意每层土的回填厚度在250～300mm，分层夯实，夯实系数满足设计要求，回填土的含水量应在规范规定范围内，达到“手握成团落地开花”，否则会影响回填土的夯实密实度。每层回填结束后，应根据规范要求及时取样送检，保证回填土的压实质量。

（三）钢筋绑扎

储罐环梁施工包括环梁钢筋工程施工、环梁模板工程和环梁混凝土工程施工。首先介绍环梁钢筋工程施工，即钢筋绑扎。

1.钢筋制作

（1）操作工艺。钢筋表面要洁净，所黏着的油污、泥土、浮锈等在使用前必须清理干净，可用冷拉工艺除锈，或用机械方法、手工除锈等。钢筋调直，可用机械或人工调直。经调直后的钢筋不得有局部弯曲、死弯、小波浪形，其表面伤痕不应使钢筋截面减少5%。采用冷拉方法调直的钢筋的冷拉率：Ⅰ级钢筋冷拉率不宜大于4%；Ⅱ、Ⅲ级钢筋冷拉率不宜大于1%；预制构件的吊环不得冷拉，只能用Ⅰ级热轧钢筋制作；对不准采用冷拉钢筋的结构，钢筋调直冷拉率不得大于1%。筋切断应根据钢筋号、直径、长度和数量，长短搭配，先断长料后断短料，尽量减少和缩短钢筋短头，以节约钢材。

（2）钢筋弯钩或弯曲。钢筋弯钩形式有三种，分别为半圆弯钩、直弯钩及斜弯钩。钢筋弯曲后，弯曲处内皮收缩、外皮延伸、轴线长度不变，弯曲处形成圆弧弯起后尺寸大于下料尺寸，弯曲调整值满足要求。钢筋弯心直径一般为2.5d，平直部分一般为3d。钢筋弯钩增加长度的理论计算值：对装半圆弯钩为6.25d，对直弯钩为3.5d，对斜弯钩为4.9d；Ⅱ级钢筋末端需做90°或135°弯折时，应按规范规定增大弯心直径。

（3）箍筋。箍筋的末端应做弯钩，弯钩形式应符合设计要求。当设计无具体要求时，对Ⅰ级钢筋，其弯钩的弯曲直径应大于受力钢筋直径，且不小于2.5d；弯钩平直部分的长度对一般结构不宜小于5d，对有抗震要求的不应小于10d。箍筋调整值，即为弯钩增加长度和弯曲调整值两项之差或和，根据箍筋量外包尺寸或内皮尺寸而定。

（4）钢筋下料。

钢筋下料长度应根据构件尺寸、混凝土保护层厚度、钢筋弯曲调整值和弯钩增加长度等规定综合考虑。

直钢筋下料长度=构件长度−保护层厚度+弯钩增加长度；

弯起钢筋下料长度=直段长度+斜弯长度−弯曲调整值+弯钩增加长度；

箍筋下料长度=箍筋内周长+箍筋高度值+弯钩增加长度。

2.绑扎与安装

钢筋进场必须根据施工进度计划，做到分期分批分别堆放，并做好钢筋的保护工作，避免锈蚀或油污，确保钢筋保持清洁。箍筋必须呈封闭型，开口处设置135° 弯钩，弯钩平直段长度不小于10d。钢筋的数量、规格、接头位置、搭接长度、间距应严格按施工图施工。

3.钢筋绑扎的质量要求

钢筋的品种和质量必须符合设计要求和有关标准规定；钢筋的规格、形状、尺寸、数量、间距、锚固长度、接头位置必须符合设计和规范规定。

4.钢筋连接

焊接前须清除钢筋表面铁锈、熔渣、毛刺残渣及其他杂质等；梁搭接焊采用单面焊，搭接长度不小于钢筋直径d的10倍；焊接前应先将钢筋预弯，使两钢筋搭接的轴线位于同一直线上，用两点定位焊固定。

四、模板工程

（一）支模系统用料

为了方便控制环梁截面尺寸及垂直度，可在罐中心搭设井架，其高度与环梁顶面标高相同。为了保证拆模后混凝土表面光洁、平整，同时又为了降低成本，施工中可采用钢模板并配以部分木模板，模板之间缝隙采用泡沫胶条密封，支撑体系采用ф48钢管及50mm × 100mm木方支撑。环梁模板外围采用ф4圆钢7道、间距400mm，用倒链拉紧焊接，防止混凝土涨模，然后在环梁外围周圈用钢管支撑加固，防止模板整体位移。环梁内模采用三道根据内模弧度预制的钢管（ф48钢管）加固，防止混凝土向内涨模。支撑体系采用三排周圈脚手架，保证整个环梁模板体系的稳定牢固。为防止模板根部涨模，在上述模板支护完毕后，按照模板卡孔在垫层上钻孔150mm深，穿入适当的钢筋扳，间隔1000mm一个。内外模板之间增加铁拉条，竖向间距600mm，水平间距900mm，呈梅花布置，两端根据模板U形卡眼位置在铁条上打眼，模板用U形卡锁牢，保证环梁截面尺寸。

（二）模板工程的质量要求

（1）模板及支撑系统必须具有足够的强度、刚度和稳定性。

（2）模板的接缝不大于2.5mn。

（3）应符合相关规定，其合格率控制在90%以上。

（三）模板拆除

罐基础模板拆除应先拆除斜拉杆或斜支撑，再拆除纵横龙骨或钢管卡，接着将U形卡或插销等附件拆下，然后用撬棍轻轻撬动模板，使模板离开墙体，将模板逐块传下并堆放。

五、混凝土浇筑

（一）混凝土浇筑要求

（1）混凝土自泵车混凝土管口下落的自由倾落高度不得超过2m。

（2）浇筑混凝土时应分段分层进行，每层的分层浇筑高度控制在小于500mm的范围内。浇筑时，从环梁的一点向两个方向同时推进，最后合并接头，不留施工缝，并振捣密实。振捣时采用梅花状布点，严禁直接振捣模板和钢筋，浇筑过程中严禁在拌和物中加水。

（3）使用插入式振动器时应快插慢拔，插点要均匀排列，逐点移动，按顺序进行，不得遗漏，做到均匀振实。移动间距不大于振动棒作用半径的1.5倍（一般为300～400mm）。振捣上一层时应插入下层混凝土面50mm，以消除两层间的接缝。

（4）浇筑混凝土应连续进行。如必须间歇，其间歇时间应尽量缩短，并应在前层混凝土初凝之前，将次层混凝土浇筑完毕。间歇的最长时间应按所用水泥品种及混凝土初凝条件确定，如果超过2h，一般应按施工缝处理。

（5）浇筑混凝土时应派专人经常观察模板钢筋、预留孔洞、预埋件、插筋等有无位移、变形或堵塞情况，发现问题应立即停止浇灌，并应在已浇筑的混凝土初凝前修整完毕。

（二）后浇带的设置

（1）后浇带是为在现浇钢筋混凝土施工过程中，克服由于温度、收缩而可能产生有害裂缝而设置的临时施工缝。该缝根据设计要求保留一段时间后再浇筑，将整个结构连成整体。

（2）后浇带的设置距离，应考虑在有效降低温差和收缩应力的条件下，通过计算来获得。有关规范对此的规定是：在正常的施工条件下，混凝土若置于露天，则为20m。

（3）后浇带的宽度应考虑施工简便，避免应力集中。一般其宽度为70～100cm。后浇带内的钢筋应完好保存。

（4）后浇带在浇筑混凝土前，必须将整个混凝土表面按照施工缝的要求进行处理。填充后浇带混凝土可采用微膨胀或无收缩水泥，也可采用普通水泥加入相应的外添加剂拌制，但必须要求填筑混凝土的强度等级比原结构强度提高一级，并保持至少15d的湿润养护。

（三）混凝土的养护

（1）混凝土浇筑完毕后，应在12h以内加以覆盖（塑料薄膜、草帘），并浇水养护。

（2）每日浇水次数应能保持混凝土处于足够的润湿状态，常温下每日浇水两次。

（3）可喷洒养护剂，在混凝土表面形成保护膜，防止水分蒸发，达到养护的目的。

（4）采用塑料薄膜覆盖时，其四周应压至严密，并应保持薄膜内有凝结水，养护用水与拌制混凝土用水相同。

六、砂（石屑）垫层施工

（1）砂垫层宜采用颗粒级配良好、质地坚硬的中、粗砂，但不得含有草根、垃圾等杂质，含泥量不超过5%，可用混合拌匀的碎石和中、粗砂，不得用粉砂或冻结砂，若用石屑，含泥量不得超过7%。

（2）砂垫层每层铺设厚度为200～250mm，分层厚度可用标桩控制。砂垫层的捣实可选用振实、夯实或压实等方法进行，用平板振动器洒水振实时，砂的最优含水量为15%～20%，亦可用水撼法夯实（湿陷性黄土及强风化岩除外），砂垫层的厚度不得小于300mm。

（3）砂垫层捣实后，质量检查及检验应按有关要求进行。

（4）砂垫层完工后应注意保护。保持表面平整，防止践踏。

七、沥青砂绝缘层施工

（1）沥青砂绝缘层用砂应为干燥的中、粗砂，砂中含泥量不得大于5%。

（2）沥青砂绝缘层所用沥青应符合下列规定。

当罐内介质温度低于80℃时，宜采用60号甲（或60号乙）道路石油沥青，也可用30号甲（或30号乙）建筑石油沥青。

当罐内介质温度在80～95℃时，宜采用30号甲（或30号乙）建筑石油沥青。

（3）沥青砂由92%～90%的中、粗砂和8%～10%的热沥青拌和而成，具体施工要求应按设计图纸和现场材料情况通过试验确定，施工时应将砂子加热至100～150℃，石油沥青加热至160～180℃（冬季180～200℃），并立即在热状态下拌和均匀后使用，集中搅拌的沥青砂，必须用保温车运输。

（4）沥青砂亦可采用冷拌，冷拌时应用含硫量不大于0.5%的燃料油和砂按现场试验确定的配比搅拌均匀。

（5）沥青砂绝缘层，应分层分块铺设，每层虚铺厚度不宜大于400mm，上下层接缝错开距离不应小于500mm，可按扇形或环形分格，扇形分块时，扇形最大弧长不宜大于12m，环形分块时，环带宽按每带宽约6m确定。

沥青砂上下层分块的间隙应错开，施工时块间缝隙用10～20mm厚的模板隔开。模板应按沥青砂铺设坡度、标高进行加工，待沥青砂压实烙平冷却后，将模板抽出后灌热沥青并熨平。

（6）热拌沥青砂铺设温度不应低于140℃，用压路机碾压密实，然后用加热烙铁烙平、平板振动器振实，或用火滚滚压平实。

（7）热拌沥青砂在施工间歇后继续铺设前，应将已压实的面层边缘加热，并涂一层热沥青，施工缝应碾压平整，无明显接缝痕迹。

（8）沥青砂层压实后用抽样法进行检验，抽样数量每200m²不少于1处，但每一个罐基础不少于2处，其压实后的密实度应大于95%。

（9）沥青砂绝缘层不得在雨天施工，如必须在雨天施工，则采取有效措施严加覆盖。

（10）沥青砂绝缘层应按设计要求铺设平整，其厚度为80～100mm，罐基此顶面由中心向四周的坡度为15‰～35‰，厚度偏差不得大于±10mm，表面凹凸度不得大于15mm，标高差不得大于±7mm。

八、散水工程施工

沥青砂面层铺设、环梁外围填土和砂石垫层回填完毕后进行环梁外混凝土散水的施工，施工前将回填土面层的杂物清理干净并平整好，再洒适量的水将土湿润，并检查模板的稳固性，准备工作完成后，将拌和好的混凝土运至施工现场并铺平摊好，并将混凝土拍打密实，在面层上洒1∶2的砂灰，用抹子赶光压实，当混凝土初凝后，再对面层进行压光。施工时应注意混凝土的配合比要满足设计要求和配合比要求，用于拌制混凝土用的碎石粒径不能太大，应满足施工的要求。洒水施工完毕后应对混凝土经常进行洒水养护，以保证混凝土强度的增长和工程的质量。

大罐基础施工完毕后进入罐体安装阶段，其间按照规范要求沿环梁均布若干个观测点，并进行沉降观测的第一次观测，做好观测记录。观测过程中应遵循固定观测点、固定观测人、固定的观测仪器、固定的观测路线的“四定”原则。

九、储罐基础的倾斜与修复

（一）罐基础须进行修复的条件

罐基础在试水沉降完成后，出现下列情况之一时需对基础进行修复。

（1）基础最终沉降量超过设计允许值或环墙顶面高出地面小于300mm时；

（2）基础不均匀沉降量大于前述基础沉降差允许值的规定时；

（3）罐基础沿罐壁圆周方向任意10m弧长内沉降差超过25mm，且影响储罐使用时；

（4）罐底板碟形沉陷超过允许值时。

（二）罐基础修复方法

（1）将罐体整体或局部顶起（吊起），在基础上喷射或灌筑施工法。

用千斤顶（或吊车）按图示方法将罐体的全部或局部顶起（吊起）再用灌筑或喷射沥青砂（或干砂）将罐底板下的凹陷充填好，达到设计要求。这种方法仅适用于较小的罐。

（2）整体移位修复法。

①把罐整体移位到其他地方或吊（顶）起，高度一般不宜小于1.5m，且有可靠的安全措施（如搭道木垛等）。

②当用起重机将罐吊起移位时，吊耳应经过计算，罐体加固起吊方式应不致使罐体产生整体或局部变形。

③此法移动和复位都比较困难，施工费用高，工期也较长。应加强施工中的检测，严格控制及杜绝基础倾斜。

（3）调平法。把基础高处凿掉，使它与低处相平，此法费用虽低，但凿掉后基础往往难以保证使用要求。

（4）半圆周挖沟法。此法的要点是根据罐基下土质情况和罐体倾斜方向来确定挖沟的位置、长度和深度，再辅以抽水进行倾斜校正，详细见下列各条。

①挖沟位置距离罐壁远就要深挖，距罐壁近就要浅挖，且不得使罐基础内的砂垫层流失，一般可取离罐壁300～500mm。

②沟长宜以最小沉降点为中心，各向两侧沿周长延伸1/4周长。

③沟深应根据罐基础的土质情况、离罐壁距离、荷载大小和时间长短等因素确定。

④荷载、时间与挖沟深度的关系。这是涉及油罐在充水预压过程发生的倾斜在哪个阶段，以及何时挖沟的问题；如果早期开挖，荷载尚小，压力亦小，土体还没有压实，固结强度小，故可以浅挖，反之则要深挖。过早挖沟，由于油罐下沉时呈摇摆状态，各点的沉降量都可能发生变化、调整，所以过早挖沟是不合适的。但如果早期相对倾斜值大于8‰时，自动调整比较困难，后期可能出现更大的沉降差，故必须掌握时机及早开始挖沟调整。

若在充水预压期间发生倾斜，并不一定要立即卸荷。卸荷是万无一失的办法，可以保证油罐不致发生更大的倾斜。如果不卸荷，带荷挖沟也是一种可行的办法，但挖沟时应暂停加荷，待罐基础稍有调整拨正的动向时，再及时按原规定的加荷速率加荷，千万不能把加荷速率提高得太大。防止纠偏过量造成新的事故。

⑤沟宽：一般沟上宽为500～1000mm，沟底宽300～1000mm。

⑥沟断面：宜挖成里边直（靠罐壁的一边）外壁带坡，塌落到沟底的土应及时清理。沟内积水液面不得超过环墙（梁）的底部。

（5）气垫法。此法是将气垫船的气垫顶升原理应用于油罐，其特点是将类似气垫船围裙的构件套在油罐外壁下部，并往围裙内送压缩空气，油罐在气压作用下就升浮起来，不费多大力气就可将油罐浮升、移位，这种办法目前在国外已开始用于工程实践，据介绍一台10000～30000m³油罐，如果用老法移位校正，需要一个月到一个半月，而用气垫法只要两天到三天就可完成，这是一种十分有效又快速的方法。

第三节　储罐地基处理

一、地基处理的目的

在油气储运工程建设中，当天然地基不能满足建（构）筑物对地基的要求时，需对天然地基进行加固改良，形成人工地基，以满足建（构）筑物对地基的要求，保证其安全与正常使用。

地基处理的目的是利用换填、夯实、挤密、排水、胶结、加筋和热学等方法对地基土进行加固，用以改良地基土的工程特性，主要表现在以下几个方面。

（1）提高地基土的抗剪强度。地基的剪切破坏表现在，建（构）筑物的地基承载力不够；偏心荷载及侧向土压力的作用使建（构）筑物失稳；填土或建（构）筑物荷载使邻近的地基土产生隆起；土方开挖时边坡失稳；基坑开挖时坑底隆起。地基的剪切破坏反映了地基土的抗剪强度不足，因此，为了防止剪切破坏，就需要采取一定措施以增加地基土的抗剪强度。

（2）降低地基土的压缩性。地基土的压缩性表现在：建（构）筑物的沉降和差异沉降较大；填土或建（构）筑物荷载使地基产生固结沉降；作用于建（构）筑物基础的负摩擦力引起建（构）筑物的沉降；大范围地基的沉降和不均匀沉降；基坑开挖引起邻近地面沉降；由于降水，地基产生固结沉降。地基的压缩性反映在地基土的压缩模量指标的大小上。因此，需要采取措施以提高地基土的压缩模量，从而减少地基的沉降或不均匀沉降。

（3）改善地基土的透水特性。地基的透水性表现在：基坑开挖工程中，因土层内夹薄层粉砂或粉土而产生流砂和管涌。以上都是地下水在运动中所出现的问题。为此，必须采取措施使地基土降低透水性和减少其上的水压力。

（4）改善地基的动力特性。地基的动力特性表现在：地震时饱和松散粉细砂（包括部分粉土）将产生液化；由于交通荷载或打桩等原因，使邻近地基产生振动下沉。为此，需要采取措施防止地基液化并改善其振动特性，以提高地基的抗震性能。

（5）改善特殊土的不良地基特性。主要是消除或减弱黄土的湿陷性和膨胀土的胀缩特性等。

天然地基是否需要进行地基处理取决于地基土的性质和建（构）筑物对地基的要求两个方面。地基处理的对象是软弱地基和特殊土地基。在油气储运工程建设中经常遇到的软弱土和不良土，主要包括：软黏土、人工填土、部分砂土和粉土、湿陷性土、有机质土和泥炭土、膨胀土、多年冻土、盐渍土、岩溶、土洞、山区地基以及垃圾填埋地基等。

二、地基处理方法分类及应用范围

现有的地基处理方法很多，新的地基处理方法还在不断发展。要对各种地基处理方法进行精确的分类是有一定困难的。根据地基处理的加固原理，地基处理方法可分为以下七类。

（一）换填垫层法

换填垫层法的基本原理是挖除浅层软弱土或不良土，分层碾压或夯实换填材料。垫层按换填的材料可分为砂（或砂石）垫层、碎石垫层、粉煤灰垫层、干渣垫层、土（灰土）垫层等。换填垫层法可提高持力层的承载力，减少沉降量；消除或部分消除土的湿陷性和胀缩性；防止土的冻胀作用及改善土的抗液化性。常用机械碾压、平板振动和重锤夯实方法进行施工。该法常用于基坑面积宽大和开挖土方较大的回填土方工程，处理深度一般为2～3m。适用于处理浅层非饱和软弱土层、湿陷性黄土、膨胀土、季节性冻土、素填土和杂填土。

（二）振密、挤密法

振密、挤密法的基本原理是采用一定的手段，通过振动、挤压使地基土体孔隙率减小，强度提高，达到地基处理的目的。

（1）表层压实法。采用人工（或机械）夯实、机械碾压（或振动）对填土、湿陷性黄土、松散无黏性土等软弱或原来比较疏松的表层土进行压实。也可采用分层回填方法压实加固。这种方法适用于含水量接近于最佳含水量的浅层疏松黏性土、松散砂性土、湿陷性黄土及杂填土等。

（2）重锤夯实法。利用重锤自由下落时的冲击能来击实浅层土，使其表面形成一层较为均匀的硬壳层。此法适用于无黏性土、杂填土、非饱和黏性土及湿陷性黄土。

（3）强夯法。利用强大的夯击能，迫使深层土液化和动力固结，使土体密实，用以提高地基土的强度并降低其压缩性，消除土的湿陷性、胀缩性和液化性。此法适用于碎石土、砂土、紫填土、杂填土、低饱和度的粉土与黏性土及湿陷性黄土。

（4）振冲挤密法。振冲挤密法一方面依靠振冲器的强力振动使饱和砂层发生液化，颗粒重新排列，孔隙率减小；另一方面依靠振冲器的水平振动力，形成垂直孔洞，在其中加入回填料，使砂层挤压密实。此法适用于砂性土和粒径小于0.005mm的黏粒含量低于10%的黏性土。

（5）土桩与灰土桩法。利用打入钢套管（或振动沉管、炸药爆破）在地基中成孔，通过挤压作用，使地基土变得密实，然后在孔中分层填入素土（或灰土）后夯实而成土桩（或灰土桩）。此法适用于处理地下水位以上的湿陷性黄土、新近堆积黄土、素填土和杂填土。

（6）砂桩。在松散砂土或人工填土中设置砂桩，能对周围土体产生挤密作用或同时产生振密作用，可以显著提高地基强度，改善地基的整体稳定性，并减小地基沉降量。此法适用于处理松砂地基和杂填土地基。

（7）爆破法。利用爆破产生振动使土体产生液化和变形，从而获得较大的密实度，用以提高地基承载力和减小沉降量。此法适用于饱和净砂、非饱和但经灌水饱和的砂、粉土和湿陷性黄土。

（三）排水固结法

排水固结法的基本原理是软土地基在附加荷载的作用下，逐渐排出孔隙水，使孔隙率减小，产生固结变形。在这个过程中，随着土体超静孔隙水压力的逐渐消散，土的有效应力增加，地基抗剪强度相应增加，并使沉降提前完成或提高沉降速率。排水固结法主要由排水和加压两个系统组成。排水可以利用天然土层本身的透水性，也可设置砂井、袋装砂井和塑料排水板之类的排水体。加压主要采用地面堆载法、真空预压法和井点降水法。为加固软弱的黏性土，在一定条件下，采用电渗排水井点也是合理而有效的。

（1）堆载预压法。在建造建（构）筑物以前，通过临时堆填土石等方法对地基加载预压，预先完成部分或大部分地基沉降，并通过地基土固结提高地基承载力，然后撤除荷载，再建造建（构）筑物。临时的预压堆载一般等于建（构）筑物的荷载，但为了减小由于次固结而产生的沉降，预压荷载也可大于建（构）筑物荷载，称为超载预压。此法适用于软黏土地基。

（2）砂井法（包括袋装砂井、塑料排水带等）。在软黏土地基中，设置一系列砂井，在砂井之上铺设砂垫层或砂沟，人为地增加土层固结排水通道，缩短排水距离，从而加载固结，并加速强度增长。砂井法通常辅以堆载预压，称为砂井堆载预压法。此法适用于透水性低的软弱黏性土，但对于泥炭土等有机质沉积物不适用。

（3）真空预压法。在黏性土层上铺设砂垫层，然后用薄膜密封砂垫层，用真空泵对砂垫层及砂进行抽气和抽水，使地下水位降低，同时在大气压力作用下加速地基固结。此法适用于能在加固区形成（包括采取措施后形成）稳定负压边界条件的软土地基。

（4）降低地下水位法。通过降低地下水位使土体中的孔隙水压力减小，从而增大有效应力，促进地基固结。此法适用于地下水位接近底面面开挖深度不大的工程，特别适用于饱和粉砂、细砂地基。

（5）电渗排水法。在土中插入金属电极并通以直流电，由于直流电场作用，土中的水从阳极流向阴极，然后将水从阴极排出，且不让水在阳极附近补充，借助电渗作用可逐渐排除土中水。在工程上常利用它来降低黏性土中的含水量或降低地下水位以提高地基承载力或边坡的稳定性。此法适用于饱和软黏土地基。

（四）置换法

置换法的基本原理是以砂、碎石等材料置换软土，与未加固部分形成复合地基，达到提高地基强度的目的。

（1）振冲置换法（碎石桩法）。碎石桩法是利用一种单向或双向振动的振冲器，在黏性土中边喷高压水流边下沉成孔，然后边填入碎石边振实，形成碎石桩。桩体和原来的黏性土构成复合地基，从而达到提高地基承载力和减小沉降的目的。此法适用于不排水抗剪强度大于20kPa的淤泥、淤泥质土、砂土、粉土、黏性土和人工填土等地基。对不排水强度小于20kPa的软黏土地基，采用碎石桩时必须慎重。

（2）石灰桩法。在软弱地基中利用机械或人工成孔，填入作为固化剂的生石灰（或生石灰与其他活性掺和料粉煤灰、煤渣等）并压实形成桩体，利用生石灰的吸水、膨胀、放热作用以及土与石灰的物理化学作用，改善桩体周围土体的物理化学性质；由于石灰与活性掺和料的化学反应导致桩体强度提高，桩体与土形成复合地基，从而达到地基加固的目的。此法适用于软弱黏性土地基。

（3）强夯置换法。对厚度小于7m的软弱土层，边强夯边填碎石，形成深度3～7m、直径为2m左右的碎石墩体，碎石墩与周围土体形成复合地基。此法适用于软黏土地基。

（4）水泥粉煤灰碎石桩法（CFG桩法）。将碎石、石屑、粉煤灰和少量水泥加水拌和，用振动沉管桩机或其他成桩机具制成的一种具有一定黏结强度的桩。在桩顶铺设褥垫层，桩、桩间土和褥垫层一起形成复合地基。此法适用于黏性土、粉土、砂土和已自重固结的素填土等地基。

（五）加筋法

加筋法的基本原理是通过在土层中埋设强度较高的人工合成材料、拉筋、受力杆件等提高地基承载力、减小沉降、维持建（构）筑物或土坡稳定。

（六）胶结法

胶结法的基本原理是在软弱地基中的部分土体内掺入水泥、水泥砂浆以及石灰等固化物，形成加固体，与未加固部分形成复合地基，以提高地基承载力和减小沉降。

（1）灌浆法。此法是用压力泵把水泥或其他化学浆液灌入土体，以达到提高地基承载力、减小沉降、防渗、堵漏等目的。此法适用于处理岩基、砂土、粉土、淤泥质土、粉质黏土、黏土和一般人工填土，也可加固暗浜或在托换工程中应用。

（2）高压喷射注浆法。此法是将带有特殊喷嘴的注浆管，通过钻孔置入要处理土层的预定深度，然后将水泥浆液以高压冲切土体，在喷射浆液的同时，以一定的速度旋转、提升，形成水泥土圆柱体；若喷嘴提升而不旋转，则形成墙状固结体。该法可以提高地基承载力，减少沉降，防止砂土液化、管涌和基坑隆起。此法适用于淤泥、淤泥质土、黏性土、粉土、黄土、砂土、人工填土等地基。对既有建（构）筑物可进行托换加固。

（3）水泥土搅拌法。此法是利用水泥、石灰或其他材料作为固化剂的主剂，通过特制的深层搅拌机械，在地基深处就地将软土和固化剂（水泥或石灰的浆液或粉体）强制搅拌，形成坚硬的拌和柱体，与原地基土共同形成复合地基。此法适用于正常固结的淤泥、淤泥质土、粉土、饱和黄土、素填土、黏性土以及无流动地下水的饱和松散砂土等地基。

（七）冷热处理法

（1）冻结法。通过人工冷却，使地基温度降低到孔隙水的冰点以下，使之冷却，从而具有理想的截水性能和较高的承载能力。此法适用于饱和的砂土或软黏土地层中的临时处理。

（2）烧结法。通过渗入压缩的热空气和燃烧物，并依靠热传导，将细颗粒土加热到100℃以上，从而增加土的强度，减小变形。此法适用于非饱和黏性土、粉土和湿陷性黄土。

三、地基处理方法的选用原则

地基处理的核心是处理方法的正确选择与实施。而对于某一具体工程来讲，在选择处理方法时需要综合考虑各种影响因素，如建（构）筑物的类型、刚度、结构受力体系、建筑材料和使用要求，荷载大小、分布和种类，基础类型、布置和埋深，基底压力、天然地基承载力、稳定安全系数、变形容许值，地基土的类别、加固深度、上部结构要求、周围环境条件、材料来源、施工工期、施工队伍技术素质与施工技术条件、设备状况和经济指标等。对地基条件复杂、需要应用多种处理方法的重大项目，还要详细调查施工区内地形及地质成因、地基成层状况、软弱土层厚度、不均匀性和分布范围、持力层位置及状况、地下水情况及地基土的物理和力学性质等；施工中需考虑对场地及邻近建（构）筑物可能产生的影响、占地大小、工期及用料等。只有综合分析上述因素，坚持技术先进、经济合理、安全适用、确保质量的原则拟定处理方案，才能获得最佳的处理效果。

地基处理方法很多，没有一种方法是万能的。因此，对每一具体工程均应进行具体细致的分析，从地基条件、处理要求（处理后地基应达到的各项指标、处理的范围、工程进度等）、工程费用以及材料、机具来源等各方面进行综合考虑，以确定合适的地基处理方法。

地基处理方案的确定可按下列步骤进行。

（1）搜集详细的工程地质、水文地质及地基基础的设计资料。

（2）根据结构类型、荷载大小及使用要求，结合地形地貌、地层结构、土质条件、地下水特征、周围环境和相邻建（构）筑物等因素，初步选定几种可供考虑的地基处理方案。另外，在选择地基处理方案时，应同时考虑上部结构、基础和地基的共同作用，也可选用加强结构措施（如设置圈梁和沉降缝等）和处理地基相结合的方案。

（3）对初步选定的各种地基处理方案，分别从处理效果、材料来源及消耗、机具条件、施工进度、环境影响等方面进行认真的技术经济分析和对比，根据安全可靠、施工方便、经济合理等原则，因地制宜地选择最佳的处理方法。值得注意的是，每一种处理方法都有一定的适用范围、局限性和优缺点。必要时也可选择两种或多种地基处理方法组成的综合方案。

（4）对已选定的地基处理方法，按建（构）筑物重要性和场地复杂程度，在有代表性的场地上进行相应的现场试验和试验性施工，并进行必要的测试，以验算设计参数和检验处理效果。如达不到设计要求，应查找原因并采取措施修改设计。

第四节 储罐用钢

一、钢材选用的规定

钢材选用，应根据油罐的设计温度、油品腐蚀特性、材料使用部位、材料的化学成分及力学性能、焊接性能等综合考虑，并应符合安全可靠和经济合理的原则。

油罐所用钢材应采用电炉或转炉冶炼。

选用钢材和焊接材料的化学成分、力学性能、焊接性能，应符合相应钢制焊接油罐规范的规定。

金属储罐所使用的钢材，依据储罐不同受力情况，可采用普通钢和高强钢。选用钢材时应考虑以下方面。

（1）材料性能和产品生产方法；

（2）许用应力水平；

（3）缺口韧性；

（4）焊接工艺和焊材；

（5）热应力消除；

（6）临时和永久连接详图和工艺。

二、储罐板材性能的要求

对筒形储罐，储罐大型化的关键在于钢材，由于储罐的大型化，储罐的直径增大、罐体增高、整个罐体所受的应力加大，对罐壁钢材的强度等级要求越来越高，钢材越来越厚。钢板加厚对焊接工艺提出了新的要求，为了保证焊缝的机械强度，必须进行热处理，以消除热应力，而钢板越厚越不易进行热处理。

由强度条件决定的罐壁部分，罐底边缘板及罐壁开孔补强用钢板，是油罐的主要受力部件，出于焊接考虑，应尽可能选择同一材料。罐顶、罐壁顶部及其他部件大多数由刚度条件决定，在选材要求上可以放宽一些。钢板选用基本要求如下。

（一）强度

油罐的罐壁为筒形，除固定顶油罐有较低内压之外，罐壁主要承受静液压，因此罐壁主要承受环向应力。静液压由上到下逐渐增大，呈三角形分布，故罐壁厚度也由上至下逐渐增厚，油罐越大罐壁越厚。因此，所用材料的许用应力成为制约油罐设计和影响建罐费用的决定性因素。钢材的强度越高，所用钢材越省。另外，罐壁有最大允许厚度的限制，要想建造更大型的油罐，就必须进一步提高材料的强度。

（二）可焊性

钢材的可焊性通常用碳当量表示，对于高强度调质钢，同时对冷裂纹敏感系数提出限制。碳当量的计算方法和限定值，各国规范并不完全一致。

（三）冲击韧性

由于罐体材料韧性不足而造成的罐体脆性破坏往往是灾难性的，油罐脆性破坏在历史上并不罕见。

钢材的韧性与材料的强度、钢板的厚度以及使用温度等有关。

参考压力容器的相应规定，结合油罐的设计使用经验，我国对钢板的使用范围限制如下。

1.普通碳素钢板

沸腾钢板Q235-A·F：许用温度可达到-20℃以上；但当使用温度低于0℃时，只能用于低应力状态或由刚度条件决定的罐壁板部分。罐顶板以及中幅板，一般应力值都很低，基本上不存在强度问题，所以可以使用；边缘板局部弯曲应力值很高，甚至远大于罐壁板中的环向应力，且存在疲劳问题，故在低温下不能使用。沸腾钢分层比较严重，尤其是厚钢板，越厚分层越严重，厚度大于16mm时，问题很突出，因此对其使用厚度规定不大于12mm。

碳素镇静钢钢板Q235-A、Q235-B、Q235-C：有害杂质含量有不同的控制指标，特别是Q235-C，P、S含量已比较低，根据不同情况，有不同的厚度限制、温度控制以及冲击试验要求。

2.优质碳素钢板

20R：许用温度大于-20℃；钢板使用厚度不大于34mm。当设计温度低于0℃，厚度大于25mm，或设计温度低于～10℃，厚度大于16mm时应做设计温度下的冲击试验。

3.低合金钢板

16MnR：许用温度大于-20℃；钢板使用厚度不大于34mm。当设计温度低于-10℃，厚度大于20mm时应做设计温度下的冲击试验。

15MnNbR：近年来研制的一种新钢种，其焊接性能与16MnR相近，但强度和韧性都优于16MnR，尤其是有较好的低温性能，已正式作为压力容器用钢列入GB6654，其使用范围同16MnR。

07MnNiCrMoVDR：近些年来研制的新钢种，已大量应用于大型球形储罐，和16MnDR一样，属于低温用钢。

第十二章
油料的储存及综合运输

第一节　油库的分类、分级及功能

凡是用于接收、储存和发放原油或石油产品的企业和单位都称为油库。它是协调原油生产、原油加工、成品油供应及运输的纽带，是国家石油储备和供应的基地。它对于促进国民经济发展、保障人民生活、确保国防安全都有特别重要的意义。

随着我国经济的腾飞，尤其是商品经济的发展，油库的发展也很快。除了石油、石化、军事系统建有一系列专用油库外，其他企业，如航空、铁道、交通、电力、冶金等部门也都建有各种类型的油库，以保证运输和生产的正常进行。

一、油库的分类

（1）按油库的管理体制和经营性质分，可分为独立油库和企业附属油库两大类。

独立油库是指专门从事接收、储存和发放油料的独立经营的企业和单位。企业附属油库是工业、交通或其他企业为满足本部门的需要而设置的油库。

（2）按主要储油方式分，可分为地面（或称地上）油库、隐蔽油库、山洞油库、水封石洞库和海上油库等。

地面油库的储油罐和其他设施均设置在地面上，与其他类型油库相比，建设投资省、周期短，是中转、分配、企业附属油库的主要建库形式，也是目前数量最多的油库。

隐蔽油库将储油罐部分或全部埋于地下，上面覆土作为伪装，在空中和库外均不能直接看到储油设施。山洞油库则将储油罐建在人工开挖或自然的山洞内。隐蔽油库和山洞油库多用于储备油库或军用油库。某些机场油库、港口油库和内燃机务段油库也采用这种方式，其目的是确保非常时期油料的供应。

隐蔽油库和山洞油库由于储罐上有覆土或在山洞内，储存油料温度几乎不受大气温度变化的影响，油料小呼吸蒸发损耗很小，对环境污染小。与地面油库比，它们投资大，建设周期长，操作灵活性差，对库内通风要求高，现在已很少采用。

水封石洞库将储罐建在稳定地下水位的岩体内，以人工洞直接作为储油罐用。

水封石洞库以山洞直接储存油料，省钢材，建设费用低于山洞库，隐蔽性好，防护能力强，小呼吸损耗少，对环境污染小。但它需要特定的地质条件，技术要求高，目前只在沿海地区有少量这种油库。

另外，油库还可按照其运输方式分为水运油库、陆运油库和水陆联运油库；按照经营油品分为原油库、润滑油库、成品油库等。

二、油库的分级

油库主要储存可燃的原油和石油产品。大多数为汽油、柴油的混合库，有些库还储存润滑油、燃料油等重质油料。油库的储油容量越大、油料种类（尤其是轻质油料）越多、业务范围越广，其危险性就越大；一旦发生火灾或爆炸等事故，影响范围也大，对企业和人民的生命财产造成的损失也越大。因此从安全防火观点出发，根据油库总储油容量大小，分成若干等级并制定出与之相应的安全防火标准。

国家标准《石油库设计规范》（GB50074–2014）根据油库储存油料总容量多少将油库分为四个等级。

总库容50000m^3以上的油库为大型建设项目。据调查，我国各部门较大的油库，如长距离输油管道的首、末站油库，大、中型炼油厂的附属油库，石油销售部门一级站的油库、大型储备油库和大型转运油库等，其总容量大都在50000m^3以上。这类油库储罐容量大，出事故后造成损失大，后果严重，故对它的各方面要求都应很严格。

三、油库的功能

不同类型的油库其功能也不相同，大体可以分为以下几种。

（一）油田用于集积和中转原油

油田原油库的功能就是收集经净化、稳定处理后的原油，用铁路油罐车装车外运或用长输管道向外输送。这种油库储存品种单一、容量大、收发量大、周转频繁。它的储罐容量要保证油田正常生产和向外输油。

海上油库用于集积海上平台生产的原油并通过海底管道输转到陆上油库或装船外运。

（二）油料销售部门用于供应消费流通领域

油料销售部门的分配油库和部队的供应油库都是直接面向消费单位的油料流通部门。它们的主要功能是要保证油料供应，满足市场和部队需要。其特点是油料周转快，经营品种多，一般由铁路或水路来油，用汽车罐车散装发油或桶（或听）装发油。这类油库有较大的收发油设施和桶装仓库、堆桶场和相应的修洗桶设施。有些库还设有润滑油调和和再生装置。

（三）企业用于保证生产

作为炼油厂、石油化工厂不可分割的组成部分，这些油库的特点是规模大、品种多、作业频繁、与生产装置的联系密切。

机场或港口、发电厂、内燃机务段的企业附属油库的主要功能是为企业服务，保证飞机、船舶的油料供应，保证燃油发电厂的燃料供应和内燃机车的油料供应。

（四）储备部门用于战略或市场储备，以保证非常时期或市场调节需要

国家储备油库的容量和位置一般是根据经济发展和国防要求来确定的。它的特点是容量大、储存时间长、周转缓慢、品种比较单一、对油库本身的防护能力要求较高。企业的储备库主要为对外贸易和稳定企业生产和市场供应服务。这类油库的容量较大、品种较多，周转次数随市场而变。

油库的主要设施是根据油料的收发和储存要求来设置的。一般包括：装卸油站台或码头、装卸油泵房（棚）、储油罐、灌桶间、汽车装车台等主要生产设施，以及供排水、供电、供热和洗修桶等辅助生产设施，还有必要的生产管理设施。

随着我国国民经济的发展以及原油加工和成品油消费量不断增加，企业的油库总容量已达到80万～90万立方米，原油储罐的单罐容量已达到10万立方米，成品油罐的单罐容量已达3万～5万立方米。一些油库的日常生产管理已实现了计算机管理控制一体化。油料进库出库、储罐的液位、温度、压力等参数的测量、阀门的开关、机泵的启停、油料计量等均已被纳入计算机的监控系统，不仅大大提高了油库的管理水平，提高了劳动生产率，也提高了油库的安全性。

第二节　储罐的分类、结构及用途

一、储罐的分类

按照储罐的建造特点，可分为地上储罐、地下储罐、半地下储罐和山洞储罐。

地上储罐是指建于地面上，罐内最低液面高于附近地坪的储罐，通常由钢板焊接而成。这种储罐的优点是投资少、建设周期短、日常维护和管理方便，是应用最多的储罐。它的缺点是占地面积大、油料蒸发损耗较大、火灾危险性大。

地下储罐是指罐内最高液面低于附近（周围4m范围内）地坪0.2m的储罐。半地下储罐是指罐底埋深不小于罐壁高度的一半，且罐内最高液面不高于储罐附近（周围4m范围内）地坪3m的储罐。这两类储罐多数采用非金属材料建造，内壁涂敷防渗材料或用薄钢板衬里。其优点是油料蒸发损耗低、火灾危险性小、有一定的隐蔽能力，缺点是造价高、建设周期长、日常维护和管理不方便，且不宜建在地下水位较高地区。20世纪60年代在我国强调战备的历史时期曾建造了不少这类储罐。小型地下和半地下钢质卧式储罐则广泛应用于城市汽车加油站或加气站。

山洞储罐是指建在人工开挖的山洞或天然岩洞中的储罐。这种储罐有的是用钢板焊制，也有

的是在岩洞内衬薄钢板制成，或直接用岩洞储油（如地下水封石洞储罐）。山洞罐的优点是不占耕地或少占耕地、防护能力强、油料蒸发损耗少、火灾危险性小，其缺点是建设费用高、施工周期长、对钢罐防腐要求高。其主要用于军用油库。

此外，在商业销售油库或军用供应油库中，为了便于自流发放油料，将一些储罐架设在高出地面3～8m的支座上。这类储罐称为高架储罐，一般为卧式钢质罐。

按储罐的材质，可分为金属储罐和非金属储罐两大类。金属储罐是用钢板焊接而成的薄壳容器，具有造价低、不渗漏、施工方便、易于清洗和检修、安全可靠，适合于储存各类油料等优点，因而得到了广泛应用。

按照储罐形状，常用的金属罐又可分为立式圆筒形、卧式圆筒形和球形三类。立式圆筒形储罐按罐顶结构可分为固定顶储罐和活动顶储罐两类。固定顶罐常用的有拱顶和锥顶两种。大型桁架式锥顶罐在欧美地区应用较多，我国目前只有少量小型自支承式锥顶罐。活动顶罐可分为外浮顶和内浮顶两种。

卧式圆筒形储罐一般容积较小，有一定承压能力，易于整体运输和工厂化制造，多用于小型油库或加油站。

球形储罐一般属于压力容器，其受力状态好、承压能力高，但它的建造费用高、施工技术复杂，一般用于储存液化石油气、丙烷、丙烯、丁烷等高蒸汽压产品。

非金属储罐有砖砌罐、石砌罐、钢筋混凝土罐等。由于这种罐与钢质储罐比较可以大量节省钢材，在50年代和60年代初曾在我国推广应用。

非金属储罐无论其罐壁用何种材料，其顶、底均采用钢筋混凝土制作。根据罐顶结构可分为拱顶、无梁顶盖和梁板式顶盖三种。非金属罐主要用于储存原油或重质油料。由于占地面积大、造价高、不易清罐检修、一旦发生火灾灭火困难，70年代以后非金属储罐已很少建造。

耐油橡胶软体储罐也属于非金属储罐。这种储罐质量小、造价低、使用效率高、易于维护保养和搬运，常用于部队野战油库，也可用于民用的水上油库、加油站，但其容量较小。

按照储罐的设计内压高低，可以分为常压储罐、低压储罐和压力储罐三类。常压储罐的最高设计内压为6kPa（表压），低压储罐的最高设计内压为103.4kPa（表压）。设计内压大于103.4kPa（表压）的储罐为压力储罐。

大多数油料，如原油、汽油、柴油、润滑油、燃料油等均采用常压储罐储存。液化石油气、丙烷、丙烯、丁烯等高蒸汽压产品一般采用压力储罐储存（低温液化石油气除外）。只有常温下饱和蒸汽压较高的轻石脑油或某些化工物料采用低压储罐储存。

二、钢质储罐的结构及用途

（一）立式圆筒形钢罐

立式圆筒形钢罐目前国内应用最多的有拱顶罐、浮顶罐和内浮顶罐。这三种罐的基础、罐底和罐壁大体相同，区别主要在于罐顶及其附件。

1.拱顶罐

拱顶罐是立式圆筒形钢罐最常用的品种之一，罐底板由厚度为5～12mm的钢板焊接而成，直接铺在基础上。

罐壁是由若干层圈板焊接而成的。在现行储罐设计的行业标准中，规定上下相邻两层圈板的排列采用直线对接式。这种对接方式对施工的要求高，整个储罐的罐壁内径都相同，对浮顶与罐壁间的密封有利。罐壁钢板的厚度主要取决于储存油料的静压力。靠近顶部圈板的厚度由于其受力很小主要由其刚度来确定，规范中规定其最小厚度为5mm。最下层圈板的厚度，考虑到钢板焊后热处理的困难，一般要求其厚度不得超过34mm。

拱顶罐的罐顶常用的是球形顶，是一种自支承式罐顶。它与罐壁的连接处通过包边角钢连接，并由包边角钢承受拱脚处的水平推力。球形拱顶的顶板厚度，考虑到防雷要求，规定不得小于4.5mm，同罐壁顶圈壁板厚度基本相同。拱顶的曲率半径一般为储罐直径的0.8～1.2倍。拱顶的顶板由中心盖板和若干扇形板组成。为了增强拱顶的稳定性，当储罐直径大于15m时，在顶板内侧焊有径向和环向的加强肋板。当储罐直径大于32m时，就需采用网壳结构拱顶。

拱顶罐钢材的选用主要取决于储罐的受力状态和建罐地区的气候条件。对于容积小于1万立方米的罐，建罐地区的最低日平均温度低于-13℃时，一般采用Q235-A普通碳素钢，其余地区可采用Q235-A.F普通碳素钢。当储罐容量大于2万立方米时，为降低罐壁厚度、便于施工，下部几圈壁板或全部钢板可选用高强度低合金钢板，如Q345或Q390钢板。

拱顶罐具有施工方便、造价低、节省钢材等优点，已得到广泛应用，并形成了系列，以利于备料和准备施工机具，加快建造速度。根据技术经济分析，一般认为拱顶储罐的最大合理容量为1万立方米左右。拱顶罐系列一般包括容积由100～10000立方米，共12种规格。目前，国内已有2万立方米的拱顶罐投入使用，但数量很少。如采用网壳结构拱顶，储罐直径可达到46m，容积可达3万立方米。

拱顶储罐主要用于储存低蒸汽压油料，如灯用煤油、各种燃料油、重油、轻柴油、重柴油、润滑油、液体沥青以及闪点≥60℃的各种馏分油。储存热油时，其油温不得超过200℃。

为了完成各种生产作业、方便管理和确保安全，储罐必须设置各种附件及附属设备。常用的附件及附属设备有下列几种。

（1）进出油接合管。它直接焊于罐壁上，与进出油管道或阀门相连。

（2）呼吸阀。呼吸阀安装于罐顶，用于自动控制储罐内气体通道的启闭，对储罐的超压和超真空起保护作用，又可在一定范围内降低油料的蒸发损耗。

（3）通气管。通气管是重质油料储罐的专用附件，安装于罐顶，是储罐收发油料时的气体呼吸通道。

（4）储罐测量仪表。储罐测量仪表一般包括液位计、温度计和高低液位报警器，以便随时对油料储存情况进行监测。这些仪表的安装位置应与进出油接合管和罐内附件保持一定距离，避免受到干扰。

（5）量油孔。量油孔是为人工检尺时测量油高、取样、测温而设置的。一般每罐设一个，安装在罐顶梯子平台附近。

（6）放水管。放水管是为了排放掉罐内底水，以保证罐内油料质量或原料油加工要求。放水管可单独设置，也可附设于排污孔或清扫孔的封堵盖板上。

（7）梯子平台。梯子是为操作人员到罐顶上进行手工计量、检查罐顶设备而设置的。其中应用最广泛的是罐壁盘梯，它自下而上沿罐壁顺时针旋转，上端高出罐壁顶圈板上缘300～400mm，并在同一高度的罐顶上设置扇形操作平台，且在罐顶周边设有高1m的栏杆。

（8）加热器。加热器是原油罐和重质油罐的专用设备，用于对油料加热或维持温度，以保持油料的流动性或满足工艺要求的温度。储罐加热通常以低压水蒸气或热水为热载体，采用间接加热方式。目前常用的加热器有排管式和U型管式两种。

（9）排污孔或清扫孔。排污孔或清扫孔都是为清扫储罐时便于清除罐底淤渣、污泥而设置的，多用于原油罐和重质油料罐。排污孔安装在罐底板下部。清扫孔安装在底板处，其底面与罐底板平齐。

（10）人孔。人孔是为操作人员进出储罐进行检修、清扫而设置的，同时还兼有通风、采光的功能。人孔直径为600mm，其安装高度为中心线距罐底板750mm。

（11）透光孔。透光孔用于储罐检修、清洗时采光和通风。透光孔直径为500mm，安装于罐顶。

（12）阻火器。阻火器是一种安装于轻质油罐上、防止罐外明火向罐内传播的防火安全设备。它应与机械式呼吸阀配套选用，串连安装在呼吸阀下面。

阻火元件是阻止火焰传播的主要构件，过去常用多层金属丝网。目前广泛采用的波纹形阻火元件是由不锈钢平带和波纹带卷制而成的。这种阻火元件强度高、耐烧、阻火性能好。

（13）储罐搅拌器。储罐搅拌器是用于油料调和和防止油料中沉积物聚积的机械设备。目前应用较多的是侧向伸入式搅拌器。搅拌器的安装高度，即螺旋桨轴与罐底的垂直距离，一般取螺旋桨直径的1.5倍。根据搅拌器安装就位后其螺旋桨轴在水平面上的方位（与油罐半径的夹角）是否可以调节，搅拌器又分为固定角式和可调角度式两种。用作油料调和时宜选用固定角式搅拌器；用作防止沉积物堆积时，应选用可调角度式。

（14）调和喷嘴是在采用泵—罐循环法调和油料时，为提高调和效率、缩短调和时间而设置的专用设备。喷嘴的锥度一般为15°。根据罐内安装的喷嘴数量，可分为单喷嘴和多喷嘴两种调和系统。单喷嘴安装于进料管道接合管端部，多喷嘴系统一般设有5～7个喷嘴，集中布置在罐中心。

（15）空气泡沫产生器。它是安装于储罐顶圈圈板上用来产生空气泡沫的装置。

（16）储罐冷却水喷淋系统。该系统的作用是本罐或相邻罐着火时，淋水降温以防火灾蔓延。冷却水喷淋管一般是围绕储罐顶圈壁板设计为两个半圆环状或4个1/4圆环状。

以上储罐附件或附属设备适用于拱顶罐，有些也适用于浮顶罐和内浮顶罐。选用时应根据储罐类型、容量、所储油料性质、操作要求及其他工艺条件等因素确定其种类、数量和规格。

2.浮顶罐

浮顶罐顾名思义其顶盖是在罐内液面上浮动的，在浮顶周边与罐壁之间的环形空间里设有密封装置。浮顶罐、罐底、罐壁的结构、选材与拱顶罐无大的差别，但由于浮顶罐是敞口容器，为使储罐在风载作用下不致使罐壁出现局部失稳，即被风局部吹瘪，就必须在浮顶罐罐壁顶圈处设置抗风圈。对大型浮顶罐，在抗风圈下的适当高度还要设置加强圈。

浮顶罐的浮顶是由浮盘和密封装置组成的。浮盘的结构形式可分为双盘式和单盘式两种。双盘式浮盘是由顶板、底板和周边竖向边缘板焊接而成的，其隔热效果好，但耗钢量大、费用高，一般用于容量小于5000m³的中小型储罐。

单盘式浮盘周边为环形浮船，中间为厚度不小于5mm的单层钢板。单盘式浮盘结构简单、省钢材，广泛应用于容量大于5000m³的浮顶罐。

浮顶的密封装置安装在浮盘外缘板与罐壁间200～300mm宽的环形间隙中，其作用是降低油料的蒸发损耗和防止雨雪风沙对油料的污染。

密封装置的形式很多。早期使用的主要是机械密封，目前多使用弹性密封或管式密封，此外还有唇式密封和迷宫式密封。

弹性密封是目前应用最广泛的密封装置。它以涂有耐油橡胶的尼龙布袋作为与罐壁接触的滑行部件，其中装有富于弹性的软泡沫塑料（一般为聚氨基甲酸酯），利用其自身弹性压紧罐壁，达到密封要求。

管式密封由密封管、充液管、吊带、防护板等组成。密封管由两面涂有丁腈橡胶的尼龙布制成，管内充以柴油或水，依靠柴油或水的侧压力压紧罐壁。

由于浮顶罐极大地减少了油料蒸发损耗及对大气的污染，降低了储罐火灾的危险性，又适合于建造大型储罐，已被广泛用于储存原油、汽油、石脑油、溶剂油及性质相似的石油化工产品。目前国内最大的浮顶罐容积为10万立方米，国外最大浮顶罐已达24万立方米。建造大容积储罐，不仅可以节省单位储油容积的钢材耗量和建设投资，而且可以减少罐区占地面积，节省储罐附件和罐区管网。

（1）中央排水管。它是为了排除落在浮顶上的雨雪而设置的。中央排水管由几段浸于油料中的钢管组成，管段间用旋转接头连接，可随浮顶的浮动而伸直或折曲。近来中央排水管也有用金属软管代替钢管的。

((2)) 转动扶梯。它是为操作人员从储罐盘梯顶部平台下到浮顶上而设置的。转动扶梯上端通过旋转轴固定在靠近平台的罐壁顶部，下端通过滚轮可以沿浮顶上的导轨移动。

（3）浮顶立柱。它的作用是限制浮顶降落高度，并将其支承在罐底板上。立柱的高度可以在浮顶上人工调节，正常作业时高度为1.2m；储罐检修或清罐时，其高度可调至1.8m。

（4）自动通气阀。它是一种保护浮顶的安全装置，由阀体、阀座、阀盘、长阀杆和阀杆导向装置组成。当浮顶下降到浮顶立柱支承高度前，阀杆首先触及罐底，使阀盘脱离阀座，阀开启，防止油面与浮顶间出现真空状态。同理，进料时，可以排出油气混合气体，避免在浮顶下出现空气层。

（5）量油管。它是供操作人员在罐顶平台上进行人工检尺、取样、测温而设置的。同时它还可以起到防止浮盘水平旋转的限位作用。

（6）紧急排水口。它是中央排水管的备用安全装置。一旦中央排水管失灵，浮顶上雨水积聚到一定高度时，积水可由紧急排水口排入罐内，以防浮顶因超载而沉没。

（7）浮船人孔。它是为操作人员进入浮船隔舱检查有无渗漏和维修而设置的。

（8）单盘人孔。它是供储罐检修时通风、采光及操作人员出入而设置的，其直径一般不小于600mm。

（9）静电引出线。在浮盘与罐壁间需用两条截面积不小于25mm²的软铜绞线作电气连接，以便将聚积在浮顶上的静电导走。

3.内浮顶罐

内浮顶罐是在拱顶罐中加设内浮盘构成的。它兼有拱顶罐防雨、防尘和浮顶罐降低油料蒸发损耗的优点，广泛应用于储存航空汽油、汽油、溶剂油等品质要求较高的易挥发性油料，在风沙危害大的地区用来储存原油。

内浮顶罐在结构上不同于拱顶罐的是在罐壁顶部开设了若干个罐壁通气孔。这是为了保证浮盘上部空间有一定的换气次数，以防油气浓度聚积到爆炸下限以上而设置的。罐壁通气孔等间距地设置在顶圈罐壁上，且相邻孔间距不得大于10m，每个罐的总数不得少于4个。

在结构上不同于浮顶罐的是，因为有拱顶，所以在罐壁上不需要设置抗风圈和加强圈；另外，为了适应原有拱顶罐改装成内浮顶罐的要求，内浮顶的浮盘通常采用组装式结构，国内应用最广泛的是铝合金组装式浮盘。

在储罐附件配置上，内浮顶罐不同于轻质油拱顶罐的是：用通气管代替呼吸阀，用量油管代替量油孔。它不同于浮顶罐的是没有中央排水管、紧急排水口和转动扶梯。

（二）卧式圆筒形钢罐

卧式圆筒形钢罐一般简称为卧罐。与立式圆筒形储罐比，卧罐的容量小，单罐容积为2～400m³，常用容积为20～50m³；卧罐的承压能力范围大，可为0.01～4.0MPa；卧罐便于在工厂中成批制造，生产率高、制造成本低；便于运输、搬迁，机动性强。卧罐常用于小型分配油库、农村油库、城市加油站、部队野战油库。在炼油厂、石油化工厂中，广泛用作各种生产过程中的工艺容器。卧罐可用于储存各种油料和化工产品，例如汽油、柴油、液化石油气、丙烷、丙烯，等等。卧罐的缺点是单位容积的耗钢量大，当储存一定数量油料时，所需卧罐个数多，占地面积大。

卧罐的结构包括筒体和封头两部分。通常卧罐放置在两个对称的马鞍形支座上。为加强筒体的强度和稳定性，在鞍座处焊有加强板或加强圈。当卧罐直径大于3m时还要在加强圈上设三角支撑。

卧罐的封头种类较多，常用的有平封头和碟形封头两种。平封头卧罐承压能力较低，一般用作常压储罐。碟形封头受力状态好，常用于压力容器。

卧罐作为一般油料储罐时，其附件一般有进出油管、人孔、量油孔、排污-放水管、呼吸阀或通气管等，其作用与立式储罐相同。

卧罐作为压力容器储存高蒸汽压产品时，为密闭储存，它的附件设置见球罐部分。

（三）球罐

球罐是生产实际中应用比较广泛的压力容器。与圆筒形储罐相比，球罐的优点是：当二者容积相同时，其表面积最小；当直径和壁厚相同时，其承压能力约为圆筒形罐的两倍，因而它可大量节省钢材；减少占地面积；适于制造中、低压容器，以便采取密闭储存方式，消除油料蒸发损耗。但另一方面，球罐壳体为双向曲面，现场组装比较困难，施工条件差，对焊工的技术要求高，制造成本高，因而它又不可能取代圆筒形罐。

球罐主要用于储存液化石油气、丙烷、丙烯、丁烯及其他低沸点石油化工原料和产品。在炼油厂、石油化工厂、城市燃气供应部门都有广泛应用。

球罐由球壳、支柱及其附件组成。球壳是球罐的主体。它由许多块在工厂预制成一定形状的钢板在现场组装、焊接而成。

球罐支座常用的是正切式支柱，它们用无缝钢管制成，对球壳的支承点在水平球径上，并与壳体相切。支柱间有斜拉杆，以增强其稳定性。

球罐的壁厚取决于它的设计温度、设计压力和所选用钢材的机械性能。我国劳动部的有关规程中规定：盛装临界温度高于50℃的液化气体的压力容器，如设计有可靠的保冷设施，其最高工作压力应为所盛装液化气体在可能达到的最高工作温度下的饱和蒸汽压力；如无保冷设施，其最高工作压力不得低于该液化气体在50℃时的饱和蒸气压力。常温下盛装混合液化石油气的压力容器应以50℃为设计温度；还规定压力容器的设计压力不得低于最高工作压力。

球罐通常要设置人孔、进出料接合管、放水管、液面计、温度计、压力表和高低液位报警器等附件或附属设施。另外，球罐还应设置安全阀。

三、常压低温储罐的结构及用途

随着我国石油化工工业的不断发展，人民生活水平不断提高，人们环境保护意识的提高，对方便、清洁、高效能源的液化石油气的需要量不断增加。近几年国产的液化石油气已远不能满足市场需求，每年从国外进口的液化石油气数量已从几十万吨增加到300多万吨。要满足如此大量液化石油气的储存，从经济性和安全性两个方面考虑，必须采用常压低温储存技术，因为如用常规的常温压力储存，技术上虽然没有问题，但在经济上是不可行的。常温压力储存消耗的钢材、占地面积和建设投资都要比常压低温储存高出一倍以上；另一方面，从国外进口的液化石油气大部分由常压低温船运进来，单船运量均在1万立方米以上，接收港口必须具备相应的大容量的常压低温储运设施。

常用的常压低温储罐有两种型式，即双层金属式低温罐和预应力混凝土（PC）低温罐。两种皆可做成地上式、半地下式和地下式三种型式。地下罐比较安全，但投资较高；地上罐投资低，但不如地下罐安全；半地下罐介于二者之间。

双层金属式低温罐按其结构可分为吊顶双壳体储罐和双拱顶双壳体储罐两种。内罐壳体通常采用耐低温镍钢材料，外罐壳体采用普通钢材。内外层之间为绝热层。吊顶双壳体储罐提供了一个“开顶”的内罐，储罐仅有一个压力源，运行安全、操作方便，是目前广泛应用的形式。在江苏太仓由华能阿莫科清洁能源有限公司建造的2座3.1万立方米液化石油气低温储罐，即为金属吊顶双壳体储罐。双拱顶双壳体储罐有封闭的内罐，消除了因超装或地震引起的液体溢出问题。在内、外壳间，采用检测绝热层气体的组分来判别内罐是否泄漏。为了避免因大气压力或温度变化及湿空气进入内、外壳间绝热层，需设置一套氮气平衡系统。与吊顶双壳体罐相比，双拱顶双壳体罐的安装和运行费用较高。

预应力混凝土（PC）式低温罐按其结构也可分为PC吊顶双壳体储罐和PC双拱顶双壳体储罐两种。PC式低温罐的外壳也能储存低温液体，罐周围不需要防护堤，故占地面积较小。其防火安全性也比双金属式低温罐高，抗震性能好，维修容易，所以近年采用较多。最近中美合资的金地石化有限公司正在浙江乍浦建造的2座5万立方米液化石油气低温储罐就是PC吊顶双壳体低温储罐。

常压低温储罐主要用于储存低温液化石油气，即丙烷和丁烷，由于二者的沸点差异较大，一般均将它们分别储存。丙烷的储存温度为-42℃左右；丁烷的储存温度为-4℃左右。用于储存低温乙烯时，其储存温度为-103～-107℃。用于储存液化天然气时，其储存温度为-160℃左右。

常压低温储罐单罐的容积较大。我国已建成的这种罐的容积有0.9万立方米、2.5万立方米、3.1万立方米、5万立方米和8万立方米五种。日本已有13万立方米的低温罐。根据他们的经验，考虑到地基的不均匀沉降，这类储罐的直径应不超过64m。

四、储罐的发展趋势

在我国国民经济持续高速发展的情况下，目前我国每年均要进口几千万吨原油和几百万吨液化石油气，才能满足国民经济和人民生活的需要。随着全球经济一体化的发展和我国即将加入世界贸易组织（WTO），我国必须大力增加石油储备资源，以减少国际局势动荡对我国经济的影响。以上情况迫切要求我们大力增加石油储存能力，发展大型储罐。目前10万～15万立方米的浮顶罐是世界各国储存原油的主体罐型。日本已建成了单罐容量为16万立方米的大型储罐，还设计出了18万立方米和30万立方米的特大型储罐。

对于汽油、喷气燃料和柴油等大宗油料的储罐，随着石油化工企业生产加工装置的大型化，也正朝着大型化发展。沿海某些石化企业已建成了一批2万～5万立方米的浮顶成品油储罐。今后1万～5万立方米储罐将是成品油的主体罐型。

对于液化石油气的储罐，在沿海地区要大力开发大型常压低温储罐，以满足液化石油气日益增长的需求量（主要由国外进口）的储存要求。

用于常温压力储存的球罐，对于LPCG的生产企业，它的主体罐型将是1000～3000立方米的大型压力容器。因为在这些企业中，液化石油气的储罐储存能力一般为7～10d的生产量。由于油料周转快，想要采用常压低温储存，就必须设置庞大的制冷设备，将生产装置生产的温度为40℃左右的液化石油气降至-4℃（丁烷）～-42℃（丙烷），而液化石油气的出厂手段一般为铁路罐车、汽车罐车或水运装船，用户都不要求进低温的液化石油气，这样就会造成能量的巨大浪费，所以在这些液化石油气的生产企业中采用大容量常压低温储罐在经济上是不可行的。

第三节　油料的水路运输

一、概述

我国海岸线长度达1.8万千米，有良好的港湾和优越的建港条件。从北到南沿海已建成能停靠万吨级以上油轮的港口有大连鲇鱼湾、秦皇岛、山东黄岛、浙江乍浦、镇海算山、福建惠安、广州、湛江等十多处。我国的内河运输以长江、珠江、黑龙江和大运河的航线为主。

长江水系通航航线里程在8万千米以上，占全国内河通航航线里程的一半，万吨级油轮在洪水期从上海可直达武汉，枯水期也可直达南京。沿江已建有扬子石化、南京炼厂、安庆石化、九江石化、长岭炼化、武汉石化等多座油运码头。

我国内河运输，大都是东西走向的横干线，而海上运输则是南北纵向，它把沿海各地和陆地上主要的东西走向的运输线连接起来，成为我国东部一条纵向运输线。

水上运输按其航行的区域，可划分为远洋运输、沿海运输和内河运输三种类型。水上运输与其他运输方式相比，其载运量大、能耗少、成本低。

二、港口和码头

港口由水域和陆域两部分组成。水域是供船舶进出、运输、锚泊和装卸作业使用的。陆域包括码头、泊位、道路、仓储区、装卸设施和辅助生产设施（包括给水排水和消防系统、输电及配电系统、办公、维修、生活用建筑物、工作船基地等）。

港口中供船舶停靠的水工建筑物叫码头。码头前沿线通常既是港口的生产线，也是港口水域和陆域的交界线。

码头上停靠船舶的位置叫泊位，也叫船位。一个泊位可供一艘船停泊，一座码头可同时停泊一艘或多艘船只，即一座码头可同时有一个或多个泊位。泊位的长度要与船型的长度相适应。在同一条线上的两个泊位间还要留出两船之间的距离，以便船舶系解缆绳，因此码头线长度是由泊位数和每个泊位所需长度决定的。

（一）码头的分类

码头按平面布置形状，可分为顺岸码头、近岸式浮码头、突堤码头、栈桥岛式码头、岛式码头等。

顺岸码头是指与岸线平行的码头，一般利用地形沿岸线建筑，常用于河港。近岸式浮码头由趸船、引桥、护岸等组成，其特点是船可随水位涨落升降，趸船与船舶间在任何水位下均可方便停泊，引桥与护岸采用铰接。这种码头多用于河港。码头伸入水面与岸线正交或斜交的称为突堤码头，常用于海港。栈桥岛式码头借助引桥将泊位引至深水处，由引桥、工作平台和靠船墩等组成。我国沿海的大中型油码头多为这种形式。孤立于水中的码头叫岛式码头。这种码头利用天然海上岛屿或在海上建造人工平台，码头的输油设备通过海底管道与岸上的储油设施相连。多点系泊码头和单点系泊码头也属于这类码头。这种码头能适应巨型油轮的装卸，码头离岸线距离较远。

如果船只停泊不靠码头，而是抛锚，或者系在浮筒上停泊，则通称“锚泊”。锚泊的水域叫“锚地”。锚地可供等待泊位的船只临时停泊，也可以在锚地上傍靠，另用船只转载油料，叫作“过驳”，也叫“捣载”。内河驳船队的排队或解队也在锚地进行。

（二）单点系泊

在外海系泊大型和超级油轮，除修建孤立的岛式码头外，多数采用浮筒系泊。采用多个浮筒多条缆索系船的叫“多点系泊码头”。近年来更多的是在海上只设一个特殊的浮筒或塔架来系住船首，系船部分有转轴，油轮可随水流和风向的变化而改变方向，这种方式叫“单点系泊码头”，简称SPM。

单点的位置由油轮吃水和海域水深来决定。单点系泊的作业半径至少为最大油轮长度的3倍。在作业半径范围内不得有任何固定建筑物，如平台、浮标以及暗礁和沉船或其他潜在危险物。

常见的单点系泊形式有悬链泊腿系统和固定塔式系泊系统。前者应用广泛。目前全世界80%的单点系泊为该系统，其优点是可在比较大的水深范围内移位。其缺点是在台风季节漂浮软管和水浮标须排除和移走。固定塔式系泊系统的优点是其主要机械设备和关键部件位于水面以上，易于安装和维修，其缺点是系统弹性较差。

我国第一套25万吨级单点系泊原油接卸系统建于广东博贺湾水东港外海水域，1994年年底建成投产。单点浮筒直径11.5m、高3.65m，上面有2条270m长、直径为500mm的漂浮软管，浮筒下有条长30m、直径为500mm的水下软管，有1条直径为864mm、长15.23km的海底管道把单点系泊与岸上储油设施连接起来。

三、油船

油船是油料水上运输的主体。运油船为单甲板、尾机型，过去是单层底和设置纵舱壁，现在多为双层底、纵舱壁和双层壳的结构形式。

油船上除货油舱外，还设有机舱、锅炉舱、油泵舱、专用压载水舱、隔离空舱、干货舱等。

为满足操作安全和生活的需要，油船上有多种管系。一般有输油管系、货油泵舱管系、扫舱管系、蒸汽加热管系、专用压载水管系、灭火管系、通风管系，等等。

液化石油气（液化石油气）船与油船总体设计相似，呈尾机型，由于液化石油气很轻，货舱不能用作压载舱，所以船的干舷都很高。

液化石油气船通常分为四种，即全压式、半压/半制冷式、半压/全制冷式和全制冷式。

全压式液化石油气船的液货舱设计压力通常为1.75MPa，总货舱容积在3000m³以下，一般采用球形结构或圆柱形结构。这种船容量较小，钢材耗量、造价和营运成本都较高。

半压/半制冷式液化石油气船液货舱的设计压力通常为0.8MPa，最大容积可达5000m³，液货制冷到5℃装运，液货舱通常为卧式圆柱形。

半压/全制冷式液化石油气船能装多种液货，适用范围广，在卸货时能对液化石油气加热，在航行时能对液化石油气迅速制冷。

液货舱的设计压力为0.8MPa，其温度可维持在-48℃（装乙烯的货舱可维持在-105℃）。液货舱形状通常为圆柱形或球形，采用耐低温的碳钢或镍合金钢制作。

全制冷式液化石油气船液货舱的最大设计压力为0.025MPa，容积为1万～10万立方米。适应的最低营运温度为-48℃（运丙烷）或-104℃（运乙烯）。液货舱壁用玻璃纤维或聚氨酯泡沫塑料绝热。在液货舱与船壳间充有惰性气体。液货舱呈棱柱形。

我国的原油油轮船队主要由5万～7万吨级的油轮组成，成品油轮均在3.5万吨级以下。我国目前拥有的液化石油气船全部为3500m³以下的压力式运输船。

四、装卸工艺与设备

（一）油料装卸工艺

（1）原油和成品油装卸原油和成品油的装卸工艺流程比较简单，装船流程为：储罐—装船泵（或自流）—流量计—输油臂—油船。卸船流程为：油船—油船输油泵—输油臂—流量计—储罐。除非储罐的地理位置很高，一般很难进行自流装船。

由于大型油码头和油船的造价较高，为了提高它们的利用率，对船舶的装卸作业时间均有严格要求。我国港口工程规范中，规定了10万吨级以下原油轮净装卸油的时间。

（2）液化石油气（液化石油气）装卸常温液化石油气的装卸工艺与原油和成品油相似，不同之处在于在液化石油气的装卸中应设一条气相返回管道，气相管道要比液相管道小1～2级。为了安全，装卸作业时要求液相管道内的流速不应超过5m/s。

如果液化石油气船为全制冷式，而液化石油气储罐为常温压力罐，就需要在泵出口至储罐的管道上增设加热器。

（3）油码头管道系统处理装卸作业完成后，管道中的油料根据性质和操作要求的不同，可以保留，也可以排空。干管和输油臂中的油料可以同时处理，也可单独处理。

装船完毕后，船位下降，船上管接头常低于码头面，这时输油臂中有相当部分油料可以自流入船，其余部分若不会凝结，则可保留在管内，为避免挥发、滴流，可在输油臂末端加法兰盖封闭。反之，卸船完毕后，输油臂中油料不能自流入船，可用扫线介质扫入船内或排入泊位上的收集罐中。

对于干管中的油料，若不会凝结时可保留在管内，这样对计量、减少管道内壁腐蚀、节省动力消耗等都有好处，若油料会凝结，则需要连续伴热。当一种油料有两根管道时，也可采用定时循环，用热油置换的方法。

干管中的油料也可用吹扫、放空的方法来处理，存油可往船舱吹扫，也可往岸上的储罐吹扫，排空可设置低点放空罐，油料流入罐中后再用泵输走。

扫线介质可为蒸汽、氮气、压缩空气或水等。管道用蒸汽吹扫，管道的热膨胀、油漆等要按蒸汽考虑，在操作中还会有水锤、振动、法兰泄漏、影响油料质量（含水）和促使管壁腐蚀等害处。用氮气吹扫成本较高，一般只用于液化石油气等少数物料。压缩空气一般用于吹扫柴油和重质油料。

不论何种扫线方法，在计量仪表处均应走旁通线，避免直接通过流量计。另外，输油臂不宜用蒸汽或水吹扫。

干管中油料处理方式目前已从过去的蒸汽、压缩空气吹扫或水顶方式逐步改为采用清管球方式。推顶清管球的介质一般选用气体，最好为氮气。推进压力一般为0.6～0.8MPa。清管球运行过程可以用仪表进行跟踪。

油码头上使用了清管球技术后，清扫管道比较方便，使用动力少，吹扫时间短，干管内油料可全部收入储罐，减少了环境污染，对码头管道和各种油料的适应性好，一条干管可输送几种性质相近的油料，提高了干管的输送效率，降低了成本。这种清管方式更能适应多变市场的需求。

（二）装卸设备

（1）输油臂和软管目前油码头的装卸油导管有输油臂和软管两种。输油臂是国内外大型油码头广泛采用的金属装卸油导管，它结构安全、密封可靠、操作灵活、省力、造型美观，其缺点是加工制造复杂、造价高。软管在中小型、装卸物料品种多的码头使用较多。过去我国的油码头软管装卸工艺布置简单，装卸时软管与管道用法兰连接，装卸完毕后软管就放置在码头上，有时多达数十根。由于油码头操作平台较小，使码头管理困难。近来在一些新设计建造的油码头上，采用了先进的用树脂、塑料薄膜、钢丝或不锈钢丝等材料制成的新型软管，重量轻，可适应不同油料或其他化学品。在码头上采用了钢结构的软管吊架，使码头装卸区布置紧凑、美观，操作方便，装卸安全。软管平时悬吊在架上，使用时不会磨损及任意弯曲，使用寿命长。这种设计对多种油料适应性好，一次投资比输油臂低，使软管的应用出现了新的转机。

（2）输油臂的结构输油臂口径一般为DN100～DN600，主要由立柱、内臂、外臂、回转接头、平衡配重、快速接头等部件构成。内外臂总长可达18m，在装卸作业过程中，在船舶的正常活动范围内，输油臂的管系可与船舶随动。输油臂有手动和液压驱动两种操作方式，一般大口径的输油臂采用液压驱动。输油臂的末端均为法兰接口。

根据输转物料的不同，输油臂的材质有碳钢、低温钢、不锈钢和PTFE衬钢等，使用温度范围为-196～200℃。为保持输送物料温度，输油臂上可附设电伴热。输送液化石油气的输油臂上设气相、液相两根管道。输油臂还可配备双球阀紧急脱离系统，以便在锚链拉断、船舶从泊位漂移出去、失火、超载、突发暴风雨天气等危险状态下，使输油臂与船舶接口迅速脱离，且装卸物料不会外流。

（3）输油臂的布置输油臂一般布置在码头操作平台中部。我国交通部港口工程规范中对15万吨级泊位及其以下泊位的输油臂规格、数量及其布置参数做了规定。

第四节　油料的铁路和公路运输

一、概述

在我国，成品油料的运输目前仍以铁路运输为主。大部分内地炼油厂、石油化工厂和各类油库油料的进出厂几乎全由铁路运输来完成，一些沿海沿江（河）石化企业和油库的油料运输部分依靠水运，但仍有部分油料靠铁路运输。全国成品油料运输的60%～70%是由铁路完成的。铁路运输具有机动灵活、流向范围广、较安全可靠、受自然因素影响小等优点。但铁路运输与管道输送相比，存在装卸环节多、油料损耗大污染环境、双向占用铁路运力、运输效率低、成本高等缺点。公路运输虽然机动灵活，但运量小、运距长，一般仅作为石化企业油库的辅助运输方式。

二、铁路装卸设施

油料的铁路运输，按照产品包装方式，可分为散装运输和整装运输。散装运输利用铁路油罐车输送，这种运输方式运量大，运载工具可反复使用，但运输过程是非密闭的，自然损耗大，产品易受污染，主要用于大宗油料的运输。整装运输则将油料装在桶、听等密闭容器中运输，这些容器直接参与贸易。这种运输方式主要用于小批量产品和质量要求高的产品。

油料铁路散装运输的装卸作业是在炼油厂、石油化工厂或油库的铁路专用线上进行的。用于装卸作业的主要设施有装（卸）油鹤管、泵及其管路系统、零位油罐和装卸油栈台等。

（一）铁路油罐车

铁路油罐车是散装油料铁路运输的专用车辆，绝大部分由铁路部门设计、制造、运营、检定、维修和统一管理。另有一小部分是企业自备车辆，这主要是指盛装特种物料如液体沥青、乙二醇、醋酸等的铁路罐车，这些罐车由使用企业自行购买、使用。

铁路油罐车按运载油料类别可分为轻油罐车、粘油罐车和液化气罐车。

（1）轻油罐车主要用于装运汽油、柴油、煤油和其他不需加热的轻质油料及化工产品。罐车的设计压力正压为0.15MPa，负压为-0.01MPa。该种罐车只能进行上部装卸，无下装卸口。

（2）粘油罐车用于装运原油、重质润滑油、燃料油等需要加热卸车的油料，其设计压力与轻油罐车相同。该罐车设有加热装置和下部卸料装置。

加热装置有内部排管式和半圆筒形外部加热套两种形式。二者均以压力≤0.5MPa的水蒸气为加热介质。

下卸装置一般由安装在罐车底部正下方的中心排油阀、将油料引导到罐车两侧的三通短管以及短管端部的侧排油阀和盖组成。

（3）液化气罐车液化气罐车用于装运常温下加压液化的石油烃类，如丙烯、丙烷、正丁烷、异丁烷、丁烯、异丁烯及其混合物。罐车的设计压力随其装运的介质不同而略有差异，一般为1.8～2.2MPa，允许工作温度为-40～50℃。液化气罐车均采用上装、上卸作业方式，而且均在高于装运介质临界压力下进行密闭装卸。罐车上部设有DN50的液相管接头和DN40～DN50的气相管接头。为了安全，罐车还设有安全阀，高液位控制阀和事故紧急切断阀。在罐车顶部还装有检测罐车内液面的滑管液位计。

为了避免阳光直射而使罐车内介质温度超过允许的最高值，在罐体上方设有遮阳罩，其包角一般为120°，遮阳罩与罐体的间距不小于60mm。

目前国内使用率较高、数量大的罐车统称为主型罐车，其有效容积为50m³及60m³，总长度在10m左右。

铁路油罐车除了上述三种常用罐车外，还有一种装运液态热沥青专用的沥青罐车。其保温效果良好，当装车时沥青温度不低于160℃时，罐车在运行7d后仍能保持在120℃左右，就能免除卸车时的加热作业，缩短了卸油时间并节省了加热所需燃料。沥青罐车罐体内径为2.6m，有效容积为50m3，罐体内设有火管，供罐内沥青加热升温之用。罐车采用上部装油、下部卸油的作业方式，下部与粘油罐车一样有下卸阀。

（二）装卸鹤管

装卸鹤管是铁路油罐车进行装卸油料作业的专用设备，它一端与汇油管（或称集油管）固定连接，另一端与铁路罐车上的装卸油管活动连接或直接由罐顶人孔插入罐车内。

鹤管按照其适用作业性质可分为装油和卸油以及同时适用于两种作业的装卸鹤管；按照鹤管口径大小可分为大鹤管（口径为DN200）和小鹤管（口径通常为DN100）两种；按照驱动方式鹤管可分为手动、气动、马达驱动和气缸活塞杆驱动等几种。下面介绍目前较为常用的鹤管形式。

1.小鹤管

小鹤管即通常所说的鹤管，口径为DN100，适用于各种油料或液体化工产品的上部装卸作业。其结构大体上由固定立管、水平管、垂直管、旋转接头和力矩平衡装置组成。有下述几种类型。

（1）位移配重式轻油装卸鹤管。它利用配重平衡水平管的自重力矩，结构简单，操作方便可旋转360°，适用于两条铁路作业线中心距6～6.5m的双侧装卸栈台。其特点是延伸长度调节范围较小，仍有部分不平衡力矩存在。

（2）压簧平衡式装卸鹤管。它利用压簧平衡器平衡水平管的自重力矩，结构轻巧，平衡性好，可做360° 水平回转，鹤管对位调节范围大，适用于各种油料的顶部装卸作业。

（3）气动密闭装车鹤管。这种鹤管用压缩空气作为操作动力，操作轻松灵活，装车时挥发性油气可通过气相管收集，减少对环境污染。鹤管配有气控系统，当鹤管插入槽车并用密闭盖盖紧后，头部主阀自动打开，开始装油；鹤管一旦离开槽车，主阀自动关闭，可杜绝跑油事故。输入气源压力为0.4～0.9MPa，适用于各种油料的装车，操作温度为-30～70℃。

（4）气动带手动密闭式装车鹤管。这种鹤管用压缩空气作动力，用气动马达和蜗轮、蜗杆机构来完成鹤管对位、垂直管升降等动作，操作方便，对位调节范围大，能实现液下装车。输入气源压力大于等于0.35MPa，适用于轻重油料的装车作业，适用温度范围为-50～80℃。

2.大鹤管

大鹤管是一种公称直径为DN200的上部装车鹤管。与小鹤管装车比较，大鹤管装车有如下特点。

（1）单车装车流量大、速度快，小鹤管的单车（$50m^3$）装油时间为25～30min，而大鹤管仅为6～8min。

（2）鹤管数量少，装车栈台短。一般一种油料在一座装车栈台一侧只设一个鹤管。一座双侧装车栈台长度为36m。每个车位均要设鹤管，栈台长度与车位多少成正比。

（3）便于集中控制，可实现装车作业的自动化，减轻劳动强度，节省劳动力，提高作业可靠性。

（4）罐车与鹤管对位利用“小爬车”牵引装置移动列车进行粗对位，然后利用大鹤管本身行走机构进行微调。装车过程中列车逐个间歇移动，辅助作业时间长。

（5）铁路专用线比小鹤管装车栈台要长约一倍，铁路线投资大，占地面积大。

3.粘油下卸鹤管

粘油下卸鹤管是用于粘油罐车下卸作业的专用设备。鹤管直径为DN100。新式下卸鹤管全部由钢管和滚珠轴承式旋转接头组成，采用压簧平衡，密封性能好，操作安全灵活，工作范围大，与罐车对接方便，采用氟橡胶密封，耐高温、抗老化；作业完毕后，鹤管可恢复到收拢状态，鹤管内残余油料容易排空，避免了对环境的污染和资源的浪费。

（三）装卸栈台

装卸栈台是为了操作工人登上罐车、启闭罐车人孔盖、检尺计量、取样化验和操纵鹤管对位而设置的。按其使用的材料，装卸栈台可分为钢结构台和钢筋混凝土结构台两种；按鹤管形式可分为大鹤管台和小鹤管台；按其作业情况可分为单侧台和双侧台。单侧台的宽度不宜小于1.5m，双侧台的宽度应为2～3m。小鹤管装卸油台的台面应比铁路轨顶高3.4～3.6m，装卸油台除两端应各设一座斜梯外，台子中间每隔60m左右应设安全梯（直梯）一个。

大宗油料的小鹤管装卸油台在多雨或炎热地区应设棚，其他地区可不设棚。航空汽油、喷气燃料、润滑油等油料的小鹤管装卸油台也应设棚。小鹤管台台柱的间距与鹤管间距协调，一般为6m。

大鹤管装油台的长度一般为3辆油罐车的总长（约为36m）。轨顶以上3.5m高的台面宽度宜为

3.5 ~ 4m。

大鹤管装油台应设棚，棚高视鹤管结构尺寸而定，棚应使雨水淋不到铁路罐车的灌油口。在多雨或多风沙地区，棚的两侧宜设挡雨（风）板。主台面的中央部位设操作室。

三、铁路装卸油系统

（一）原油卸车系统

原油铁路罐车一般均成列运行，罐车均设有下卸接口，所以均采用密闭自流下卸工艺。下卸系统主要由卸车鹤管、汇油管、粗过滤器、导油管、零位罐和转油泵组成。

我国原油凝固点一般较高，在卸油时均先用低压蒸汽进行加热（罐车均设有加热套），然后开启下卸阀进行密闭自流卸油。

从零位罐向原油储存罐输转用的转油泵，现在均采用立式潜油泵，直接安装在零位罐顶部。一般每座罐设两台泵。

（二）成品油装车系统

成品油装车系统主要由装车泵、装车总管、支管和装油鹤管组成。目前我国均采用上装方式，即装油鹤管从罐车上部人孔放入罐车。

按照装车时鹤管出口位置高低和装车排出的油气是否进行收集，可分为敞口喷溅式装车、敞口浸没式装车和密闭浸没式装车。前两种因环境污染严重，正在逐步淘汰。密闭浸没式装车不仅要求鹤管要插到罐车底，而且应将罐车口盖严，装车时要将排出的油气集中回收。这种装车方式不仅使装油损耗降至最低，而且可进行回收，改善了工作环境和基本消除了对大气的污染，现在绝大部分炼油厂、石油化工厂的汽油、石脑油、芳烃等物料已采用这种装车方式或正在采取措施将旧的装车方式改成这种方式。

小鹤管装车台的鹤管布置，同一油料鹤管采用12m等间距布置，以满足不脱钩装车要求。不同油料鹤管采用相互间隔方法布置，所以邻鹤管间距一般为6m。

大鹤管装车和小鹤管一样，根据油料性质的不同，可采用不同的装车方式。大鹤管装油台一般采用双侧装车，每侧设一台大鹤管，并设有程序装车控制系统，鹤管对位阀门开闭、油料计量等均可自动完成。

（三）成品油卸车系统

我国目前的铁路油罐车中，轻油罐车没有下卸口只能上卸，只有粘油罐车有下卸口，可以下卸。粘油罐车的下卸系统与原油下卸系统相似。

轻质油料的上卸系统主要由卸车鹤管、汇油管、真空泵、真空罐、卸油泵等组成。

卸油时，将鹤管插入罐车之后，启动真空泵将真空罐内和汇油管中的气体抽出造成一定真空度以后，开启鹤管处阀门，油罐车内油料在大气压作用下就会流入汇油管、真空罐及卸油泵入口管道。另外，由于卸油泵的位置均比油罐车低，按照虹吸原理，开启卸油泵以后，就可将罐车内的油料卸入储罐，完成卸车作业。

在轻质油料上卸系统中，当卸油鹤管最高点处的管内压力小于或等于操作温度下所卸油料的饱和蒸汽压时，油料就会在该处迅速气化，从而使卸油泵断流，卸油作业中断，这就是轻质油料上卸的气阻问题。气阻问题在夏季气温较高地区会经常发生，给轻质油料的下卸作业带来了困难。

目前，克服气阻的各种方案都在实验研究中，例如采用压力卸车，在罐车内通入氮气等。最近，研制的防阻式上卸鹤管也已取得了成功。利用原有的卸车系统，只是将卸油泵出口的油流用一根辅助管道引到设在鹤管端部的喷射增压器上，就可使卸油鹤管内的压力增大，从而克服鹤管高点处的气阻。

近来，许多小型商业油库在轻油卸车作业中采用滑片泵直接抽吸油罐车中的轻油取得了成功，从而可以取代真空泵—离心泵卸油系统，简化了卸油工艺，是小型油库中替代真空泵卸油系统的理想设备。

四、公路装卸设施

油料的公路运输也可分为散装运输和整装运输。汽油、柴油、液化石油气等大宗油料主要采用散装运输，各种润滑油、润滑脂等一般采用听装、桶装的整装运输。

（一）汽车罐车与装车鹤管

（1）汽车罐车是散装油料公路运输的专用工具。汽车罐车的种类繁多，可用于装各种轻质油料、重质油料、液化石油气、液体沥青、各种化工产品和食品等，载重量为3～20t。根据所装油料压力不同，罐的形状有圆柱形和椭圆柱形。国产汽车罐车只有一个液舱，罐内设有两个带孔的挡板，把油罐分隔成三个可以相通的隔舱，以减轻油料在运输时的水力冲击。罐上装有量油口、人孔、呼吸阀、安全阀、排油阀等附件。装载重质油料的罐车设有保温层，有的还设有加热器。

（2）装车鹤管与铁路罐车的相似，就是公称直径一般为DN80或DN50。有手动操作也有气动操作，有敞口喷溅式，也有敞口浸没式或密闭浸没式等装车鹤管。它们的用途也与铁路罐车的装车鹤管类似。

（二）装油台

汽车罐车装油台是为了操作工人登上罐车启闭人孔盖、检尺、取样和操纵鹤管而设置的。装油台一般设有遮阳防雨棚。

装油台根据装车车位的多少、场地的大小、自动化程度、装载的油料品种等因素来确定其型式，一般分通过式和旁靠式两种。

（三）汽车罐车装卸工艺

汽车罐车装车有泵装和自流装车两种方式。

（1）泵送装车。用输油泵从储罐中抽油，经输油管道、流量计、装车鹤管进入汽车罐车。这种方法装车速度快，容易实现自动控制，已被广泛采用。

（2）自流装车。自流装车可分为储罐自流装车和高架罐自流装车两种。当装车位置较低，而储罐位置地势较高，有足够势能可以利用时，就可由储罐直接自流装车。若受地形限制，可用泵将油料泵入高架罐，再从高架罐进行自流装车。

汽车罐车的装油可分为上装和下装两种方式。在我国除了液化石油气罐车外，大部分汽车罐车采用密闭浸没式的上部装油（民航机场加油车有采用下部装油的）。

汽车罐车的卸油也可分为抽（压）送和自流两种方式。油罐汽车的加油车上带有泵和流量计，可用泵将油料卸入用户储罐。油罐汽车的运油车上没有泵，只能自流将油料卸入用户低位罐。液化石油气罐车也有带泵和不带泵两种。

参考文献

[1]沈铭华，王清虎，赵振飞.煤矿水文地质及水害防治技术研究[M].哈尔滨：黑龙江科学技术出版社，2019.

[2]崔建军.高瓦斯复杂地质条件煤矿智能化开采[M].徐州：中国矿业大学出版社，2018.

[3]李增学.煤矿地质学（第3版）[M].北京：煤炭工业出版社，2018.

[4]倪瑞，董兴武.煤矿地质工作方法及应用[M].长春：吉林科学技术出版社，2020.

[5]马金伟.煤矿防治水实用技术[M].徐州：中国矿业大学出版社，2018.

[6]李宏杰.煤矿防治水物探技术[M].北京：煤炭工业出版社，2018.

[7]周平作.煤矿地质构造异常体的探测研究[M].长春：吉林科学技术出版社，2022.

[8]韦晓吉.煤矿工程与地质勘探[M].天津：天津科学技术出版社，2020.

[9]窦斌，田红，郑君.地热工程学[M].武汉：中国地质大学出版社，2020.

[10]耿孝恒.基于环保的油气储运技术管理研究[M].北京：煤炭工业出版社，2018.

[11]黄斌维，刘忠运.油气储运施工技术[M].北京：石油工业出版社，2022.

[12]黄维和，王立昕.油气储运[M].北京：石油工业出版社，2019.

[13]李庆杰，郝成名.油气储运安全和管理[M].北京：中国石化出版社，2021.

[14]郭东升.油气储运与安全工程管理[M].长春：吉林出版集团股份有限公司，2020.